Tina Haisch

Regionalwirtschaftliche Ausstrahlung von öffentlichen Forschungseinrichtungen in der Region Basel und der Nordwestschweiz

Eine Analyse der Einkommens-, Beschäftigungs- und Steuereffekte sowie des Wissenstransfers der Universität Basel und der Fachhochschule Nordwestschweiz

Layout: Veronika Frei
Umschlagsfoto: Basel. Blick über das Bernoullianum und die Universitätsbibliothek zum Spalentor. Sara Koller
Herstellung: Schwabe AG, Muttenz/Basel
Vertrieb: Schwabe Verlag Basel

ISBN: 978-3-7965-2752-4

Inauguraldissertation zur Erlangung der Doktorwürde im Fach Geographie an der Universität Basel, 2008

Der Druck wurde finanziert von der Geographisch-Ethnologischen Gesellschaft, dem Dissertationsfonds der Universität Basel sowie der Freiwilligen Akademischen Gesellschaft Basel.

Die Studie analysiert Daten von 2002, bevor das geänderte Submissionsgesetz 2003 in Kraft trat, welches die Ausgabepolitik grundlegend veränderte. Die Vorbehalte gegenüber der Übertragbarkeit der Resultate auf die Gegenwart sind im Text erläutert. Ferner sei darauf hingewiesen, dass die Fachhochschule beider Basel (FHBB), deren Leistungserstellung in Kapitel 6 behandelt wird, im Jahr 2006 mit den Fachhochschulen Aargau und Solothurn zur Fachhochschule Nordwestschweiz (FHNW) fusionierte. In Kapitel 7 werden vor dem Hintergrund der Fusion und mit Blick auf die zukünftige Übertragbarkeit der Ergebnisse neben den Absolventen der FHBB zusätzlich auch jene der Fachhochschulen Aargau und Solothurn betrachtet. Im Text werden deshalb die Begriffe FHBB in Bezug auf die Leistungserstellung und FHNW in Bezug auf die Leistungsabgabe verwendet. Im gesamten Text gelten personenbezogene Begriffe als geschlechtsneutral.

Inhaltsverzeichnis

Vorwort der Herausgeberin

Wissen ist „die Ressource des 21. Jahrhunderts", und „der Wissensplatz Schweiz ist der Lebensnerv für unsere Zukunft". Die Innovationsstärke des Wissensplatzes Schweiz gilt als der Nährboden für den Werkplatz Schweiz und damit den Finanzplatz Schweiz, ihre globale Wettbewerbsfähigkeit und ihre hohe Lebensqualität. Dass gut finanzierte Universitäten und Fachhochschulen Multiplikatoren der wirtschaftlichen Entwicklung sind, wird häufig nicht erkannt, weil die Mechanismen des so geschaffenen Wirtschaftswachstums nicht gut verstanden werden. Diese sind: das lokale und regionale Wirtschaftswachstum, das durch die Ausgaben der Universität selbst (z.B. Bauausgaben, Investitionen, Instandhaltung, Ausbau) getätigt werden. Eine Universität beispielsweise schafft durch ihre Sach-, Investitions-, und Bauausgaben ebenso wie die Ausgaben der Studierenden und des Personals in der Hochschulregion Einkommens- und Beschäftigungseffekte, welche über mehrere Wirkungsrunden in der Region fühlbar werden. Ferner generieren Hochschulen Innovationsfähigkeit, die sich durch die Vernetzung von Forschenden und Hochschulabsolventen ergeben. Auch das Innovations- und Wirtschaftspotential von Absolventen, v.a. jenen, die in der Region verbleiben, gehört zu den Multiplikatorwirkungen von Hochschulen. Hier handelt es sich um eine Schicht von Absolventen, die entweder über ihre sozioprofessionelle Kategorie und ihr Einkommen oder über ihre Firmengründungen deutlich zum Steueraufkommen und zur Nachfrage in der Region beitragen und dadurch Arbeitsplätze schaffen oder erhalten. Die Bedeutung dieses Fakts erklärt, warum das Bundesamt für Statistik periodisch seine Hochschulabsolventenbefragung durchführt.

Hochschulen haben daher eine zentrale regionalwirtschaftliche Bedeutung. Neben der Ausbildung hoch qualifizierter Arbeitskräfte leisten sie ebenso wie privatwirtschaftliche Unternehmen einen wichtigen Beitrag in Forschung und Entwicklung und führen demnach zur Steigerung der Wertschöpfung ihrer Region und ihrer Volkswirtschaft. Neben der Versorgung des Arbeitsmarktes mit hoch qualifizierten Arbeitskräften und der Erbringung von Resultaten aus Forschung und Entwicklung erhöht eine Hochschule durch ihre ständige Nachfrage nach Gütern und Dienstleistungen ebenfalls das Einkommen in verschiedenen wirtschaftlichen Sektoren und schafft bzw. sichert Arbeitsplätze.

Diese Arbeit stellt die Frage nach der regionalwirtschaftlichen Bedeutung von Hochschulen, insbesondere betreffend der

1. Einkommens- und Beschäftigungseffekte, welche durch die Ausgaben der Hochschulen im Wirtschaftskreislauf der Regionen entstehen (monetäre Effekte),
2. steuerlichen Effekte, welche bei den jeweiligen Staatshaushalten wirksam werden (fiskalische Effekte),
3. Verbleibsquote der Hochschulabsolventen, welche der regionalen Wirt-

schaft in Form von hoch qualifizierten Arbeitskräften zur Verfügung stehen (Effekte des personengebundenen Wissenstransfers) und

4. Wissens- und Technologietransfers, welche durch die Verflechtung der Hochschulforschung mit der regionalen Wirtschaft zu Innovation beiträgt (Effekte des nicht personengebundenen Wissenstransfers).

Untersuchungsregion ist die Hochschulregion Basel (Kantone Basel-Stadt und Basel-Landschaft), für welche die genannten Effekte ermittelt werden. Ein Grossteil der Effekte wird ebenso für den Kanton Solothurn, den Kanton Aargau, die übrigen Kantone und das Ausland analysiert. Untersuchungsgegenstand sind die Universität Basel, die frühere Fachhochschule beider Basel (FHBB) (für die monetären und fiskalischen Effekte) und die Fachhochschule Nordwestschweiz (FHNW) (für die Effekte der Wissenstransfers).

Detailfragen für die Bearbeitung der Kosten und des sofortigen Nutzens der Universität und der Fachhochschule beider Basel/Fachhochschule Nordwestschweiz sind:

- Woher kommen die Mittel zur Finanzierung der Universität, und welcher Teil der verausgabten Mittel verbleibt in der Region?
- Wie hoch sind die direkten und indirekten Einkommens- und Beschäftigungseffekte, die durch die Universität in der Region wirksam werden?
- Wie hoch sind die induzierten Einkommenseffekte für die Hochschulregion?
- Wie hoch sind die steuerlichen Effekte, die bei den Staatshaushalten durch die Hochschulen entstehen?

Zur längerfristigen regionalwirtschaftlichen Wirkung der Hochschulen wurden die Verbleibsquoten untersucht:

- Wie viele Absolventen verbleiben in der Region, und wie gross ist deshalb der regionalökonomische Nutzen des von der Universität Basel „produzierten“ Humankapitals für die Regionalwirtschaft tatsächlich?

Den von der Universität geleisteten Wissenstransfer analysiert die Verfasserin durch den Fokus auf Kooperationsbeziehungen der Forschungsgruppen der beiden Hochschulen mit folgenden zentralen Fragen:

- Woher stammen die Mitarbeiter und Drittmittel der einzelnen Forschungsgruppen?

- Besteht eine Zusammenarbeit zwischen den Forschungsgruppen der Universität Basel, der FHNW und der Privatwirtschaft? Wie gestaltet sich diese?

- Besteht eine Zusammenarbeit zwischen der Universität Basel, der FHNW und anderen öffentlichen Forschungsinstitutionen? Wie gestaltet sich diese?

Methodischer Ansatz und wissenschaftliche Ergebnisse

Für die regionalwirtschaftlichen Analysen im betriebswirtschaftlichen Sinne untersucht die Verfasserin den regionalen Verbleib von rund 75 000 Einzelbuchungen, welche die Universität im Jahre 2002 vornahm, während es rund 13 000 Einzelbuchungen der Fachhochschule beider Basel waren. Zugrunde lagen die Vollerhebungen der gesamten Ausgaben der beiden Hochschulen, welche die Rektorate bereitstellten. Monetäre Effekte wurden durch eine Multiplikatoranalyse untersucht, wobei zunächst die Ausgaben der Hochschulen den jeweiligen Empfängerunternehmen zugeordnet und damit regionalisiert wurden, gefolgt von einer Zuordnung der Empfänger zu den jeweiligen Wirtschaftssektoren, wodurch die Ausgaben sektoralisiert wurden. Darauf basierend konnten die Einkommens- und Beschäftigungseffekte in den jeweiligen Regionen und Sektoren mit Hilfe eines Multiplikators über unendlich viele Wirkungsrunden abgeschätzt werden. Dabei kamen die in klassischen und weltweiten Studien über die Effekte von Hochschulen gängig praktizierten Ansätze zur Anwendung. Für die Analyse des Wissens- und Technologietransfers (WTT) wurde zunächst die Verbleibsquote der Absolventen mit Hilfe der offiziellen Statistik ermittelt, danach wurde die Vernetzung der Hochschulforschung durch Befragung der Forschungsgruppen in unterschiedlichen Fachbereichen der beiden Hochschulen untersucht. Aufgrund der Angaben der Forschungsgruppen wurden unter anderem die Herkunft der Mitarbeiter, Struktur und Herkunft der Drittmittel, räumliche Reichweite und die Art und Weise der Kooperationen und das Kooperationsverhalten analysiert. Dabei wurde im Einklang mit der gängigen Literatur zur Wissensökonomie nach der Art des ausgetauschten Wissens unterschieden.

Der Dissertation kommt eine besondere Bedeutung zu. Im Gegensatz zu gängigen Studien über die monetären regionalwirtschaftlichen Effekte von Universitäten geht diese Arbeit konzeptionell und methodisch wesentlich weiter, dadurch dass auch die Leistungserstellung der Universität im Sinne von Wissens- und Technologietransfer mit einbezogen wurde. Für die Inzidenzanalyse wurden 88 000 Einzelbuchungen der Hochschulen bearbeitet. Die Resultate hielten vielfachen externen Überprüfungen stand und ergaben eine Realität über die regionalwirtschaftlichen Effekte, die in dieser Form politisch nicht erhofft waren und zu einem ungünstigen Moment kamen.

Da die Hochschulen den Datensatz eines Jahres analysieren liessen, in dem erstmalig das SAP-System voll funktionsfähig war, lieferte die Verfasserin mit ihrer Analyse eine Basis, an der man in späteren Vergleichsanalysen die regionalwirtschaftlichen Entwicklungen präzise messen kann. Die Tatsache, dass ihre Analyse einen Zeitraum betraf, bevor das Submissionsgesetz des Kantons in Kraft trat, verleiht der Arbeit ein besonderes Gewicht, zeigt sie doch jene Ungleichgewichte in der Region auf, die durch eine Auftragsvergabe bedingt war, welche durch das Gesetz korrigiert werden musste. Als Benchmarkstudie ist diese Arbeit daher die einzige Grundlage, auf der man zu einem späteren Zeitpunkt ermitteln kann, ob und in welcher Weise die Auftragsvergabe der Hochschulen, die teilweise über kantonale Ämter abgewickelt wird (z.B. Bauausgaben), tatsächlich korrigiert worden ist.

Die Analyse über den Wissenstransfer der Hochschulen zeigt auch eine Realität von einzelnen Fachbereichen, die zu denken geben sollte. Deutlich werden Defizite nach Fachbereichen im Blick auf die Kooperationen, ferner hinsichtlich der regionalen Verbleibsquote. Diese ist zwar generell hoch, bekundet jedoch nach Fachbereichen auch, dass in den Bereichen, die die starke regionale Arbeitsmarktverankerung der Hochschulen leisten müssten, diese nicht gegeben ist. Im Vergleich dazu haben jene Fachbereiche, welche die internationale Ausstrahlung der Hochschulen gewährleisten können, diese in ihren Forschungskooperationen und diesbezüglichen Resultaten nicht in dem Masse, wie es erforderlich wäre.

Basel, Sommer 2012
Prof. Dr. Rita Schneider-Sliwa

Danksagung

Teile dieser Arbeit wurden von der Bildungs- Kultur- und Sportdirektion des Kantons Basel-Landschaft, dem Erziehungsdepartement Basel-Stadt und der Universität Basel finanziert und im Jahr 2007 als Studie publiziert. Den folgenden Personen und Einrichtungen sei für ihre Unterstützung, die Bereitstellung der Daten für das Forschungsprojekt und die wertvollen Diskussionen herzlich gedankt: Frau Prof. Rita Schneider-Sliwa für die Betreuung und Koordination, Alt-Vizerektor Forschung Gian-Reto Plattner, der das Projekt möglich machte, und Peter Meier-Abt, Universität Basel, der das Projekt in der Abschlussphase begleitete, ferner Ulrich Pfister und Brigitte Ritter (Universität Basel, Ressort Personal und Dienste), Jürgen Rümmele und Mike Rümmele (Universität Basel, Ressort Finanzen und Controlling) für das Bereitstellen der Daten und hilfreiche Erklärungen, Markus Diem (Studienberatung Universität Basel) für seine Hinweise zur Bearbeitung der Hochschulabsolventen, David Meier (Hochbau- und Planungsamt, Baudepartement Basel-Stadt), Martin Daepp (Eidgenössische Steuerverwaltung, Abteilung Steuerstatistik und Dokumentation, Bern) für die Bereitstellung von Daten, ferner Anja Huovinen (Bildungs-, Kultur- und Sportdirektion des Kantons Basel-Landschaft), Ariane Bürgin und Daniel Kopp (Erziehungsdepartement Basel-Stadt), die als Teil der Lenkungsgruppe der Studie den Prozess begleiteten und in vielen Diskussionen hilfreiche inhaltliche Stellung nahmen. Dank gilt auch Stefan Weigel (Universität Bern) und Manuela La Fauci (Universität Fribourg) für wertvolle inhaltliche Inputs sowie Thomas Braun für das Korrekturlesen der Dissertation.

Zusammenfassung

Die vorliegende Arbeit untersucht die regionalwirtschaftlichen Effekte der Universität Basel und der FHBB (Fachhochschule beider Basel) sowie den personengebundenen und personenungebundenen Wissenstransfer der Universität und der FHNW (Fachhochschule Nordwestschweiz).[1]

Der **regionalökonomische Nutzen** der universitären Hochschulen für ihre Region umfasst Einkommens-, Beschäftigungs- und Steuereffekte (Effekte der Leistungserstellung) sowie den Wissens- und Technologietransfer (WTT) aus den Hochschulen (Effekte der Leistungsabgabe). Die Effekte der Leistungserstellung werden im Rahmen einer regionalökonomischen Wirkungsanalyse für definierte Analyseregionen ermittelt. Die Steuereinnahmen werden den betreffenden Staatshaushalten zugerechnet. Die Einkommenseffekte werden zusätzlich über unendliche Wirkungsrunden für die Hochschulregion (Kanton Basel-Stadt und Basel-Landschaft) mit Hilfe einer (keynesianischen) Multiplikatoranalyse untersucht.

Als Ergebnis der Analyse der Leistungserstellung kann festgehalten werden, dass die staatlichen Haushalte grosse Beträge in die Universität und die FHBB investieren, was nur teilweise durch Steuereinnahmen kompensiert werden kann. Die Wirtschaft der Hochschulregion profitiert stark von den Hochschulen, der Kanton Basel-Stadt insgesamt mehr als der Kanton Basel-Landschaft. Ersterer trägt andererseits erhebliche Zentrumslasten.

Die Ergebnisse der vorliegenden Studie machen deutlich, dass die staatlichen Ausgaben erhebliche positive Effekte in der Hochschulregion in Form von Einkommens-, Beschäftigungs- und Steuereffekten auslösen und dadurch in einem hohen Masse zur Wertschöpfung in der Region sowie zur Sicherung der Beschäftigung beitragen.

Die Effekte der Leistungsabgabe untergliedern sich in den personengebundenen und den personenungebundenen Wissenstransfer. Der **personengebundene Wissenstransfer** erfolgt durch die Analyse des Verbleibs der Absolventen in der Region im Hinblick auf deren späteren Arbeitsplatz. Die Verbleibsquote gibt Aufschluss über die Attraktivität des regionalen Arbeitsmarktes für Hochschulabsolventen sowie über die Übereinstimmung von Studienangebot und Wirtschaftsstruktur der Region. Das Ergebnis zeigt, dass der basel-städtische Arbeitsmarkt für die Hochschulabsolventen deutlich attraktiver ist als jener des Kantons Basel-Landschaft. Dies ist durch die hohe Konzentration an wissensintensiven Unternehmen aus verschiedenen Branchen im Kanton Basel-Stadt zu erklären.

[1] Im Zeitraum des Entstehungsprozesses dieser Dissertation wurde die FHBB Bestandteil der FHNW, weshalb zwei vermeintlich unterschiedliche Institutionen untersucht werden (vgl. Kapitel 1.6).

Der **personenungebundene Wissenstransfer** wird durch die regionale Verankerung von Forschungskooperationen sowie durch verschiedene Merkmale der Kooperation analysiert. Es wird angenommen, dass durch Forschungskooperationen neues Wissen und Innovation entstehen. Für die Analyse wurden alle Forschungsgruppen der Universität Basel und der FHNW nach der Herkunft ihrer Mitarbeiter, der Herkunft ihrer Drittmittel und nach ihren Kooperationen befragt. Die Analyse erfolgt getrennt nach Fachbereichen, wobei diese jeweils entweder der analytischen oder der synthetischen Wissensbasis zugeordnet werden.

Die Analyse der Indikatoren der regionalen Verankerung (Herkunft der Mitarbeiter, Herkunft der Drittmittel und der Kooperation) zeigte zum einen, dass synthetische Fachbereiche hinsichtlich der **Rekrutierung ihrer Mitarbeiter** eher regional verankert sind. Die Analyse der Herkunft der Drittmittel gibt einen deutlichen Hinweis auf einen starken Life Sciences-Standort Basel/Nordwestschweiz: Die Fachbereiche Medizin, Chemie und Biologie weisen den höchsten Anteil an **Fördergeldern aus der Region** auf. Die Fachbereiche Chemie und Biologie sind es auch, die am häufigsten mit **Unternehmen in der Region** zusammenarbeiten. Weiterhin sind die Fachbereiche Medizin und Technik in ihrer Forschung stark mit anderen öffentlichen Einrichtungen vernetzt. Die Ausgestaltung der Forschungskooperationen in Bezug auf die Erstkontaktaufnahme, die Motive und Formen einer Kooperation, die Probleme in der Zusammenarbeit, die Vorteile einer langjährigen Zusammenarbeit sowie die Faktoren einer erfolgreichen Zusammenarbeit gaben Aufschluss über die Bedeutung räumlicher, kognitiver und organisationaler Nähe. Bei der **Erstkontaktaufnahme** ist der bestehende persönliche Kontakt von grösster Wichtigkeit, was durch die räumliche Nähe der Kooperationspartner erleichtert wird. Die wichtigsten **Motive für eine Zusammenarbeit** sind der fachliche Austausch und die finanziellen Motive; letztere sind für synthetische Fachbereiche wichtiger. Zu den wichtigsten **Formen einer Kooperation** zählen gemeinsame Anträge für Forschungs- und Projektmittel sowie gemeinsame Publikationen. Als grösstes **Hemmnis für eine Zusammenarbeit** wurde der Organisationsaufwand bewertet und die Fähigkeit, die Kompetenzen des Partners richtig einschätzen zu können. Letzteres wird durch eine **langjährige Zusammenarbeit** erreicht, ebenso wie eine effizientere Kommunikation. Gegenseitiges Vertrauen und die sogenannte gleiche Wellenlänge sind die wichtigsten Faktoren einer **erfolgreichen Zusammenarbeit**. Die räumliche Nähe der Kooperationspartner ist dabei eine hilfreiche, aber keine notwendige Bedingung für eine erfolgreiche Kooperation. Insgesamt unterscheiden sich analytische und synthetische Fachbereiche in ihrem Kooperationsverhalten nicht signifikant. Jedoch unterscheiden sich die einzelnen Fachbereiche stark untereinander.

Relevante zukünftige Forschungsvorhaben über den Wissens- und Technologietransfer von Hochschulen oder Forschungseinrichtungen könnten sich der Analyse einzelner Prozesse oder Phasen im Forschungsprozess verschiedener Fachbereiche, deren räumlicher Reichweite, der Bedeutung verschiedener anderer Näheformen sowie der regionalen Bedeutung von analytischen und synthetischen Elementen widmen.

Tabellenverzeichnis

Abbildungsverzeichnis

Kartenverzeichnis

Abkürzungen

FHBB	Fachhochschule beider Basel
FHNW	Fachhochschule Nordwestschweiz
WTT	Wissens- und Technologietransfer
BS	Kanton Basel-Stadt
BL	Kanton Basel-Landschaft
SO	Kanton Solothurn
AG	Kanton Aargau
HGK	Hochschule für Gestaltung und Kunst

1 Einführung: die Hochschule als Wirtschaftsfaktor

1.1 Einleitung

Begriffe wie Wissens-Gesellschaft (BELL 1973), Wissensplatz (NEUE ZÜRCHER ZEITUNG vom 30.09.2006) oder „Knowledge Based Economy“ (OECD 1996) verdeutlichen die steigende Bedeutung von Wissen für Wirtschaft und Gesellschaft. Vor dem Hintergrund der Globalisierung, der raschen technologischen Entwicklung und damit kürzer werdenden Produktzyklen, ist die Fähigkeit für Unternehmen, neues Wissen in produktivitätssteigernde Prozesse oder Produkte zu verwandeln, zu einem oder sogar dem wichtigsten Wettbewerbsfaktor geworden. „Knowledge is more than a resource, the only meaningful resource of today" (DRUCKER 1993).

Einer Hochschule[2] kommt vor diesem Hintergrund eine zentrale Bedeutung zu. Neben der Ausbildung hoch qualifizierter Arbeitskräfte leistet sie ebenso wie privatwirtschaftliche Unternehmen einen wichtigen Beitrag in Forschung und Entwicklung und trägt dadurch zur Steigerung der Wertschöpfung ihrer Region und ihrer Volkswirtschaft bei. Neben der Versorgung des Arbeitsmarktes mit hoch qualifizierten Arbeitskräften und der Erbringung von Resultaten aus Forschung und Entwicklung erhöht eine Hochschule durch ihre ständige Nachfrage nach Gütern und Dienstleistungen das Einkommen in verschiedenen wirtschaftlichen Sektoren und schafft beziehungsweise sichert Arbeitsplätze. Doch inwieweit werden die vielfältigen Effekte, die von einer Hochschule ausgehen, auch regional wirksam? Diese Arbeit stellt die Frage nach der regionalwirtschaftlichen Bedeutung von universitären Hochschulen. Diese untergliedert sich in fünf Teile:

1. In die **Einkommenseffekte**, welche durch die Ausgaben der Hochschulen im Wirtschaftskreislauf der Regionen entstehen.
2. In die **Beschäftigungseffekte**.
3. In die **Steuereffekte**, welche bei den jeweiligen Staatshaushalten wirksam werden.

[2] Universität oder Fachhochschule

4. In die **Verbleibsquote der Hochschulabsolventen**, welche der regionalen Wirtschaft in Form von hoch qualifizierten Arbeitskräften zur Verfügung stehen (Effekte des personengebundenen Wissenstransfers).
5. In den **Wissens- und Technologietransfer**, welcher durch die Verflechtung der Hochschulforschung mit der regionalen Wirtschaft zu Innovation beiträgt (Effekte des personenungebundenen Wissenstransfers).

Untersuchungsregion ist in erster Linie die Hochschulregion Basel (Kantone Basel-Stadt und Basel-Landschaft), für welche die gesamten Effekte ermittelt werden. Nachfrageeffekte werden ebenso für den Kanton Solothurn, den Kanton Aargau, die übrigen Kantone und das Ausland analysiert. Untersuchungsgegenstände sind die Universität Basel, die Fachhochschule beider Basel (FHBB) (für die Einkommens-, Beschäftigungs- und Steuereffekte) und die Fachhochschule Nordwestschweiz (FHNW) (für die Effekte des Wissenstransfers).

Deutlich wird die zentrale Rolle der Hochschulen für die regionale Wirtschaft an der hohen Aufmerksamkeit, welche ihr von politischer Seite zukommt. Neben der nationalen und internationalen Ausrichtung von Hochschulen gewinnt die regionale Verankerung zunehmend an Bedeutung. Regionalpolitische Akteure sind bemüht, den Wissens- und Technologietransfer von Hochschulen in die Unternehmen zu vereinfachen und zu fördern mit dem Ziel, langfristig das wirtschaftliche Wachstum sowie die Wettbewerbsfähigkeit ihrer Region zu sichern. Neben den genannten ökonomischen Einflüssen auf das Bildungs- und Innovationssystem ihrer Region haben Hochschulen ebenso einen erheblichen Einfluss auf andere gesellschaftliche Bereiche, wie das kulturelle Leben oder die öffentliche Meinungsbildung (Bathelt & Schamp 2002).

Voraussetzung für diese vielfältige Leistungserbringung einer Hochschule ist allerdings eine ausreichende und gesicherte Ausstattung mit finanziellen Mitteln, die es ihr erlaubt, bestehende Leistungen zu sichern sowie notwendige Veränderungen vorzunehmen, um in Forschung und Lehre bestmögliche Resultate zu erzielen. Anzustreben ist dabei eine Partnerschaft zwischen Hochschule und Region, von welcher alle beteiligten Akteure profitieren.

1.2 Zielsetzung

Das Ziel dieser Arbeit ist, die Bedeutung der Universität Basel und der FHBB beziehungsweise der FHNW für die Wirtschaft und die Staatshaushalte in den Untersuchungsregionen zu ermitteln. Die Analyse erfolgt dabei in zwei Teilen.

Im ersten Teil der Arbeit wird auf Grundlage der Finanzierung der Hochschulen aufgezeigt, in welchem Umfang durch die Ausgaben positive Effekte auf Einkommen und Beschäftigung in ihrer Region wirksam werden. Ebenso werden die steuerlichen Effekte, welche den Staatshaushalten durch die Existenz der Hochschulen zufliessen, analysiert. Die Einkommens-, Beschäftigungs- und Steuereffekte werden im Folgenden als Effekte der **Leistungserstellung** bezeichnet. Ausgangspunkt der Überlegungen ist, dass Universitäten durch ihre Nachfrage nach Produkten und Dienstleistungen in ihrer Region positive Einkommens-, Beschäftigungs- und Steuereffekte schaffen. Die zentralen Fragen im ersten Teil der Arbeit stellen sich wie folgt:

- Woher kommen die Mittel zur Finanzierung der Hochschulen und welcher Teil der verausgabten Mittel verbleibt in der Region?
- Wie hoch sind die direkten und indirekten Einkommens- und Beschäftigungseffekte, die durch die Hochschulen in der Region wirksam werden?
- Wie hoch sind die induzierten Einkommenseffekte für die Hochschulregion?
- Wie hoch sind die steuerlichen Effekte, die bei den Staatshaushalten durch die Hochschulen entstehen?

Im zweiten Teil der Arbeit wird die **Leistungsabgabe** durch den Beitrag, den die Hochschulen für die Region leisten, vor dem Hintergrund einer zunehmenden Bedeutung des Produktionsfaktors Wissen untersucht.

Die Wettbewerbsfähigkeit regionaler Unternehmen wird durch den universitären WTT gesteigert. Der WTT kann personengebunden oder personenungebunden erfolgen. Die wichtigste Form des personenungebundenen WTTs aus Hochschulen ist die Ausbildung von qualifizierten Arbeitskräften für den in erster Linie regionalen Arbeitsmarkt. Die Absolventen einer Hochschule tragen durch ihre Bildung und ihr Wissen zum Innovationserfolg des späteren Arbeitgebers bei. Dabei wird angenommen, dass die Absolventen der Hochschulen mehrheitlich innerhalb der Region verbleiben und dort zum wirtschaftlichen Erfolg der Region beitragen. Dennoch wandert auch ein gewisser Teil von Hochschulabsolventen in andere, meist grössere und wirtschaftlich stärkere Regionen ab. In der internationalen Diskussion um die gestiegene Mobilität und das Wanderungsverhalten von Humankapital werden für die Abwanderung oder Zuwanderung von Hochqualifizierten Begriffe wie „Brain Gain" oder „Brain Circulation" verwendet (SAXENIAN 2005; THE ECONOMIST 2005, 2006a, 2006b).

Ob und in welchem Ausmass die Hochschulabsolventen innerhalb der Region verbleiben, hängt dabei massgeblich davon ab, wie attraktiv die Region zum Arbeiten und Wohnen ist respektive wahrgenommen wird. Die **Verbleibsquote der Absolventen**, also jener Teil der Absolventen, der nach einem abgeschlossenen Studium in der Hochschulregion verbleibt, ist zusätzlich abhängig von dem Grad der Anpassung zwischen dem Fächerangebot der Hochschule und der Branchenstruktur der regionalen Wirtschaft. Vor diesem Hintergrund stellt sich im zweiten Teil der Arbeit folgende Frage:

- Wie viele Absolventen verbleiben in der Region und wie gross ist der dadurch entstehende regionalökonomische Nutzen des von den Hochschulen „produzierten“ Humankapitals für die Regionalwirtschaft tatsächlich?

Die Analyse der Verbleibsquote der Absolventen gibt demnach ebenso Aufschluss über die Frage der Attraktivität der Region sowie über den Grad der Anpassung zwischen Hochschule und Regionalwirtschaft. Während die Bereitstellung von Humankapital für die Unternehmen in einer Region einen eher einseitig gerichteten Transferprozess darstellt, entsteht Wissen und Innovation vor allem im Rahmen wechselseitiger Interaktionen zwischen Hochschulen und Privatwirtschaft. Neben gemeinsamen Projekten, Dienstleistungen, Mentoring-Programmen oder der Betreuung von Master- und Diplomarbeiten durch regionale Unternehmen stellen **Forschungskooperationen** den wohl bedeutendsten Kanal des personenungebundenen Wissens- und Technologietransfers von Hochschulen dar. Im zweiten Teil der Arbeit werden neben dem Verbleib der Absolventen die Kooperationsbeziehungen der Forschungsgruppen der beiden Hochschulen analysiert. Obwohl keine direkte Erfolgsmessung im Sinne der aus einer Kooperation entstandenen Innovationen erfolgt, dienen die Kooperationen und deren Ausgestaltung als Indikator des regionalen Wissens- und Technologietransfers.

Um die Bedeutung der Region für den Wissens- und Technologietransfer aus Hochschulen zu ermitteln, stellen sich die zentralen Fragen der Analyse der Forschungskooperationen wie folgt:

- Woher stammen die Mitarbeiter und Drittmittel der einzelnen Forschungsgruppen?
- Besteht eine Zusammenarbeit zwischen den Forschungsgruppen der Universität Basel bzw. der FHNW und der Privatwirtschaft? Und wie gestaltet sich diese?
- Besteht eine Zusammenarbeit zwischen der Universität Basel und der FHNW und anderen öffentlichen Forschungsinstitutionen? Und wie gestaltet sich diese?

1.3 Relevanz

Der Auslöser einer Untersuchung der ökonomischen Effekte einer Hochschule ist meist die Frage nach der Rentabilität der durch Steuergelder finanzierten Institution für ihre Standortregion. Besondere Relevanz kommt der Frage vor dem Hintergrund knapper werdender finanzieller Mittel der öffentlichen Haushalte zu. Hinzu kommt ein zunehmender internationaler Wettbewerb unter den Hochschulen und die Angst der Standortregion, in diesem Wettbewerb zu verlieren.

Die gesellschaftliche Relevanz des Themas „Hochschule und Region" widerspiegelt sich vor allem in der Fülle der wissenschaftlichen Literatur in diesem Forschungsfeld. Regionalökonomische Analysen von Hochschulen wurden bereits intensiv in den 1960er und 1970er Jahren durchgeführt (FLORAX 1992). Während in den 1960er und 1970er Jahren die ausgabenrelevanten Effekte der Hochschule untersucht wurden, kehrte sich die Perspektive am Ende der 1970er Jahre, und der Output der Universitäten als Beitrag zur Wissensgenerierung war von zunehmendem Interesse. Die Überzeugung, dass neue Forschungsresultate und Humankapital eine Voraussetzung für regionales Wachstum sind, wurde hauptsächlich durch den Arbeitskräftemangel des Wirtschaftsbooms der 1960er Jahre und die darauf folgende Rezession in den 70er Jahren gestützt. Ausserdem wurde die bis dahin bestehende Skepsis bezüglich der Kooperation zwischen Hochschulen und Privatwirtschaft aufgrund verschiedener Erfolgsgeschichten beseitigt. Bedeutende Beispiele einer erfolgreichen Zusammenarbeit waren vor allem das Silicon Valley und die Route 128 bei Boston (SAXENIAN 1994).

In der Schweiz und in Deutschland erleben Untersuchungen der ökonomischen Wirkungszusammenhänge zwischen Hochschule und Region seit den 1990er Jahren einen neuen Boom. Tabelle 1.1 zeigt einen Überblick über Schweizer Studien im Themenfeld der regionalwirtschaftlichen Wirkungseffekte, ohne dabei den Anspruch auf Vollständigkeit zu erheben. Wie bedeutend die regionalwirtschaftlichen Auswirkungen einer Universität für die lokale und regionale Politik heute noch sind, kann man zum Beispiel an den Diskussionen um die Gründung der Universität Luzern im Jahr 2000 erkennen. Im Vorfeld wurde neben der kultur- und bildungspolitischen Ausstrahlung vor allem mit dem „Rohstoff Bildung" als Wirtschaftsfaktor und dem zu erwartenden wirtschaftlichen Aufschwung der ganzen Region argumentiert (BUELLER 2000).

Die wirtschaftspolitische Relevanz der vorliegenden Arbeit gründet auf der Tatsache, dass die Leistungen von universitären Hochschulen, insbesondere für ihre Region, in der Öffentlichkeit oft unterschätzt und unzureichend wahrgenommen werden. Dies ist unter anderem darauf zurückzuführen, dass die Erfolgsmessung der in Europa noch überwiegend öffentlich finanzierten Hochschulen relativ schwierig ist. Die Beantwortung der Frage, was die Hochschule denn tatsächlich für ihre Region leistet, ist aber gerade wegen der hohen finanziellen Belastung der Staatshaushalte immens wichtig. Durch die Verausgabung von Steuergeldern stehen die Universitäten unter einem permanenten öffentlichen Druck, ihre Leistungen nachzuweisen und transparent zu machen. Die vorliegende Studie soll massgeblich dazu beitragen, die regionalwirtschaftlichen Effekte, welche von der Universität Basel und der FHBB beziehungsweise der FHNW in ihre Region ausgehen, aufzuzeigen und transparent zu machen.

Tab. 1.1 Überblick über regionalökonomische Untersuchungen an Schweizer Universitäten

Universität	Jahr	Studie	Autor[a]
Basel	1984	Die regionale Ausstrahlung der Universität Basel.	Frey, R. L. u. Kaufmann, M.
Basel	2007	Regionalwirtschaftliche und steuerliche Effekte der Universität Basel.	Haisch, T. u. Schneider-Sliwa, R.
Bern	1996	Universität Bern: Volkswirtschaftliche Bedeutung, regionale Ausstrahlung und Finanzierung.	Eisenring, C., Krippendorf, S., Leu, R., Risch, L. u. Weber, B.
Bern	2002	Vom Kosten- zum Standort- zum Wirtschaftsfaktor. Tertiäre Bildung im Kanton Bern.	Stephan, G., Müller- Fürstenberger, G. u. Hässig, D.
Freiburg	1972[b]	L'importance financière et économique de l'Université pour le Canton de Fribourg.	Wittmann, W.
Freiburg	1994	Freiburg und seine Universität. Finanzquellen und wirtschaftliche Auswirkungen.	Freiburgische Industrie-, Dienstleistungs- und Handelskammer
Freiburg	2002	L'impact économique et spatial de l'Université de Fribourg.	Descloux, C.-A.
Freiburg	2006	Nutzen und Kosten einer Universität: Literaturanalyse und Anwendungsvorschläge für die Universität Freiburg.	La Fauci, M.
Genf	1982	Coûts et avantages de l'Université pour la collectivité génévoise.	Gaillard, B.
Lausanne	1995	Université de Lausanne : Son impact économique.	Nilles, D.
Lausanne	2001	Université de Lausanne : Son impact financier au cours de la période 1992-2000.	Nilles, D.
Neuenburg	1994	Impact de l'Université de Neuchâtel sur l'économie cantonale.	Zarin-Nejadan, M. u. Schneiter, A.
Neuenburg	2002	Impact de l'Université de Neuchâtel sur l'économie cantonale 2000.	Schoenenberger, A. u. Arnold, C.
Neuenburg	2009	Etude d'impact économique de l'Université de Neuchâtel.	Schoenenberger, A. u. Mack, A.
St. Gallen	1986	Die Inzidenzanalyse als Instrument der Regionalpolitik. Dargestellt am Beispiel der Hochschule St. Gallen.	Mennel-Hartung, E.
St. Gallen	1990	Die Auswirkungen der Hochschule auf Stadt und Kanton St. Gallen.	Fischer, G. u. Nef, M.
St. Gallen	2001	Die Universität St. Gallen als Wirtschafts- und Standortfaktor: Ergebnisse einer regionalen Inzidenzanalyse	Fischer, G. u. Wilhelm, B.
Luzern	2006	Regionalökonomische Effekte der Hochschulen im Kanton Luzern.	Strauf, S. u. Behrendt, H.
Tessin	2004	Il bilancio economico e sociale dell'USI e della SUPSI.	Frey, R. L., Folloni, G. u. Steiner, M.
Tessin	2004	Gli impatti economici e sociali dell'Università della Svizzera italiana e della Scuola universitaria professionale della Svizzera italiana sull'economia del Cantone Ticino.	Raveglia, D.
Zürich	1985	Räumliche Auswirkungen der Universität Zürich.	Graf, C. u. Stäuble, J.

[a] vollständige Literaturangaben im Literaturverzeichnis, [b] nicht mehr erhältlich; Quelle: eigene Darstellung in Anlehnung an La Fauci 2006

1.4 Daten und methodisches Vorgehen

Für die empirische Analyse der regionalökonomischen Einkommens- und Beschäftigungseffekte der Universität Basel und der FHBB wurden die Vollerhebungen der gesamten Ausgaben der beiden Hochschulen für das Jahr 2002 zur Verfügung gestellt. Im Rahmen der Wirkungsanalyse werden die Ausgaben der Hochschulen den jeweiligen Empfängerunternehmen zugeordnet und damit regionalisiert. In einem zweiten Schritt werden die Empfänger den jeweiligen Wirtschaftssektoren zugeordnet, wodurch die Ausgaben sektoralisiert werden. Aufgrund der Ergebnisse dieser Analyseschritte können dann die Einkommens- und Beschäftigungseffekte in den jeweiligen Regionen und Sektoren mit Hilfe eines Multiplikators über unendlich viele Wirkungsrunden abgeschätzt werden. Die steuerlichen Effekte werden anhand der in den verschiedenen Regionen und für die jeweilige Ausgabenkategorie geltenden Steuersätze für die einzelnen Staatshaushalte berechnet.

Für die Analyse des WTTs (Wissens- und Technologietransfers) wird in einem ersten Schritt die Verbleibsquote der Absolventen mit Hilfe der offiziellen Statistik[3] ermittelt. Aufschluss über die Vernetzung der Hochschulforschung, als Teilaspekt des personenungebundenen WTTs, gab im Vorfeld der Analyse eine Befragung der Forschungsgruppen in unterschiedlichen Fachbereichen der beiden Hochschulen durchgeführt. Aufgrund der Angaben der Forschungsgruppen werden unter anderem die räumliche Reichweite und die Art und Weise der Kooperationen analysiert. Dabei wird nach der Art des ausgetauschten Wissens unterschieden. Die Fachbereiche werden in synthetische und analytische Fachbereiche eingeteilt, welchen jeweils ein anderes Kooperationsverhalten unterstellt wird. Am Ende werden aus den gewonnenen Ergebnissen Erkenntnisse, Implikationen und, wenn vorhanden, der zusätzliche Forschungsbedarf abgeleitet.

1.5 Besonderheiten der eigenen Methodik

Während die regionalökonomischen Einkommens- und Beschäftigungseffekte, welche von Hochschulen ausgehen, bereits in zahlreichen Studien analysiert wurden, fanden Analysen zu den Effekten des Wissens- und Technologietransfers bisher weit weniger wissenschaftliche Beachtung. Vor allem Letztere gewinnen vor dem Hintergrund der steigenden Bedeutung des Faktors Wissen zunehmend an wirtschaftspolitischer Bedeutung. Die wissenschaftlichen Methoden und Ergebnisse, die diese Effekte abbilden, sind vielfältig und oft wenig robust.

[3] Absolventenbefragungen des Bundesamtes für Statistik (BFS)

Weiterhin sind die meisten Analysen zum WTT von Hochschulen rein quantitativer Natur. Gezählt werden unter anderem die absolute Zahl der Publikationen, Patente, der Hochschulabsolventen oder der Studierenden (vgl. zum Beispiel SEDWAY GROUP 2001). Hier setzt die vorliegende Studie an, indem sie den Prozess des Wissens- und Technologietransfers von Hochschulen und nicht deren Output analysiert (zum Beispiel Zahl der Spin-Offs, Patente, Publikationen). Eine methodische Besonderheit des eigenen, gewählten Ansatzes liegt dabei in der Befragung von einzelnen Personen, nämlich den Forschungsgruppenleitern der jeweiligen Forschungsteams. Der Vorteil dieser „Bottom up"-Methode liegt darin, dass die Informationen direkt von den forschenden Personen stammen und die Aggregation zu Fachbereichen erst zu einem späteren Zeitpunkt erfolgt.

Die Analyse des personenungebundenen WTTs erfolgt weiterhin getrennt nach analytischen und synthetischen Fachbereichen und bietet so die Möglichkeit, Unterschiede im Kooperationsverhalten, beispielsweise in Bezug auf die räumliche Reichweite der Vernetzung, nachzuweisen. In einem grösseren, wirtschaftspolitischen Zusammenhang ist die Überlegung, dass die bisherige Förderung von universitärem Wissenstransfer zwischen Hochschule, anderen öffentlichen Forschungseinrichtungen und Unternehmen zu standardisiert verläuft.

1.6 Die Fallbeispiele

In dieser Studie werden sowohl die Universität Basel als auch die Fachhochschule beider Basel (FHBB) beziehungsweise die Fachhochschule Nordwestschweiz (FHNW) untersucht. Die im ersten Teil der Analyse untersuchten regionalökonomischen Einkommens-, Beschäftigungs- und Steuereffekte werden für die Universität Basel und die FHBB untersucht. Die FHBB existiert in dieser Form heute nicht mehr, sondern bildet zusammen mit den Fachhochschulen Aargau und Solothurn ab dem Jahr 2006 die Fachhochschule Nordwestschweiz. Die Analyse der Effekte der Leistungserstellung erfolgte jedoch vor dem Zusammenschluss der Fachhochschulen zur FHNW, so dass diese Effekte hier lediglich für die FHBB untersucht werden konnten. In die Analyse des Wissens- und Technologietransfers wurden alle Forschungsgruppen der Universität Basel und der FHNW im Jahr 2005 einbezogen.

In den folgenden Kapiteln 1.6.1 und 1.6.2 werden die beiden Hochschulen vorgestellt. Neben allgemeinen Strukturmerkmalen wird ebenfalls die Einbindung der Hochschulen in die wirtschaftlichen Prozesse ihrer Standortregion diskutiert.

Wie stark eine Hochschule mit ihrer Region verflochten ist, wird in dieser Arbeit aufgrund der folgenden drei Annahmen beschrieben:

- Deckungsgrad von Angebot und Nachfrage

Je älter eine Universität und je grösser der Wirtschaftsraum, der sie umgibt, desto höher ist der Deckungsgrad der universitären Nachfrage mit dem regionalwirtschaftlichen Angebot an Gütern und Dienstleistungen.

- Verbleib der Absolventen in der Region

In dieser Arbeit wird davon ausgegangen, dass die Grösse und die Struktur des Wirtschaftsraumes die Verbleibsquote der Absolventen bestimmen. Je grösser und vielfältiger das regionale Arbeitsplatzangebot, desto höher ist die Verbleibsquote der Absolventen. Zusätzlich geht man davon aus, dass mehr Absolventen in der Region verbleiben, wenn die Fächerstruktur die Wirtschaftsstruktur reflektiert.

- Forschungsintensität zwischen Hochschule und Unternehmen oder anderen Forschungseinrichtungen in einer Region

Die Intensität der Forschungskooperationen zwischen Forschenden an der Hochschule und den Unternehmen in einer Region ist ebenfalls abhängig von der Grösse und Struktur des Wirtschaftsraumes sowie deren struktureller Übereinstimmung.

1.6.1 Die Universität Basel

Die universitäre Landschaft der Schweiz besteht aus insgesamt sieben Volluniversitäten (Zürich, Genf, Basel, Lausanne, Fribourg, Neuchâtel, Lugano) und fünf spezialisierten universitären Hochschulen (zwei Eidgenössische Technische Hochschulen, Universität St. Gallen, Universität Tessin, Universität Luzern).

Betrachtet man die Grösse der Universitäten, gemessen an der jeweiligen Studentenzahl, kann man die Universität Basel mit mehr als 8'000 Studenten im Wintersemester 2002/2003 zusammen mit den Universitäten Fribourg, Lausanne und Bern zu den mittelgrossen Universitäten der Schweiz zählen (Tabelle 1.2).

Die Universität Basel steht im Gegensatz zu anderen Universitäten, wie zum Beispiel Freiburg oder Neuenburg, in einem verhältnismässig starken Kanton mit zwei multinationalen Pharmakonzernen (Novartis und Hoffmann-La-Roche) sowie einer hohen Dichte an Industrie- und Dienstleistungsunternehmen. Während die Kantone Freiburg und Neuenburg aufgrund ihrer Grösse kaum in der Lage sein dürften, die Nachfrage ihrer Universitäten nach Produkten und Dienstleistungen regionsintern zu befriedigen, dürfte das für die Wirtschaft in Basel weniger schwierig sein. Ausserdem haben, wie oben bereits erwähnt, kleinere Hochschulregionen meist das Problem, ihre Absolventen auf dem regionalen Arbeitsmarkt unterzubringen und so in der Region zu halten. In diesem Zusammenhang spricht man von der Abwanderung Hochqualifizierter und die Frage

Tab. 1.2 Die Universität Basel in der Hochschullandschaft der Schweiz

Universitäten	Gründungsjahr	Studierende WS 02/03
Zürich	1833	22'350
Genf	1889	14'114
Bern	1834	11'632
Lausanne	1537	10'158
Fribourg	1889	9'642
Basel	1460	8'034
St. Gallen	1898	4'915
Neuchâtel	1909	3'252
Lugano	1996	1'637
Luzern	2000	722
ETH Zürich	1855 (bzw. 1911)	12'243
EPF Lausanne	1969	5'712

Quelle: Bundesamt für Statistik 2003

nach den Kosten und dem Nutzen einer Universität gewinnt an Bedeutung. Die im Verhältnis zu ihrem Wirtschaftsraum relativ kleine Universität Basel sollte folglich in ihrer Region gut integriert sein, im Sinne eines hohen regionalen Deckungsgrades ihrer Nachfrage, der Aufnahme ihrer Absolventen durch den regionalen Arbeitsmarkt sowie der Zusammenarbeit in der Forschung zwischen Forschungsgruppen innerhalb der Region. Ob dem so ist, wird im empirischen Teil dieser Arbeit untersucht und macht die Universität Basel sowohl wissenschaftlich als auch politisch zu einem interessanten Forschungsobjekt.

Im Gegensatz zu den fünf spezialisierten Hochschulen ist die Basler Universität eine Volluniversität mit einer Theologischen, Juristischen, Philosophisch-Historischen, Medizinischen, Philosophisch-Naturwissenschaftlichen (mit dem 1971 gegründeten Biozentrum für Lehre und Forschung der Molekular-Mikrobiologie) und einer Wirtschaftswissenschaftlichen Fakultät. Dies spricht für eine hohe Diversität sowohl ihrer Nachfragestruktur als auch ihrer Forschungsaktivitäten.

Der regionalen Integration in die Wirtschaftsprozesse der Region dürfte auch das hohe Alter der Universität Basel zuträglich sein, geht man von der Annahme aus, dass sich das regionalwirtschaftliche Angebot und die Nachfrage der Universität im Laufe der Zeit aufeinander abstimmen. Gefahren für die Existenz der Universität konnten in der Vergangenheit relativ schnell überwunden werden. Während mehr als 500 Jahren ihres Bestehens kam es nie zu einer offiziellen Schliessung oder Auflösung der Universität. Diese finanzielle Stabilität und Beständigkeit ist der Verflechtungsintensität mit der regionalen Wirtschaft ebenso

Tab. 1.3 Die FHNW in der Fachhochschullandschaft der Schweiz

Fachhochschule	Verbund und Abkürzung	Studierende WS 02/03
Haute école Spécialisée de Suisse occidentale / Haute école Santé-Sociale romande	HES-SO/S2	7'743
Berner Fachhochschule	BFH-HESB	5'650
Fachhochschule Nordwestschweiz	FHNW	5'017
Scuola universitaria professionale della Svizzera italiana	SUPSI	1'211
Zürcher Fachhochschule	ZFH	3'149
Fachhochschule Ostschweiz	FHO	2'991

Quelle: BUNDESAMT FÜR STATISTIK: Studierende an Fachhochschulen 2002/2003

zuträglich. Durch die räumliche Konzentration der Universität Basel im Kanton Basel-Stadt ist davon auszugehen, dass die Verflechtungen der Hochschule mit der Wirtschaft vor allem dort eine sehr hohe Intensität aufweisen.

1.6.2 Die Fachhochschule Nordwestschweiz

Die Fachhochschule Nordwestschweiz bildet zusammen mit den in Tabelle 1.3 dargestellten Fachhochschulen, der Fachhochschule Luzern[4] und verschiedenen pädagogischen Hochschulen die Schweizer Fachhochschullandschaft.

Mit über 5'000 Studierenden im Wintersemester 02/03 gehört die FHNW nach dem Hochschulverbund der Romandie und der Berner Fachhochschule zu den drei grössten Fachhochschulen der Schweiz. Die FHNW entstand aus der Fusion der drei Fachhochschulen Aargau, beider Basel und Solothurn, der Pädagogischen Hochschule Solothurn, der Hochschule für Pädagogik und Soziale Arbeit beider Basel sowie den Musikhochschulen der Musikakademie Basel. Anders als die Universität Basel ist die FHNW räumlich auf die vier Trägerkantone verteilt mit Standorten in Aarau, Basel, Brugg, Liestal, Muttenz, Olten, Solothurn, Windisch und Zofingen.

Obwohl die FHNW erst seit dem Jahr 2006 in dieser Form existiert, reichen ihre Wurzeln bis in die 60er Jahre zurück. Im Jahr 1963 wurde zum Beispiel der Studienbetrieb an der vermessungstechnischen Abteilung des Technikums beider Basel (HTL) aufgenommen. Diese wurde nach diversen Veränderungen zum späteren Departement Bau der FHBB. Heute ist das Departement Bau ein Be-

[4] Die Fachhochschule Luzern war zu diesem Zeitpunkt noch nicht in der offiziellen Statistik aufgeführt.

standteil der Hochschule für Architektur, Bau und Geomatik der FHNW. Trotz des jüngeren Alters hat die FHNW in kürzerer Zeit wohl schon deutlich mehr Veränderungen durchgemacht als die Universität. Dennoch dürfte die FHNW durch ihre stärker regionale Ausrichtung und ihr (für eine Fachhochschule) relativ langes Bestehen gut in die wirtschaftlichen Prozesse ihrer Region integriert sein. Durch die Streuung ihrer physischen Standorte ist jedoch auch von einer ebensolchen Verteilung ihrer Nachfrage und ihrer Absolventen über die vier Standortkantone auszugehen.

1.7 Aufbau der Arbeit

Ausgehend von diesen Überlegungen werden in Kapitel 2 theoretische Aspekte zur Beziehung zwischen Hochschule und Region vorgestellt. Das Hauptaugenmerk liegt dabei auf den ökonomischen Wirkungszusammenhängen, welche sich in Effekte der Leistungserstellung (Kapitel 2.3) und Effekte der Leistungsabgabe (Kapitel 2.4) unterteilen lassen. In Kapitel 3 wird der Untersuchungsgegenstand auf zeitlicher, räumlicher und institutioneller Ebene abgegrenzt. Kapitel 4 widmet sich der Methodik der Analyse unter besonderer Berücksichtigung der verwendeten Daten. Im Anschluss erfolgt die empirische Analyse. In Kapitel 5 werden die Einkommens- und Beschäftigungseffekte der Universität Basel ermittelt. Ebenso werden die steuerlichen Effekte für die einzelnen Staatshaushalte berechnet. Dieselbe Methodik wird in Kapitel 6 für die FHBB angewendet. Nach der Analyse der Einkommens-, Beschäftigungs- und Steuereffekte erfolgt in Kapitel 7 die Analyse der Leistungsabgabe, welche sich in dieser Arbeit in die Analyse des Absolventenverbleibs (Kapitel 7.1) und der Untersuchung der Forschungskooperationen (Kapitel 7.2) unterteilt. Kapitel 7.3 fasst die Ergebnisse aus der empirischen Analyse kurz zusammen, und Kapitel 8 zieht eine Synthese der gewonnenen Erkenntnisse. In Abbildung 1.1 ist der schematische Aufbau der Arbeit grafisch dargestellt.

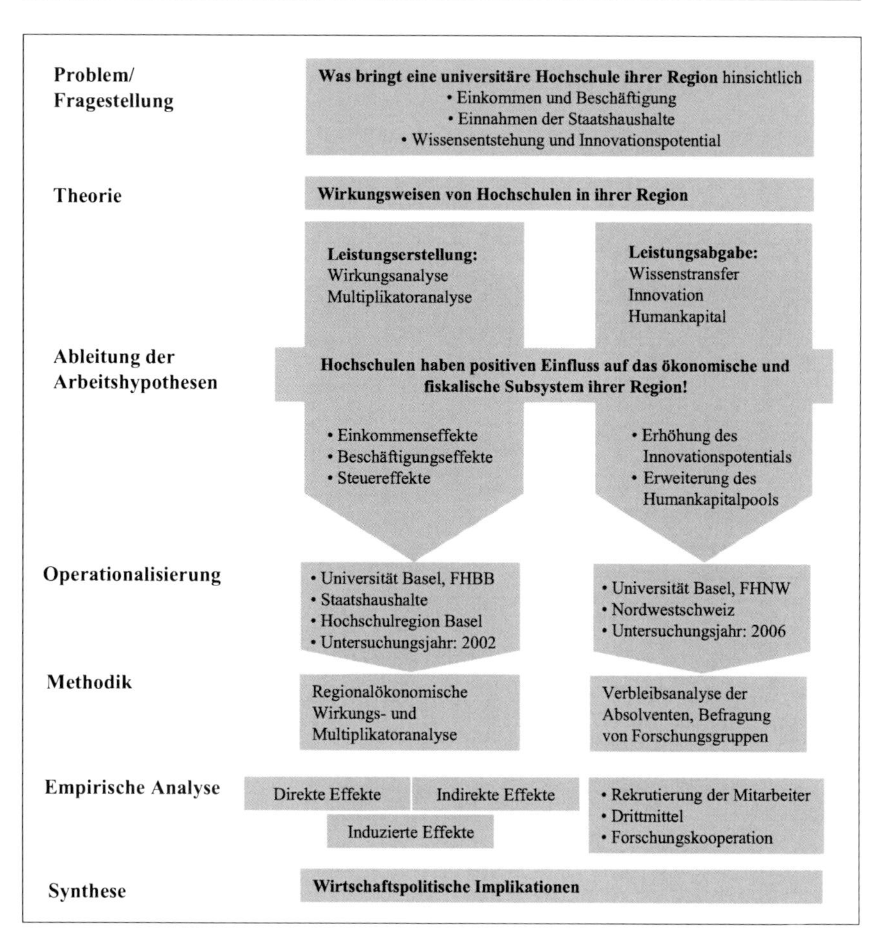

Abb. 1.1 Aufbau der Arbeit

2 Die Beziehung zwischen Hochschule und Regionalwirtschaft

Das Ziel dieses Kapitels ist es, einen Überblick über die Wirkungszusammenhänge zwischen einer Hochschule und ihrer Region zu vermitteln, mit einem speziellen Fokus auf den wirtschaftlichen Effekten. In der Literatur werden grob zwei Wirkungsweisen unterschieden, welche von Hochschulen als Infrastruktureinrichtungen auf die Wirtschaft in ihrer Region ausgehen. In der deutschsprachigen Literatur werden für diese beiden Wirkungsweisen häufig die Begriffe „Leistungserstellung" und „Leistungsabgabe" (BECKER 1990; ENGELBRECH ET AL. 1978) verwendet. Während die Leistungserstellung die Nachfrageeffekte einer Hochschule untersucht, subsumieren sich unter dem Begriff der Leistungsabgabe die angebotsseitigen „Produkte" der Hochschule. Ausgangspunkt der Überlegungen bildet dabei die Annahme, dass die Leistungen einer Hochschule, in Anlehnung an das erste geographische Gesetz von TOBLER (1970: 236) „everything is related to everything else, but near things are more related than distant things", vor allem der Wirtschaft ihrer Standortregion zu Gute kommen. Es folgt zunächst eine kurze allgemeine Einführung über die Beziehung zwischen Hochschule und Region (Kapitel 2.1), bevor auf die wirtschaftlichen Effekte der Leistungserstellung (Kapitel 2.3) und der Leistungsabgabe (Kapitel 2.4) eingegangen wird.

2.1 Wirkungszusammenhänge zwischen Hochschule und Region

Eine Hochschule ist mit ihrer Region durch ein komplexes Beziehungsgefüge verbunden. Häufig wird die jeweilige Standortregion als System verstanden, welches sich in diverse Subsysteme untergliedern lässt (BENSON 2000; CLERMONT 1997; FLORAX 1992; LUHMANN 1984). Neben ihrer Funktion als Bildungsinstitution hat eine Hochschule Einfluss auf das politische, demographische, ökonomische, infrastrukturelle, kulturelle und soziale Subsystem ihrer Standortregion (Tabelle 2.1).

Die Stärke des Einflusses einer Hochschule auf die jeweiligen Subsysteme hängt von verschiedenen Faktoren ab. So macht sich beispielsweise die Wirkung einer Universität auf das infrastrukturelle Angebot einer kleinen Universitätsstadt stärker bemerkbar als auf das einer Grosstadt. Die verschiedenen Subsysteme existieren dabei nicht getrennt voneinander, sondern sind durch verschiedene

Tab. 2.1 Beispiele für Wirkungen der Universität in verschiedenen regionalen Subsystemen

Subsysteme	Regionale Umwelt
Politisch	Höhere politische Beteiligung, bessere Organisation politischer Prozesse
Demographisch	Grösse, Struktur und Mobilität der Bevölkerung
Ökonomisch	Regionales Einkommen, Wirtschaftsstruktur, Arbeitsmarkt und Mobilität der Arbeitskräfte
Infrastrukturell	Wohnungsmarkt, Verkehr, Medizinische Infrastruktur, Ladendichte
Kulturell	Grösseres Angebot und grössere Nachfrage nach kulturellen Anlässen und Einrichtungen, allgemeine Beeinflussung des kulturellen Klimas
Bildung	Bildungspartizipation und -qualität
Sozial	Lebensqualität, Image und Identität der Region

Quelle: verändert nach BENSON 2000, FLORAX 1992

Beziehungen miteinander verbunden und beeinflussen sich gegenseitig. Man könnte beispielsweise annehmen, dass ein höheres Bildungsniveau auch eine höhere politische Partizipation hervorruft, was im besten Fall zu einer höheren Lebensqualität beiträgt und mehr Menschen in die Region zieht. Diese erhöhen das regionale Einkommen, was wiederum die Qualität der Lehre und die Ausstattung der Hochschule verbessert. Diese Wirkungskette verdeutlicht auch, dass alle Subsysteme mit dem Ökonomischen direkt oder indirekt in Verbindung stehen, was die in Tabelle 2.1 dargestellte Gliederung für analytische Zwecke nur bedingt brauchbar macht. Im Folgenden soll das ökonomische Subsystem der Hochschule betrachtet werden, ohne dabei die kausalen Wirkungszusammenhänge mit den anderen Subsystemen gänzlich zu vernachlässigen.

2.2 Ökonomische Wirkungszusammenhänge

Hochschulen nehmen als kostenintensive Infrastruktureinrichtungen volkswirtschaftliche Ressourcen wie zum Beispiel Kapital, Personal oder Sachmittel in Anspruch. Durch diese Inanspruchnahme oder Nachfrage gehen von einer Hochschule ökonomische Wirkungen in erster Linie auf den umliegenden Wirtschaftsraum aus (BECKER 1992; WEBLER 1984). Durch die spezifische Nachfrage von Hochschulen nach Gütern und Dienstleistungen erhöhen sich sowohl die Kaufkraft als auch das Angebot an Arbeitsplätzen in ihrer Standortregion beziehungsweise dem sie umgebenden Wirtschaftsraum. Neben diesen kurzfristigen Effekten gehen von einer Hochschule ebenso langfristige Effekte aus. Eine Hochschule bietet den Unternehmen der Region zum Beispiel spezielle Dienstleistungen wie

Beratung, Forschungsaufträge an und versorgt die regionale Wirtschaft mit qualifizierten Arbeitskräften. Weiterhin geht im Gegensatz zu anderen Infrastruktureinrichtungen (wie beispielsweise eine Bibliothek) ein wesentlicher Teil der regionalwirtschaftlichen Effekte von Hochschulen auf ihre Eigenschaft zurück, so genannte „Finanzmasse“ in Form von Personal und Studenten überregional „anzusaugen“ und in regionale Nachfrage zu transformieren (FÜRST 1984).

Neben diesen Effekten schafft die Hochschule gezielte Anreize und bindet beispielsweise Schulabgänger durch die Möglichkeit des Studiums an die Region. Weiterhin beeinflusst sie die Entscheidung von Unternehmen, sich für einen Standort in Hochschulnähe zu entscheiden (BECKER 1976). Von einer Hochschule gehen also wichtige Entwicklungsimpulse für die regionale Wirtschaft aus. In diesem Zusammenhang wird auch von einer „Schrittmacherfunktion“ der Hochschule gesprochen. In der Literatur werden verschiedene Möglichkeiten zur Systematisierung ökonomischer Effekte von Hochschulen diskutiert (ENGELBRECH ET AL. 1978; FÜRST 1984). Allgemeiner Konsens besteht darüber, dass sowohl die kurz- als auch die langfristigen Effekte betrachtet werden müssen, um die gesamten ökonomischen Wirkungen der Hochschule zu erfassen. Um diesem Anspruch gerecht zu werden, haben sich in der Literatur verschiedene Begriffpaare etabliert, welche die Unterscheidung in kurz- und langfristige Effekte verdeutlichen. Beispiele solcher Paare sind „short“ vs. „long range“ effects (CAFFEY & ISAACS 1971), „direct“ vs. „indirect effects“ (BONNER 1968), Ausgaben- und Wissenseffekte (FLORAX 1992), Leistungserstellungs- vs. Leistungsabgabeeffekte (ENGELBRECH ET AL. 1978).

Im Folgenden wird zur Systematisierung der Effekte auf den Ansatz von ENGELBRECH ET AL. (1978) zurückgegriffen, welche in der Studie zu den regionalen Wirkungen von Hochschulen anhand ausgewählter Fallbeispiele zwischen Effekten der Leistungserstellung und der Leistungsabgabe unterscheiden. Diese Unterscheidung ermöglicht es, der Komplexität der Wirkungsbeziehungen zwischen Hochschule und dem ökonomischem Subsystem einer Region adäquat zu begegnen und die Effekte präzise darzustellen.

2.3 Leistungserstellung: die Multiplikatoranalyse

Für die Analyse der Leistungserstellung einer Hochschule eignet sich die (keynesianische) Multiplikatoranalyse. Im Rahmen der Multiplikatoranalyse wird das zu analysierende Objekt ausschliesslich als Verursacher von Ausgaben betrachtet. Im Allgemeinen wird untersucht, wie sich die Ausgaben eines (Wirtschafts-) Subjektes auf das Einkommen (Einkommen aller Personen in der Analyseregion) und die Beschäftigung einer bestimmten Region auswirken. Generell unterscheidet man direkte, indirekte und induzierte Einkommens- und Beschäftigungseffekte. Im Folgenden werden die Bestandteile der Multiplikatoranalyse anhand des Objektes Hochschule skizziert (Abb. 2.1).

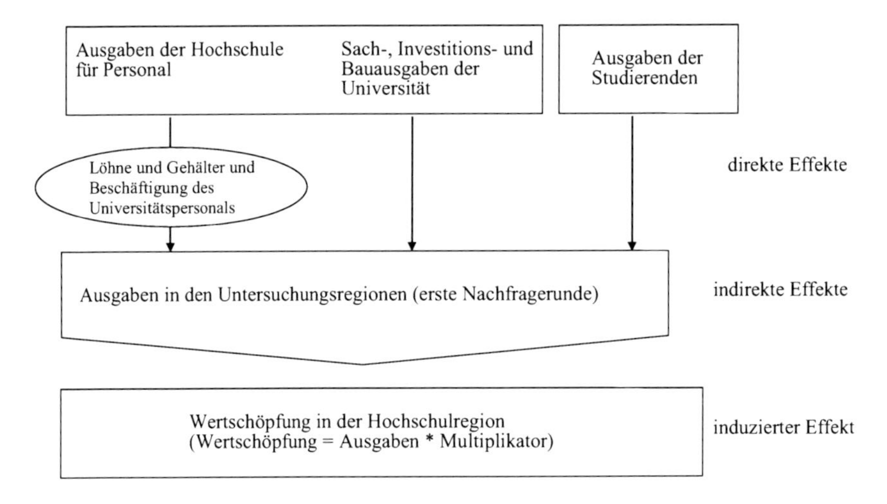

Abb. 2.1 Grundschema der Muliplikatoranalyse. Quelle: eigene Darstellung

Die **direkten Effekte**, die durch die Ausgaben von Hochschulen entstehen, umfassen zum einen die direkten Beschäftigungseffekte durch die kontinuierliche Nachfrage der Hochschule nach Arbeitskräften. Zum anderen entstehen durch die ausbezahlten Löhne und Gehälter direkte Einkommenseffekte beim Hochschulpersonal. Ob die direkten Einkommenseffekte innerhalb oder ausserhalb der Region nachfragewirksam werden, hängt dabei hauptsächlich vom Wohnsitz des Hochschulpersonals ab.

Weiterhin entstehen durch die universitäre Nachfrage nach Gütern und Dienstleistungen bei den Lieferanten der Hochschule **indirekte** oder **sekundäre Effekte** auf das Einkommen und die Beschäftigung. Die Höhe dieser Effekte für die Region hängt zum einen davon ab, ob die Nachfrage der Hochschule durch regionale Unternehmen und Institutionen gedeckt werden kann. Meist kann ein Grossteil der kontinuierlichen universitären Nachfrage, in Form alltäglicher Ausgaben, durch das regionale Angebot gedeckt werden. Spezielle Güter, welche weniger oft nachgefragt werden, werden hingegen häufig auch überregional bezogen. Die Ausgaben, welche an regionale Unternehmen fliessen, haben dort allerdings erst einmal einen Einfluss auf den Umsatz. Das Einkommen bezeichnet hingegen die Wertschöpfung der jeweiligen Unternehmen, welche man erhält, wenn man die Ausgaben für Steuern addiert und die Vorleistungen subtrahiert.

Werden die Vorleistungen gänzlich innerhalb der Region bezogen, kommen die Hochschulausgaben vollumfänglich regionalen Unternehmen zu Gute, und das Einkommen und die Beschäftigung steigen. Werden die Vorleistungen hingegen hauptsächlich ausserhalb der Region bezogen, erhöhen sich das regionale

Einkommen und die Beschäftigung relativ weniger. Zu den indirekten Effekten zählen weiterhin die Einkommens- und Beschäftigungseffekte, welche durch die Ausgaben des Universitätspersonals für verschiedene Güter und Dienstleistungen entstehen.

Die Hochschule bindet Studierende für die Zeit des Studiums an die Region. Diese verausgaben die ihnen zur Verfügung stehenden Geldmittel für ihren Lebensunterhalt ebenfalls zu einem Grossteil innerhalb der Region. Die Ausgaben der Studierenden zählen auch zu den indirekten Effekten, geht man von der gedanklichen Nichtexistenz der Hochschule aus (zu den hypothetischen Annahmen siehe Kapitel 2.4.6).

Neben den direkten und indirekten Effekten entstehen durch die Widerverausgabung des generierten Einkommens weitere Einkommens- und Beschäftigungseffekte. Die gesamte Wertschöpfung, die über unendliche Wirkungsrunden durch die Existenz einer Hochschule und ihrer Ausgaben entsteht, wird als **induzierter Effekt** bezeichnet. Diese induzierten Effekte werden mit Hilfe eines (keynesianischen) Multiplikators ermittelt und lediglich für die Hochschulregion abgeschätzt.

2.3.1 Berechnung des Multiplikators

Die Hochschulbeschäftigten und die Studierenden einer Universität verausgaben einen Teil ihres Einkommens über Konsum. Diese Konsumausgaben kommen anderen Wirtschaftssubjekten zu Gute und erhöhen wiederum deren Einkommen. In einem weiteren Schritt wird dieses Einkommen teilweise wieder verausgabt, der andere Teil wird gespart. So schaffen die durch eine gestiegene Endnachfrage zusätzlich generierten Einkommen in einer Region eine Konsumnachfrage, die über fortgesetzte Wirkungsrunden die regionale Wertschöpfung erhöht. Die von der zusätzlichen Endnachfrage ausgelöste Reaktionskette verläuft dabei theoretisch über unendlich viele Wirkungsrunden, wobei das Volumen der Effekte mit zunehmender Zahl der Folgerunden kleiner wird und die kumulierte Wirkung einem Grenzwert zustrebt (Schätzl 1994). Aus dieser Reaktionskette resultiert ein Multiplikator, der angibt, welche Einkommensänderung infolge einer Ausgabenänderung um eine Einheit entsteht (Baer 1976). Oder anders ausgedrückt bildet der Multiplikator das Ausmass der induzierten Effekte ab, indem er die Einkommenserhöhung durch die direkten und indirekten Effekte mit jenem der induzierten Effekte ins Verhältnis setzt.

In Abbildung 2.2 ist die Berechnung des Einkommensmultiplikators für ein Ein-Regionen-Modell dargestellt. Eine gestiegene marginale Konsumquote führt demnach zu einem höheren Multiplikator, während eine höhere Importquote oder eine höhere Nettoabzugsquote eine Verkleinerung des Multiplikators nach sich ziehen. Intersektorale Verflechtungen, welche zum Beispiel bei einem al-

Gleichungen	mit	
$Y = C + I + G + Ex - Im$	$Y =$	Beiträge zum Bruttoinlandsprodukt
$C = C_a + cY_v$	$C =$	Privater Verbrauch
$Im = Im_a + mY_v$	$I =$	Private Investitionen (exogen gegeben als I_a)
$Y_v = (1 - t)\, Y$	$G =$	Staatsnachfrage (exogen gegeben als G_a)
$N_a = C_a + I_a + G_a + Ex_a - Im_a$	$Ex =$	Export von Gütern und Dienstleistungen (exogen gegeben als Ex_a)
	$Im =$	Importe von Gütern und Dienstleistungen
	$Ca =$	autonomer privater Verbrauch
	$c =$	marginale Konsumquote
	$Y_v =$	verfügbares Einkommen der privaten Haushalte
	$Im_a =$	autonome Importe
	$m =$	marginale Importquote
	$t =$	Nettoabzugsquote aus direkten Steuern und Sozialabgaben abzüglich Transfers, bezogen auf das Bruttoinlandsprodukt
	$N_a =$	Summe der exogenen Nachfragekomponenten

Daraus lässt sich eine gleichgewichtige Volkswirtschaft beschreiben als: $Y = \frac{1}{1-(c-m)(1-t)} N a$

Der Einkommensmultiplikator bestimmt durch Differentiation nach der exogenen Endnachfrage N_a als:

$\frac{\delta Y}{\delta N_a} = K = \frac{1}{1-(c-m)(1-t)}$, wobei $\frac{1}{1-(c-m)(1-t)}$ den Multiplikator darstellt.

Abb. 2.2 Berechnung des Einkommensmultiplikators für eine Hochschulregion. Quelle: Schätzl 1994: 81 f.

ternativen Input-Output-Modell[5] dargestellt würden, bleiben dabei ausser Acht. Dadurch kann der Multiplikator nur auf das Einkommen angewendet werden und gibt keine Auskunft über Beschäftigungseffekte. Multipliziert man die gesamten Ausgaben einer Hochschule mit dem berechneten Multiplikator, ergeben sich die induzierten Effekte über unendlich viele Wirkungsrunden[6]. Der so berechnete Multiplikator unterstellt, dass die marginale Konsumquote (c) die marginale Importquote (m) und die Nettoabzugsquote aus direkten Steuern und Sozialabgaben (t) für alle Elemente der exogenen Nachfrage (Na) identisch sind. Falls c, m und t nicht identisch wären, müsste man verschiedene Multiplikatoren berechnen. Ohne Input-Output-Tabelle ist es weiterhin schwierig, die regionale Importquote als Bestandteil des Multiplikators zu berechnen. Für die Schweiz sind jedoch keine regionalen Input-Output-Tabellen öffentlich beziehungsweise frei zugänglich. Eine Möglichkeit solche zu erhalten wäre, Teile der Volkswirtschaftlichen Gesamtrechnung (VGR)[7] und des Produktionskontos[8] zu verwenden, welche Teile einer Input-Output-Tabelle nachbilden. Es ist jedoch sehr schwierig, regionale Input-Output-Beziehungen abzuleiten, da jede Region ihre eigenen Strukturen von Produktions- und Handelsverflechtungen sowie technologischen Ausprägungen hat (Miller & Schäfer 1998).

2.3.2 Berechnung des Multiplikators in Vergleichsstudien

In vergleichbaren Untersuchungen, welche ebenfalls die Multiplikatoranalyse anwenden, wird oft wenig auf die konkrete Berechnung des Multiplikators eingegangen. Weiterhin wird die mathematische und inhaltliche Bedeutung des Multiplikators meist zwar richtig dargestellt, letztendlich aber nicht konsequent und dadurch fehlerhaft angewandt (Bathelt & Schamp 2002). In einer Studie zu den regionalökonomischen Effekten der Universität München (Bauer 1997) wird beispielsweise jeweils ein Multiplikator für jede Ausgabenart (Personal-, Sach-, Bau- und Investitionsausgaben) berechnet. Dabei wird für jeden Multiplikator eine eigene regionale Importquote ermittelt, welche die zuvor ermittelte Abflussquote der jeweiligen Ausgabenart darstellt. Der Fehler in dieser Berechnung, der sich dann wesentlich auf das Ergebnis auswirkt, liegt in der Berechnung der Importquote, welche objekt- und nicht regionsbezogen erfolgt. Entscheidend ist nicht, wie viel ausserhalb der Region nachgefragt wird, sondern in welchem Umfang die Zahlungsempfänger innerhalb der Region auf Vorleistungen von beispielsweise Unternehmen ausserhalb der Region angewiesen sind. Dabei handelt es sich nicht nur um die Zahlungsempfänger der

[5] Zur Methodik der Input-Output Tabellen siehe beispielsweise Pfähler et al. 1997.
[6] Der Multiplikator für die Hochschulregion wird in Kapitel 5.3 und Kapitel 6.3 berechnet.
[7] Bundesamt für Statistik 2006
[8] Produktionskonto der Schweiz. Provisorische Resultate 2002 und definitive Resultate 2003.

Universität, sondern um alle Wirtschaftssubjekte der Region, welche Vorleistungen importieren.

Es ist also nicht notwendig, für verschiedene Institutionen innerhalb einer Region verschiedene Multiplikatoren zu berechnen. Die Höhe des Multiplikators oder der Vergleich von Multiplikatoren verschiedener Hochschulstudien erlaubt demnach auch kein Urteil über die Einkommenseffekte des Untersuchungsgegenstandes, sondern geben Auskunft über die gewählte Region.

In einer Studie über die Hamburger Universitäten (PFÄHLER ET AL. 1997) wird die Multiplikatoranalyse sehr genau diskutiert. In dem zugrunde liegenden einfachen regionalen Nachfragemodell werden neben den Importen zusätzlich noch die indirekten Steuern von der resultierenden regionalen Nettowertschöpfung abgezogen. Der indirekte Steuersatz gibt dabei an, wie hoch der Anteil der indirekten Steuern an dem Wert der regional konsumierten Güter ist. Die direkten Steuern auf das Einkommen des Hochschulpersonals werden, wie auch in dieser Studie, durch die Berechnung der Konsumquote ebenfalls subtrahiert. Da der Multiplikator lediglich Aussagen über die Einkommenseffekte in der Region macht, werden in der Hamburger Studie zusätzlich Input-Output-Tabellen berechnet, welche eine sektorale Verteilung der Ausgaben und somit die Abschätzung der Beschäftigungseffekte erlauben.

2.3.3 Fragestellung zu den Einkommens-, Beschäftigungs- und Steuereffekten von öffentlichen Forschungseinrichtungen

Bevor in Kapitel 5 und 6 die direkten, indirekten, induzierten und steuerlichen Effekte, welche von der Universität Basel und der FHBB ausgehen, ermittelt werden, muss zunächst die Frage nach der anschliessenden Interpretation der Ergebnisse geklärt werden. Die Analyse der Einkommens-, Beschäftigungs- und Steuereffekte beantwortet die Frage nach den regional entstehenden Einkommens- und Beschäftigungseffekten sowie nach den Steuereinnahmen der Staatshaushalte durch die Hochschulen. Um den Umfang der Effekte zu ermitteln, bedarf es der Definition einer (hypothetischen) Vergleichssituation. Die Vergleichssituation in dieser Studie geht von der jeweiligen **Nichtexistenz der Hochschulen** aus. Diese Situation kann man sich am besten vorstellen, wenn die Hochschulen sozusagen über Nacht geschlossen würden (PFÄHLER ET AL. 1997). Das bedeutet, dass verschiedene Anpassungseffekte eintreten würden. Das Personal der Hochschulen müsste einen anderen Arbeitsplatz finden, was zur Folge hätte, dass ein Teil des Personals in andere Regionen abwandert und der Rest innerhalb der Hochschulregion einen anderen Arbeitgeber findet. Die Studierenden würden ihr Studium sofort an einer anderen Hochschule ausserhalb der Region weiterführen. Weiterhin käme es bei den Auftragnehmern der Hochschulen zu Umsatzeinbrüchen und eventuell zu Entlassungen von Personal. Die Gebäude, die zur Zeit von der Hochschule beansprucht werden, blieben leer, d.h. es würden erst einmal keine Mieter nachrücken. Damit würden alle direkten und indirekten Effekte wegfallen und somit auch die induzierten Effekte, was zu einem weiteren Verlust von Arbeitsplätzen führen würde. Bei den skizzierten Folgen einer sogenannten „Schliessung über Nacht" handelt es sich insgesamt um eine Situation, die nur kurzfristig Bestand hat. Deshalb werden die in der Multiplikatoranalyse ermittelten Einkommens- und Beschäftigungseffekte meist als **kurzfristige Effekte** bezeichnet. Die **langfristigen Effekte** ergeben sich hingegen aus den angebotsseitigen Leistungen der Hochschulen. Die Fragen, welche durch die Multiplikatoranalyse beantwortet werden können, sind demnach folgende:

- Wie hoch sind die direkten und indirekten Einkommens- und Beschäftigungseffekte in der Hochschulregion?
- Wie hoch sind die induzierten Einkommenseffekte in der Hochschulregion?

2.4 Leistungsabgabe: die Hochschule in der Wissensökonomie

In den Wirtschaftswissenschaften geht man heute im Allgemeinen davon aus, dass Produkt- und Prozessinnovationen die Effizienz einer Organisation, beispielsweise eines Unternehmens, erhöhen und damit dessen Produktivität steigern. Eine gestiegene Produktivität hat wiederum eine erhöhte wirtschaftliche Leistungsfähigkeit einer Region oder Volkswirtschaft in Form eines gestiegenen Outputs (beispielsweise des Bruttoinlandsproduktes) zur Folge. Um eine Steigerung der wirtschaftlichen Leistung zu erzielen, wird von Seiten des Staates und der Wirtschaft viel in die Ausbildung von Humankapital und in die Forschungs- und Entwicklungsarbeit der öffentlichen Forschungseinrichtungen und der Privatwirtschaft investiert. Diese Investitionen sind eine der Voraussetzungen für die Generierung von Wissen und Innovation. Während der Zusammenhang zwischen dem Input (F&E Ausgaben, Humankapital) und dem Produktionsoutput eines Unternehmens relativ einfach messbar ist, ist es schwieriger, den Beitrag von öffentlichen Forschungseinrichtungen zur Wissensentstehung und zur Entstehung von Innovationen zu messen.

Der Prozess des Transfers von wissenschaftlichen Erkenntnissen in ökonomische Erträge wird als Innovationsprozess verstanden. Der Begriff Innovation geht auf den österreichischen Ökonomen Joseph Schumpeter zurück, und beschreibt die Durchsetzung einer technischen oder organisatorischen Neuerung, nicht allein deren Erfindung. Unter Neuerungen werden wirtschaftlich neue Produkte, Prozesse oder deren Verbesserung verstanden. Weiterhin unterscheidet man zwischen radikaler und inkrementaler (schrittweiser) Innovation. In der Innovationsökonomie unterscheidet man weiterhin zwei verschiedene Ansätze der Entstehung von Innovation. Zum einen ist Innovation technologiegetrieben (*technology push*) und zum anderen eine Reaktion des Marktes auf Wünsche und Bedürfnisse der Nachfrager (*demand pull*). Der Wissens- und Technologietransfer (WTT) zwischen Hochschulen und der Privatwirtschaft kann dabei als Teil des Innovationsprozesses verstanden werden.

Im Folgenden werden grundsätzliche theoretische Überlegungen zum Wissens- und Technologietransfer aus öffentlichen Forschungseinrichtungen und den damit verbundenen Schwierigkeiten vorgestellt. Dabei soll hauptsächlich zwischen dem Wissenstransfer über Köpfe und dem Wissenstransfer durch gemeinsame Forschungsprojekte, im Sinne von Forschungskooperationen, unterschieden werden. Das Ziel der theoretischen Überlegungen ist es, die verschiedenen Formen des Wissenstransfers darzustellen und im empirischen Teil der Arbeit exemplarisch anhand der beiden universitären Hochschulen zu überprüfen.

2.4.1 Wissens- und Technologietransfer

Grundsätzlich besteht die Aufgabe der staatlichen Forschungsförderung nicht nur in der Stimulierung der Entstehung neuen Wissens, sondern auch in der Vermittlung des entstandenen Wissens an beispielsweise wirtschaftliche Akteure. Die Frage der Transfermechanismen von Wissen hat in den letzten Jahren, vor allem vor dem Hintergrund eines verstärkten internationalen Technologiewettbewerbs, zunehmend an Bedeutung gewonnen. In einem Artikel der Europäischen Kommission heisst es: „A strong scientific knowledge base is one of Europe's traditional key assets and has allowed us to become world class in several research fields. .... In its broad-based innovation strategy for the EU, the importance of improving knowledge transfer between public research institutions and third parties, including industry and civil society organisations was identified by the Commission as one of ten key areas for action." (EUROPÄISCHE KOMMISSION 2007: 6).

Im Vorfeld ist es sinnvoll, die Begriffe Technologie- und Wissenstransfer zu definieren. In der ökonomischen Wachstumstheorie wird der Begriff „Technologie" im Allgemeinen als die Art und Weise verstanden, wie Wissen in Produktionsprozesse eingebunden ist. SAHAL (1981) argumentiert, dass sich der Transfer von Technologie nicht nur auf Produkte oder Prozesse an sich bezieht, sondern das gesamte Wissen über deren Anwendung ebenfalls mit einschliesst. Daraus wird ersichtlich, dass sich Technologie- nicht von Wissenstransfer trennen lässt, weshalb im Folgenden der Terminus Wissens- und Technologietransfer (WTT) verwendet wird. Auf die Schweiz übertragen umfasst der WTT die Übertragung von Wissens- und Technologiebestandteilen, die in den öffentlichen Hochschulen der Schweiz geschaffen worden sind und an die Gesellschaft und insbesondere an die Wirtschaft weitergegeben werden (ZINKL & STRITTMATTER 2003). Dabei wird der Forschungsaufwand der Hochschulen grösstenteils über öffentliche Ressourcen finanziert. In der Schweiz stammen diese Gelder neben der kantonalen und im Falle der ETHs der staatlichen Grundfinanzierung überwiegend vom Schweizerischen Nationalfonds (SNF) oder von der Förderagentur für Innovation des Bundes (KTI). Aufgrund der Finanzierung durch öffentliche Gelder, die letztendlich Steuergelder darstellen, besteht das Ziel der Hochschulforschung in erster Linie darin, einen allgemeinen gesellschaftlichen Fortschritt oder Nutzen zu leisten. Dieser kann technologischer oder beispielsweise kultureller Art sein.

Für den WTT[9] der universitären Hochschulen wurden in der Schweiz WTT-Stellen eingerichtet, die den Prozess unterstützen und begleiten. Der Transfer über die WTT-Stellen stellt hauptsächlich den formellen Teil des WTTs zwischen Hochschulen und Unternehmen dar. In dieser Studie wird jedoch nicht der formelle Transfer analysiert, verstanden als zählbare Outputleistungen (wie beispielsweise Patente, Lizenzen, Spin-Offs). Vielmehr werden alle formellen und informellen Kooperationsbeziehungen zwischen Hochschulen und Unternehmen untersucht, egal ob diese mit Hilfe der WTT Stelle abgewickelt werden oder nicht. Der Transfer von Wissen und Technologie ist in dieser Studie an Menschen geknüpft. Zum einen an die Absolventen der Hochschulen (Humankapital) und zum anderen an die Interaktion von wissenschaftlichen Mitarbeitern der Hochschulen und Mitarbeitenden eines Unternehmens. Der Wissenstransfer erfolgt nicht losgelöst von Individuen, stellt also keine Ware dar, die beliebig verschoben werden kann, sondern einen Interaktionsprozess zwischen Menschen.

2.4.2 Transferkanäle von Wissen aus öffentlichen Forschungseinrichtungen

Der Transfer von innovationsrelevantem Wissen aus öffentlichen Forschungseinrichtungen in die Privatwirtschaft kann über verschiedene Kanäle erfolgen. Diese Transferkanäle lassen sich grob in personengebundene und in nicht-personengebundene Kanäle untergliedern. Der **personengebundene Wissenstransfer** erfolgt über Köpfe, das heisst, über Personen, die sich in der Hochschule ein bestimmtes Wissen aneignen, zum Beispiel im Rahmen einer spezifischen Ausbildung und nach ihrem Abschluss das Erlernte in einer anderen Institution einbringen. Aus der Perspektive einer Standortregion handelt es sich dabei um Humankapital oder hoch qualifizierte Arbeitskräfte, welche den Unternehmen zur Rekrutierung zur Verfügung stehen. Zu den Formen des personengebundenen Wissenstransfers von der Hochschule in die Privatwirtschaft (Abbildung 2.3) zählen neben der Ausbildung von Absolventen und Nachwuchswissenschaftlern ebenso Weiterbildungsprogramme sowie Unternehmensgründungen durch Wissenschaftler oder Hochschulabsolventen (beispielsweise AUDRETSCH & STEPHAN 1996).

[9] Für einen Überblick der Transferkanäle siehe Kapitel 2.4.2.

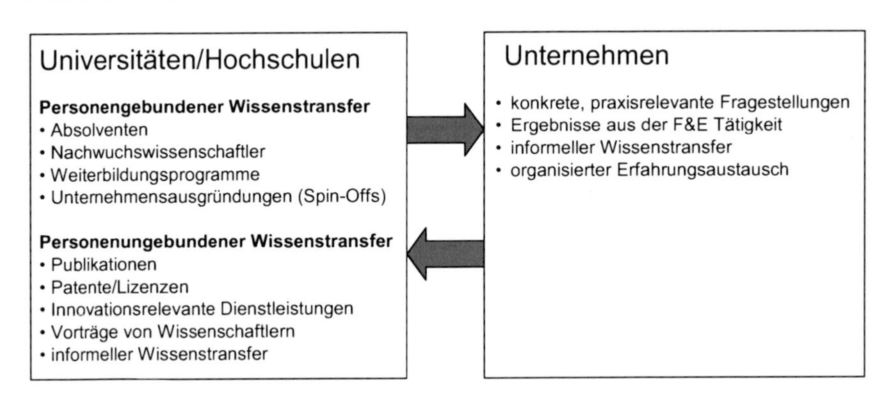

Abb. 2.3 Wechselwirkung des Wissens- und Technologietransfers zwischen Hochschule und Privatwirtschaft. Quelle: eigene Darstellung

Der **personenungebundene Wissenstransfer** erfolgt hingegen losgelöst von physischen Personen, zum Beispiel in Form von niedergeschriebenem Wissen wie Publikationen oder Patenten. Zu den Kanälen des ungebundenen Wissenstransfers zählen Publikationen, innovationsrelevante Dienstleistungen, beispielsweise die Durchführung von Tests oder Untersuchungen, die von der Hochschule erbracht werden, die Durchführung von Forschungs- und Entwicklungstätigkeiten der Hochschulen für Unternehmen, Vorträge von Wissenschaftlern oder informeller Wissenstransfer zum Beispiel über Gespräche oder lose Kontakte (Fritsch & Schwirten 2001).

Alle Formen des personenungebundenen Wissenstransfers ausser Publikationen können stilles, personengebundenes Wissen enthalten. An dieser Stelle sei angemerkt, dass der Wissenstransfer nicht nur von öffentlichen Forschungseinrichtungen in Unternehmen erfolgt, sondern dass Unternehmen ebenfalls die Produktion von Wissen in den Forschungseinrichtungen stimulieren (unter anderem durch konkrete praxisrelevante Fragestellungen). Es handelt sich also um eine Wechselwirkung (Brooks 1994).

Kanäle für den Wissenstransfer zwischen Forschungseinrichtungen sind neben Publikationen auch organisierte Plattformen für den Erfahrungsaustausch wie Konferenzen oder Workshops, die Durchführung gemeinsamer Forschungsprojekte oder der Austausch von wissenschaftlichem Personal (zum Beispiel Gastaufenthalte von Wissenschaftlern an anderen Universitäten). Die Hauptaufgabe von öffentlichen Forschungseinrichtungen besteht neben der Ausbildung von Studenten und Nachwuchswissenschaftlern vor allem in der Grundlagenforschung.

Im Folgenden werden nach einem Literaturüberblick über bisherige Arbeiten zum Thema WTT (Kapitel 2.4.3) die zugrunde liegenden theoretischen Konzepte für die spätere Analyse des Absolventenverbleibs als Form des personengebundenen Wissenstransfers (Kapitel 2.4.4) und der Forschungskooperationen als Form des personenungebundenen Wissenstransfers (Kapitel 2.4.5) vorgestellt. Darauf aufbauend werden die Fragestellungen abgeleitet, welche im empirischen Teil der Arbeit untersucht werden.

2.4.3 Bisherige Forschung zum Thema Wissenstransfer aus öffentlichen Forschungseinrichtungen

Untersuchungen zum Wissenstransfer aus öffentlichen Forschungseinrichtungen können nie die gesamte Wirkung erfassen, sondern lediglich einen bestimmten Teil davon (BOZEMAN 2000). Grundsätzlich können drei Ansätze unterschieden werden, welche den Wissenstransfer aus öffentlichen Forschungseinrichtungen analysieren: Der Makro-, der Meta- und der Mikroansatz. Studien, welche die Makro-Ebene betrachten, wählen ein möglichst grosses Set an Regionen oder Ländern und versuchen beispielsweise den Zusammenhang zwischen dem F&E-Input und -Output in Form von Publikationen oder Patenten nachzuweisen, oft mittels eines Produktionsfunktionsansatzes.

Als Erster analysierte JAFFE (1989) den Zusammenhang zwischen der Patentintensität als Indikator für privatwirtschaftliche Innovation und der Forschungsintensität von öffentlichen Forschungseinrichtungen in verschiedenen Regionen und konnte dabei lediglich einen schwachen Zusammenhang feststellen. Solche Untersuchungen auf der Makroebene sind zwar aufschlussreich, um einen ersten Hinweis auf einen möglichen Wirkungszusammenhang zu erkennen, weisen aber ein erhebliches Erklärungsdefizit im Hinblick auf die Untersuchung der genauen Wirkungsmechanismen verschiedener Formen des Wissenstransfers auf, welche neben dem wissenschaftlichen Erkenntnisgewinn ebenfalls aufschlussreich wären für die wirtschaftlichen und politischen Akteure in einer Region (FRITSCH & SCHWIRTEN 2001). Allerdings gibt es auch Studien auf der Makroebene, welche die Kooperationen zwischen Forschungseinrichtungen und Privatwirtschaft relativ genau, anhand ihrer „paper trails" (KRUGMAN 1991), abbilden. JAFFE ET AL. (1993) analysieren zum Beispiel die räumliche Verteilung von Patenten und von deren Zitationen und können damit ziemlich genau die geographisch limitierten Vorteile von universitärem Wissenstransfer in die Privatwirtschaft nachweisen.

Studien auf der Meta-Ebene wählen bestimmte Regionen, Sektoren oder bestimmte Transferkanäle für einen Vergleich. Eine Vielzahl dieser Studien widmet sich der Analyse des High-Tech-Sektors (ACS ET AL. 1994; BANIA ET AL. 1992) oder der Gründungsforschung aus öffentlichen Forschungseinrichtungen (KELLY ET AL. 1992). Eine weitere Kategorie von Untersuchungen widmet sich der personellen Mobilität und Diffusion von Absolventen oder wissenschaftlichem Personal der Hochschule (HICKS 2000; ZELLNER 2003; ZUCKER ET AL. 1998; ZUCKER ET AL. 2002).

Studien auf der Mikroebene analysieren einzelne Universitäten und Regionen im Rahmen von Fallstudien. Bekannte Beispiele hierfür sind unter anderem Untersuchungen über die High-Tech-Region Silicon Valley mit der Stanford Universität oder der Route 128 im Grossraum Boston mit der Harvard Universität (BATHELT 2005; SAXENIAN 1994). Ebenso wurde im Europäischen Kontext eine Vielzahl solcher Studien durchgeführt (beispielsweise BEISSINGER ET AL. 2000; COOKE ET AL. 2000). Eine Untersuchung auf der Mikroebene von MANSFIELD (1995), der 70 Grossunternehmen nach deren innovationsrelevanten Kooperationsbeziehungen befragt, kommt zu dem Schluss, dass sowohl die räumliche Nähe als auch die Qualität der Forschungseinrichtung über das Zustandekommen der Interaktion entscheidet. In einer darauf aufbauenden Studie zeigen MANSFIELD und LEE (1996), dass bei gleicher Qualität verschiedener Hochschulen denjenigen Hochschulen die meisten F&E-Gelder von regionalen Unternehmen zukommen, welche sich innerhalb eines Radius' von 100 km befinden. Bei Hochschulen, die sich in einer Entfernung von mehr als 100 km befinden, spielt die Distanz zum Unternehmen keine Rolle mehr. Interessante Ergebnisse auf der Mikroebene zeigt auch die Studie von FRITSCH und SCHWIRTEN, welche drei verschiedene Arten von Forschungseinrichtungen (Universitäten, Fachhochschulen und anderen Forschungseinrichtungen wie Max-Planck-Institute) in drei unterschiedlichen Regionen Deutschlands hinsichtlich ihrer innovationsrelevanten Kooperationsbeziehungen untersuchen. Dabei kommen sie zu dem Schluss, dass Forschungseinrichtungen im regionalen Innovationssystem sehr bedeutende und aktive Akteure sind und dabei hauptsächlich zu Beginn eines Forschungsprozesses beteiligt sind. Es geht also weniger um die Umsetzung bereits vorhandenen Wissens als vielmehr um die Generierung neuer Ideen. Die Hochschule profitiert dabei vom Unternehmen dadurch, dass sie zusätzliche finanzielle Ressourcen erschliessen kann und ausserdem neue Impulse für zukünftige Forschungsfragen und -felder bekommt. Weiterhin ist die räumliche Nähe zwar förderlich aber keine notwendige Bedingung. Dasselbe gilt für Forschungskooperationen zwischen Forschungseinrichtungen, wobei hier das räumliche Interaktionsnetz deutlich weiter gespannt ist.

Forschungseinrichtungen nehmen eine Antennenfunktion wahr und zwar in der Hinsicht, dass sie regionsexternes Wissen ansaugen und innerhalb der Region in innovationsrelevante Kooperationsbeziehungen einbringen (FRITSCH & SCHWIRTEN 2001). Entscheidend bei der Analyse und vor allem bei der Bewertung des Wissenstransfers in einzelnen Hochschulregionen ist jedoch die Relation zwischen der Bereitstellung von anwendbarem, an der Hochschule erstelltem Wissen und der Aufnahmefähigkeit der regionalen Wirtschaft, welche die meisten der bisher erstellten Studien vernachlässigen (FROMHOLD-EISEBITH & SCHARTINGER 2002).

Insgesamt kommen die genannten Untersuchungen alle zu dem Schluss, dass räumliche Nähe förderlich ist für innovationsrelevante Kooperation zwischen öffentlichen Forschungseinrichtungen und privaten Unternehmen. Weiterhin wird ersichtlich, dass öffentliche Forschungseinrichtungen oft eine entscheidende Rolle im Innovationsprozess der Unternehmen spielen. Über die Bedeutung der einzelnen Kanäle des Wissenstransfers und auf welche Art und Weise Hochschulen konkret zu Innovationen in Unternehmen beitragen, ist hingegen bisher relativ wenig bekannt. Das Hauptdefizit der wissenschaftlichen Forschung in diesem Themengebiet liegt vor allem im Fehlen von Untersuchungen auf der Mikroebene, welche über die Analyse einzelner Einrichtungen hinausgehen. Ebenso fehlen Analysen, welche einzelne Fachbereiche innerhalb von Forschungseinrichtungen herausgreifen. Zudem ist bisher wenig bekannt über wissensintensive Kooperationsbeziehungen zwischen öffentlichen Forschungseinrichtungen und ob diese tatsächlich eine Antennenfunktion für die Unternehmen in der eigenen Region ausüben. An diesen Punkten setzt die vorliegende Arbeit an.

2.4.4 Personengebundener Wissenstransfer

Humankapitaltheorie. Die Humankapitaltheorie geht auf den Ansatz von SCHULTZ (1964) zurück und beruht auf der Vorstellung, dass sich der Kapitalbestand einer Volkswirtschaft in Real- und Humankapital aufteilen lässt. Das Humankapital geht dabei als eigenständiger Produktionsfaktor neben den Faktoren Arbeit, Boden und Kapital in die Produktionsfunktion zur Erklärung wirtschaftlichen Outputs (beispielsweise Bruttowertschöpfung) ein. Seit den 1970er Jahren wird in der wirtschaftswissenschaftlichen Diskussion intensiv über die Bedeutung von Humankapital für die wirtschaftliche Entwicklung diskutiert (BARRO & SALA-I-MARTIN 1995; BECKER 1964; LUCAS 1988). Im Allgemeinen bezeichnet Humankapital die Summe aller Fähigkeiten und Wissens einer Bevölkerung in einem bestimmten Wirtschaftsraum oder einer Volkswirtschaft. Da man diese Gesamtheit nicht messen kann, werden alternativ verschiedene Indikatoren zur Messung von Humankapital verwendet. Beispiele sind der höchste Bildungsabschluss, das Arbeitseinkommen oder der Beruf der Bewohner, der Erwerbstätigen oder der Arbeitnehmer eines Wirtschaftsraumes.

Räumlich differenzierende Forschungsarbeiten zum Thema Humankapital haben zumeist das Ziel, den Zusammenhang zwischen wirtschaftlicher Entwicklung und Humankapitalausstattung zu analysieren (BARRO 1991; MANKIEW, ROMER & WEIL 1992; MURPHY, SHLEIFER & VISHNY 1991; SIMON 1998).

Humankapital beeinflusst die wirtschaftliche Entwicklung über verschiedene Mechanismen: Hochqualifizierte tragen dazu bei, neues Wissen aufzunehmen und in Innovationen umzusetzen (JACOBS 1984). Innovation wiederum trägt zum Wachstum eines Unternehmens, einer Organisation oder eines Wirtschaftsraumes bei. Zudem können gut ausgebildete Arbeitskräfte flexibler auf technologischen Wandel und auf Marktveränderungen reagieren, so dass Unternehmen und Wirtschaftsräume mit einer guten Humankapitalausstattung weniger krisenanfällig sind und beständiger wachsen (GLAESER 2003). Einer guten Humankapitalausstattung wird zudem der Effekt zugesprochen, Investitionen anzuziehen und zu einer höheren Gründungsrate zu führen und damit einen positiven Beitrag zur wirtschaftlichen Entwicklung zu leisten (FLORIDA 2002). Grundannahme dabei ist, dass Standortentscheidungen von Unternehmen erheblich durch die Nähe zu weltweit führenden Universitäten beeinflusst werden. Dies liegt neben dem erwarteten Gewinn im Sinne von potentiellen Innovationen vor allem auch am Arbeitskräftepool von hochqualifizierten Personen. Beispiele von Universitäts- und High-Tech-Standorten sind zum Beispiel das Silicon Valley bei San Fransisco oder der Grossraum Boston in den USA sowie Cambridge oder Uppsala in Europa.

In Bezug auf die Hochschule zählen zum Humankapital in erster Linie Absolventen, aber auch die durch Fort- und Weiterbildungsprogramme der Hochschulen qualifizierten Personen. Hochschulabsolventen sind der von GATZWEILER (1975) identifizierten Gruppe der 21- bis 34-jährigen „qualifizierten Arbeitsplatzwanderer" zuzuordnen, bei denen wirtschaftliche Motive und die damit verbundene Suche nach einer qualifizierten beruflichen Position und Arbeitsstelle das Handeln vornehmlich beeinflussen. Für die Messung des Wissens- und Technologietransfers einer Hochschule in die Region ist es entscheidend, wie viele ihrer Absolventen nach der Beendigung des Studiums auch innerhalb der Region verbleiben und dort zum Innovationsprozess beitragen.

Migration von Hochschulabsolventen. Theoretische Überlegungen zum Absolventenverbleib betreffen also das Wanderungsverhalten beziehungsweise die Motive, welche zu einer Zu- oder in diesem Falle einer Abwanderung aus der Region führen. In Bezug auf das Migrationsverhalten bestimmter Teile der Bevölkerung existiert eine breite wissenschaftliche Literatur aus verschiedenen Fachbereichen (Geographie, Soziologie, Psychologie, Ökonomie etc.). Da jedoch mit zunehmender Wanderungsentfernung wirtschaftliche Motive an Bedeutung gewinnen (SCHWARZ 1970), bieten sich zur Analyse interregionaler Wanderungsentscheidungen ökonomische Ansätze an.

Ausgehend von der Annahme der Nutzenmaximierung von Individuen, welche im Falle der Hochschulabsolventen in einer Erhöhung des Einkommens und der Lebensqualität besteht, kann man folgende Annahmen treffen:

- Hochschulabsolventen wandern von Regionen mit niedrigem Lohnniveau in solche mit höherem Lohnniveau ab (DELBRÜCK & RAFFELHÜSCHEN 1993).
- Hochschulabsolventen wandern dorthin, wo sie überhaupt einen Arbeitsplatz finden.
- Hochschulabsolventen suchen sich einen Lebensraum (Wohn- und Arbeitsort), der ihren Bedürfnissen entspricht.

Da im empirischen Teil der Arbeit weder die Push-, noch die Pullfaktoren der Hochschulabsolventen untersucht werden, soll an dieser Stelle auf eine Ausdifferenzierung der verschiedenen Aspekte zum Migrationsverhalten verzichtet werden.

2.4.5 Personenungebundener Wissenstransfer

Um die Chancen und Schwierigkeiten zu verstehen, die sich beim Wissens- und Technologietransfer im Rahmen von Forschungskooperationen ergeben, ist es zunächst einmal notwendig, die Eigenschaften von Wissen und den Einfluss auf dessen Übertragbarkeit zu diskutieren.

Eigenschaften und Übertragbarkeit von Wissen. Allgemein ist eine gestiegene Bedeutung von Wissen in allen Bereichen von Wirtschaft und Gesellschaft zu beobachten, von traditionellen Industrien über Dienstleitungen bis hin zu den Kreativindustrien (Archibugi & Lundvall 2001; Drucker 1993). Die erfolgreiche Umsetzung von Wissen in innovative Produkte und Prozesse bringt den Unternehmen den Wettbewerbsvorsprung, den sie benötigen, um sich gegenüber der Konkurrenz auf den internationalen Märkten durchzusetzen. Die Generierung und die wirtschaftliche Verwertung von neuem Wissen beruht dabei auf einem dynamischen Austausch von Erkenntnissen und Erfahrungen der verschiedenen Akteure (Lundvall & Borrás 1998; Nonaka & Taekeuchi 1995). Der Prozess der Wissensentstehung ist deshalb von einer zunehmenden Arbeitsteilung und einer gestiegenen Komplexität geprägt. Unter Wissen werden im Folgenden Forschungsergebnisse und neue Ideen aller Art verstanden, wobei Wissen im Gegensatz zu Information und Daten **subjekt- und kontextgebunden** ist. Das heisst Wissen entsteht, wenn eine Person (Subjekt) beispielsweise Informationen mit bestimmten Erfahrungen, Überzeugungen oder Zielen (Kontext) in Verbindung setzt und so eine bestimmte Erkenntnis erlangt oder eine bestimmte Handlung ausführt.

Wissen ist weiterhin gekennzeichnet durch seinen **immateriellen Charakter**, wodurch der Beitrag von Wissen zum Produktionsprozess schwer ermittelbar wird. Ausserdem ist Wissen **kein knappes Gut** im traditionellen ökonomischen Sinn, da Wissen, wenn man es teilt, nicht weniger wird und sich unter Umständen sogar vermehrt (Foray 1997; Fujita & Thissen 1996). Durch diese und weitere Eigenschaften von Wissen (für eine Auflistung weiterer Eigenschaften siehe Lo 2003: 22 ff.) entzieht sich Wissen dem Verständnis der traditionellen neoklassischen Theorie, deren Ziel die Erklärung der Allokation knapper Güter ist. Dies dürfte auch der Grund sein, warum Wissen in der Ökonomie lange Zeit als exogen gegebene Restgrösse in die Produktionsfunktionen zur Erklärung von volkswirtschaftlichem Wachstum eingeflossen ist. Erst in der endogenen Wachstumstheorie nach Solow (1956, 1957), Romer (1986, 1990) und Lucas (1988) wird technischer Fortschritt, Innovation und Wissen zu einem endogenen und damit beeinflussbaren Faktor.

In Bezug auf den **Austausch oder die Transaktion von Wissen** im Interaktionsprozess der Wissensentstehung ist die Unterscheidung zwischen explizitem, kodifiziertem (*explicit, codified knowledge*) und implizitem, stillem Wissen (*implicite, tacit knowledge*) entscheidend (Gertler 1995; Polanyi 1966). Während

Tab. 2.2 Vierfeldertafel der Wissenstypen

sozial eingebettetes Wissen	*Know-how* stilles Wissen; Erfahrungswissen und Fähigkeiten	*Know-who* Wissen, wer relevantes Wissen besitzt
kodifiziertes Wissen	*Know-what* Faktenwissen, nahe an Information	*Know-why* Wissen um Naturgesetze und Prinzipien

Quelle: verändert nach LUNDVALL & JOHNSON 1994

kodifiziertes Wissen zum Beispiel in Form von Formeln oder Regeln niedergeschrieben werden kann, ist **stilles oder Erfahrungswissen** an bestimmte Personen gebunden. Innerhalb einer Hochschule ist stilles Wissen an die akademischen Mitarbeiter gebunden, während kodifiziertes Wissen in Büchern, Publikationen, Computerprogrammen usw. niedergeschrieben ist.

Kodifiziertes Wissen ist in der Regel relativ einfach mittels IuK-Technologien über grosse Distanzen übertragbar und somit an jedem Ort gleichermassen verfügbar, während stilles Wissen schwer oder gar nicht niedergeschrieben werden kann und demnach nicht überall in gleichem Masse verfügbar ist (MASKELL & MALMBERG 1999). Diese geographische Exklusivität des stillen Wissens liegt in der zeitaufwendigen Art seiner Aneignung beziehungsweise Vermittlung begründet. Erfahrungswissen kann nicht erklärt, sondern muss erlernt werden und ist deshalb an relativ zeitintensive Lernprozesse geknüpft. Grundsätzlich besitzt kodifiziertes Wissen durch seine Nicht-Exklusivität die Eigenschaften eines öffentlichen Gutes und stilles Wissen eher die Charakteristika eines privaten Gutes. Dennoch kann auch kodifiziertes Wissen durch die Anpassung an bestimmte lokale Produktionsprozesse in eine exklusive Form gebracht werden, welche nicht leicht in andere räumliche Kontexte übertragen werden kann (ASHEIM & DUNFORD 1997). Eine Erweiterung dieser Dichotomie von stillem und kodifiziertem Wissen nehmen LUNDVALL und JOHNSON (1994) vor, indem sie die in Tabelle 2.2 vorgeschlagenen Wissenstypen klassifizieren. ***Know-what*** und ***know-why*** bezeichnen dabei Formen expliziten Wissens, wobei sich *know-why* auf die Kenntnisse von (naturwissenschaftlichen) Zusammenhängen und *know-what* auf reines Faktenwissen bezieht. ***Know-who*** bezieht sich dabei auf sozial eingebettetes Wissen; neben der Kenntnis über die relevanten Akteure enthält diese Form ebenso das Wissen über die genauen Kompetenzen des potentiellen Partners einer wirtschaftlichen Beziehung, also **wer** weiss **was**. ***Know-how*** bezeichnet das vorher beschriebene, durch Lernprozesse angeeignete Erfahrungswissen.

Weiterhin betonen die Autoren, dass wichtige Teile von *know-how* und *know-why* kollektiv und nicht individuell sind. Damit sind sie nicht losgelöst, sondern eingebettet in einen sozialen Kontext, was die Übertragbarkeit in andere (u.a. auch geographische) Kontexte erschwert (LUNDVALL & JOHNSON 1994). Da demnach kodifiziertes Wissen im Gegensatz zu stillem Wissen losgelöst ist von einer

Sozialisierung, d.h. der Vermittlung von sozialem Kontext innerhalb einer Gemeinschaft, ist diese Art des Wissens relativ kostengünstig oder umsonst erhältlich. Damit hat kodifiziertes Wissen den Charakter eines öffentlichen Gutes. Die Beschaffung von explizitem Wissen ist hingegen relativ kostenintensiv, nicht zuletzt, weil die Aneignung stillen Wissens lernintensiv ist, häufige face-to-face-Kontakte und damit räumliche Nähe erforderlich oder hilfreich sind.

Eine weitere Unterscheidung von Wissen ist diejenige in **subjektiv neues Wissen** und **objektiv neues Wissen**. Ersteres ist neu für eine bestimmte Person, war anderen Personen vorher aber bereits bekannt. Im Gegensatz dazu ist objektiv neues Wissen neu für alle. In der Hochschule wird subjektiv neues Wissen hauptsächlich in der Lehre an die Studierenden vermittelt, während objektiv neues Wissen hauptsächlich in der Forschung gewonnen wird. Diese Unterscheidung von Wissen in kodifizierte und stille Formen sowie in subjektiv und objektiv neues Wissen greift jedoch im Hinblick auf die zunehmende Komplexität von Wissensentstehung zu kurz (JOHNSON ET AL. 2002).

Eine dritte Unterscheidung von Wissensformen ist diejenige in den **Wissensbestand** und in den **Wissensfluss**. Der Wissensbestand ist dabei entweder in den Köpfen von Personen enthalten oder in Publikationen niedergeschrieben. Im Gegensatz dazu kann der Wissensfluss auch als Information bezeichnet werden, die innerhalb der Universität in Lehre und Forschung oder zwischen der Universität und externen Akteuren zirkuliert. Dabei mündet nicht jeder Informationsfluss in einer Steigerung des Wissensbestandes des jeweiligen Empfängers. Gründe dafür sind zum Beispiel eine mangelnde Qualifikation des Empfängers oder einfach der falsche Zeitpunkt der Informationssendung, während die Information zu einem anderen Zeitpunkt Verwendung gefunden hätte, beispielsweise im Produktionsprozess. ASHEIM und GERTLER (2005) gehen noch einen Schritt weiter und ordnen verschiedene Akteure wie zum Beispiel Wirtschaftsbranchen verschiedenen „Wissensbasen" zu, mit welchen konkrete Eigenschaften des Interaktionsverhaltens der Akteure im Innovationsprozess verbunden sind. Je nachdem, welche Art von Wissen im Interaktionsprozess eingesetzt wird, gestaltet sich die Art und Weise des Interaktionsprozesses. Dieser Ansatz wird im folgenden Kapitel vorgestellt.

Die Klassifikation von Wissen nach industriellen Wissensbasen. ASHEIM und GERTLER (2005: 144.) weisen darauf hin, dass die Art und Weise, wie neues Wissen geschaffen wird, zum einen von einer gestiegenen Arbeitsteilung und einer intensivierten Zusammenarbeit geprägt ist, zum anderen von der jeweiligen Wissensbasis des wirtschaftlichen Sektors, des Technologiefeldes oder des Akteurs (beispielsweise Unternehmen, universitäre Forschungsgruppe) abhängt. Dabei unterscheiden die Autoren drei verschiedene Arten von Wissensbasen: die Analytische, die Synthetische und die Symbolische. Akteure können demzufolge auf Grund der Art des von ihnen verwendeten oder kreierten Wissens den drei Wissensbasen zugeordnet werden. Die Idealtypen der Wissensbasen können aufgrund verschiedener Merkmale voneinander abgegrenzt werden

Tab. 2.3 Typologisierung der drei Wissensbasen

Wissensbasen von Industriesektoren im Innovationsprozess		
Analytisch	**Synthetisch**	**Symbolisch**
Schaffung von neuem, naturwissenschaftlichem Wissen durch die Anwendung von wissenschaftlichen Methoden: **know why**	Anwendung oder (neue) Kombination von bereits existierendem Wissen: **know how**	Bedeutungskonzeption, Schaffung von ästhetischer Qualität oder emotionaler Berührung: **know who**
Wissenschaftliches Wissen, welches oft auf deduktiven Prozessen und formalen Modellen beruht	Anwendungs- und problemorientiertes Wissen, welches oft auf induktiven Prozessen beruht (*engineering*)	Kreatives Lernen durch Interaktion in einer spezialisierten „Community", Lernen beispielsweise von der Jugend- und Strassenkultur oder der bildenden Kunst und Interaktion mit professionellen „Randgruppen".
Zusammenarbeit in und zwischen Forschungsgruppen	Interaktives Lernen mit Kunden und Zulieferern	"Learning-by-doing" in Projektteams
Dominanz von kodifiziertem, eher abstraktem und universellem Wissen auf Grund der Dokumentation der Ergebnisse in beispielsweise wissenschaftlichen Publikationen, weniger kontextspezifisch	Dominanz von Erfahrungswissen auf Grund von konkretem Know-how und „handwerklichen" Fähigkeiten, kontextspezifisch	Beruht stark auf semiotischem, visuellem Wissenkontext, meist sehr kontextspezifisch
beispielsweise Biotechnologie	beispielsweise Automobilindustrie	beispielsweise Werbung

Quelle: verändert nach ASHEIM & GERTLER 2005, ASHEIM ET AL. 2011, GERTLER 2007

(Tabelle 2.3): Sie unterscheiden sich durch unterschiedliche Anteile von kodifiziertem Wissen und Erfahrungswissen, durch unterschiedliche Möglichkeiten der Kodifizierbarkeit von Wissen, durch die Qualifikationen und Fähigkeiten der involvierten Personen sowie einem unterschiedlichen Innovationsdruck. Diese Merkmale bestimmen massgeblich das Interaktionsverhalten der Akteure im Innovationsprozess. Den Wissensbasen lassen sich auch die bereits vorgestellten Wissenstypen nach LUNDVALL und JOHNSON (1994) zuteilen.

Die **analytische Wissensbasis** bezieht sich auf Aktivitäten, in welchen naturwissenschaftliches Wissen sehr wichtig ist und die Wissensentstehung auf kognitiven und rationalen Prozessen beruht (ASHEIM & GERTLER 2005). Unternehmen haben üblicherweise eigene F&E-Abteilungen. Zusätzlich sind sie auf universitäre Forschung angewiesen und eng mit dieser verflochten. Interaktionsbeziehungen zwischen der Privatwirtschaft und Universitäten sind verglichen mit den anderen Wissensbasen hier deutlich wichtiger und deshalb häufiger vorzufinden. Beispiele für analytische Sektoren oder Technologiefelder sind die Bio- oder Nanotechnologie. Die Wissensinputs und -outputs sind dabei grösstenteils kodifiziert, zum Beispiel niedergeschrieben in Publikationen oder in Patenten. Dies bedeutet jedoch nicht, dass *tacit knowledge* unbedeutend ist. Im Wissensentstehungs- und Innovationsprozess sind immer sowohl kodifizierte als auch stille Formen von Wissen enthalten (JOHNSON ET AL. 2002; VON KROGH ET AL. 2000). Analytisches Wissen erfordert bestimmte Fähigkeiten und Qualifikationen der Arbeitskräfte, welche meist einen universitären Hintergrund haben oder bereits Erfahrungen in der Forschung und Entwicklung gesammelt haben. Die Umsetzung des Wissens mündet in neuen Produkten und Prozessen, welche meist radikale Innovationen darstellen. Eine häufige Erscheinung sind deshalb Neugründungen von Firmen und Spin-Off-Unternehmen, welche auf Grund der radikalen Innovationen und neuen Produkte entstehen.

Die **synthetische Wissensbasis** bezieht sich auf Aktivitäten, in welchen bereits existierendes Wissen in neuer Form angewendet wird oder auf neue Art und Weise kombiniert wird. Dies geschieht oft vor dem Hintergrund eines tatsächlich auftretenden und zu lösenden Problems in der Privatwirtschaft, häufig in der Interaktion mit Kunden und Zulieferern. Beispiele für Industrien mit synthetischer Wissensbasis sind der Anlagenbau, Maschinenbau oder die Schiffsbauindustrie. Die Produkte werden oft in kleinen Serien produziert und F&E-Aktivitäten sind eher anwendungsorientiert. Neues Wissen wird eher induktiv, durch Testen, Experimentieren oder durch Computersimulationen gewonnen. Stilles Wissen überwiegt hier, kodifiziertes Wissen spielt eine untergeordnete Rolle. Forschungskooperationen mit Universitäten sind hier ebenfalls sehr wichtig, jedoch weniger wichtig als in der analytischen Wissensbasis. Fachhochschulen spielen eine bedeutendere Rolle, da sie anwendungsorientierter forschen als Universitäten. Insgesamt führen Innovationsprozesse zu eher inkrementellen Innovationen, welche aus der Kombination von bereits bestehenden Produkten oder Prozessen hervorgehen. Da diese Innovationen in bestehende Unternehmen und Routinen eingebettet sind, sind Neugründungen oder Ausgründungen weniger häufig zu beobachten.

Kreative Industrien, wie die Mode-, Design- oder Werbeindustrie sowie die Medienindustrie, können mit der **symbolischen Wissensbasis** assoziiert werden. In diesen Industrien, welche in der jüngsten Vergangenheit eine starke Wachstumsdynamik aufweisen (SCOTT 1997, 2007), kommt es in erster Linie auf das Design oder die Ästhetik eines Produktes und auf den damit assoziierten Lifestyle an. Diese Industrien sind sehr design- und innovationsintensiv und sind deshalb stark auf die Kreation von neuem Wissen angewiesen. Dabei ist die Entstehung neuen Wissens stark an der Alltagskultur oder an bestimmten sozialen Gruppen einer Gesellschaft orientiert. Die Übermittlung neuen Wissens erfolgt häufig über Symbole, Bilder oder Musik und ist eng verwurzelt mit dem kulturellen

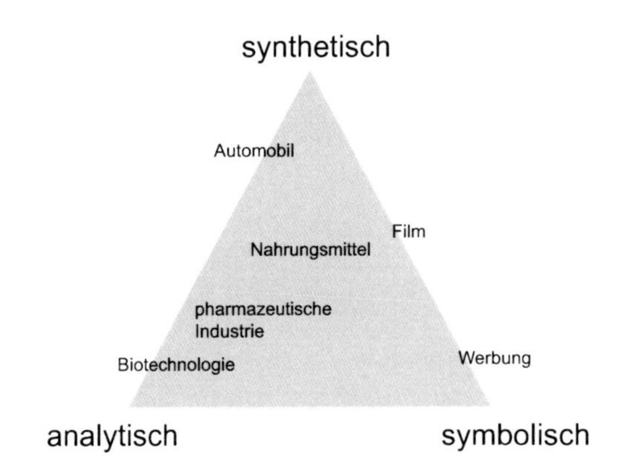

Abb. 2.4 Verschiedene Industrien im Dreieck der Wissensbasen. Quelle: ASHEIM 2005

Hintergrund ihrer Macher. Durch die starke Kontextgebundenheit dieses Wissens spielt stilles Wissen eine grössere Rolle als kodifiziertes. Ausserdem spielt in der Entstehung und dem Austausch von Wissen der Prozess der Sozialisierung und mit ihm häufige face-to-face-Kontakte eine entscheidende Rolle. Genauso wichtig wie das „know-how" ist deshalb auch das „know-who" der potentiellen Kollaborateure, welche meist einer „professional community" angehören. Die Erfahrung in Forschung und Entwicklung sowie ein Hochschulabschluss der Arbeitskräfte sind in dieser Wissensbasis kaum von Bedeutung. In der Realität können verschiedene innovationsrelevante Aktivitäten innerhalb verschiedener Wirtschaftssektoren zwischen den verschiedenen Wissensbasen eingeordnet werden (Abbildung 2.4).

Im folgenden Abschnitt werden die Probleme, die innerhalb des personenungebundenen Wissenstransfers auftreten können, skizziert.

Probleme des Wissens- und Technologietransfers. „In general, the process of commercializing intellectual property is very complex, highly risky, takes a long time, costs much more than you think it will, and usually fails" (US CONGRESS, COMMITTEE ON SCIENCE AND TECHNOLOGY 1985: 12, zitiert nach BOZEMAN 2000). Dieses Zitat deutet auf die vielfältigen Probleme hin, die während des Austausches von Wissen und Technologie auftreten können. Die Hauptschwierigkeit des erfolgreichen Wissens- und Technologietransfers wird oft in dem geringen Anwendungsbezug der Forschung gesehen (BEISE & SPIELKAMP 1996). Eine andere Diskussion betrifft die scheinbar unvereinbaren Unterschiede in der Kultur der Wissenschaft und der Wirtschaft (NELSON 2004). Für die Schweiz wurde in einer 2003 erschienenen Studie festgestellt, dass trotz bester Leistungen in Forschung und Entwicklung wenig Effekte von der Wissenschaft auf die Wirtschaft übergehen (ZINKL & STRITTMATTER 2003). Dabei wird kritisiert, dass Innovation in der Schweiz meist immer noch als linearer Prozess verstanden wird: von der Erfindung im Forschungslabor zum fertigen Produkt im Ladenregal. Mit dieser Denkweise gehen verkrustete politische Rahmenbedingungen und Anreizsysteme einher, die dem aktuellen Verständnis von Innovation als interaktivem Austauschprozess nicht mehr gerecht werden. Eine gute Übersicht über die vielfältigen Schwierigkeiten des Technologietransfers aus öffentlichen Forschungseinrichtungen und über mögliche konzeptionelle Ansätze zur Messung des Technologietransfers gibt BOZEMAN (2000). Konkrete Probleme, welche im Rahmen einer Kooperationsbeziehung mit dem Ziel des Wissens- und Technologietransfers auftreten können, sind:

- Das schlichte nicht Kennen potentieller Kooperationspartner (meist vor einer Interaktion)
- Unwissenheit über Erfahrungen und Forschungskompetenzen eines potentiellen Partners
- Asymetrische Informationen zwischen den Partnern mit der Gefahr und der Angst vor opportunistischem Verhalten (NONAKA & TAKEUCHI 1985)
- Kommunikations- und Verständigungsprobleme beispielsweise aufgrund anderer Werte und Normen (NELSON 2004) oder verschiedener Wissensbasen (ASHEIM & GERTLER 2005).

Diesen Schwierigkeiten oder Problemen einer erfolgreichen Zusammenarbeit stehen verschiedene Lösungsansätze gegenüber. Nach BOSCHMA (2005) führen verschiedene Formen der Nähe zu einer Überbrückung oder einer Lösung dieser Probleme. Er geht dabei von fünf verschiedenen Näheformen aus: Die kognitive, die organisationale, die institutionelle, die soziale und die geographische Nähe. Während die kognitive Nähe ein sich Verstehen durch zum Beispiel eine gemeinsame Wissensbasis oder ein gemeinsames Forschungsfeld bedeutet, steht die organisationale Nähe für vereinfachte Koordinationsmechanismen durch die gemeinsame Zugehörigkeit zu einem Unternehmen, einem Netzwerk oder einer Universität. Die institutionelle Nähe beschreibt gemeinsame Normen und Werte (beispielsweise Patent-Gesetze), die innerhalb eines Nationalstaates oder eines Wirtschaftsraumes verbindliche Geltung besitzen. Soziale Nähe beschreibt hingegen informelle Werte wie zum Beispiel bestimmte Regeln oder Bräuche, welche v.a. innerhalb einer Region gelten. Beispiele für das Entstehen von sozialer Nähe sind Freundschaften und persönliches Vertrauen (NONAKA & TAKEUCHI 1995). Die geographische Nähe erhöht die Wahrscheinlichkeit des gegenseitigen Kennenlernens, des gegenseitigen Vertrauens durch ein gemeinsames Wertesystem sowie institutionelle Nähe. Geographische Nähe stellt dabei eine notwendige, jedoch keine hinreichende Bedingung des reibungslosen Wissens- und Technologietransfers dar.

2.4.6
Fragestellungen zum Wissenstransfer aus öffentlichen Forschungseinrichtungen

Im Folgenden werden die Fragestellungen zum WTT der Universität Basel und der FHNW formuliert. Die empirische Untersuchung gliedert sich dabei in zwei Teile. In Kapitel 7.1 wird der wichtigste Teil des personengebundene WTTs mittels des Absolventenverbleibs innerhalb der Hochschulregion analysiert. Kapitel 7.2 widmet sich der Analyse der Forschungskooperationen.

Die zentrale Frage zum Nutzen des universitären **Humankapitals** in Bezug auf die Absolventen für die Region stellt sich dabei wie folgt:

- Wie viele Absolventen verbleiben in der Region und wie gross ist der regionalökonomische Nutzen des von der Universität Basel und der FHBB „produzierten“ Humankapitals für die Regionalwirtschaft tatsächlich?

Die Analyse des zukünftigen Arbeitsortes der Absolventen gibt dabei einerseits Aufschluss über die Frage der Attraktivität des regionalen Arbeitsmarktes und andererseits über den Grad der Anpassung zwischen Hochschule und Regionalwirtschaft.

Die Fragestellungen, die in Kapitel 7.2 beantwortet werden, lassen sich aus den theoretischen Überlegungen wie folgt ableiten:

- Besteht ein Unterschied bezüglich der Herkunft der **Mitarbeiter** zwischen den einzelnen Fachbereichen der universitären Hochschulen?

Es wird angenommen, dass die Fachbereiche, welche der analytischen Wissensbasis zugeordnet werden können, ihre Mitarbeiter internationaler rekrutieren als Fachbereiche der synthetischen Wissensbasis. Der Grund für diese Annahme liegt darin begründet, dass in synthetischen Fachbereichen hauptsächlich mit stillem oder explizitem Wissen gearbeitet wird, und der soziokulturelle Hintergrund sowie der regional spezialisierte Ausbildungshintergrund des wissenschaftlichen Personals eine entscheidende Rolle spielt. Das Wissen in analytischen Fachbereichen ist weniger spezialisiert, weshalb die Mitarbeiter problemlos auch international rekrutiert werden können. Die räumlichen Rekrutierungsmuster spiegeln damit die Verankerung der einzelnen Fachbereiche in der Region wieder.

- Besteht ein Unterschied in Bezug auf die Herkunft und die Zusammensetzung der **Drittmittel** zwischen den einzelnen Fachbereichen der universitären Hochschulen?

Es wird angenommen, dass die Forschung synthetischer Fachbereiche eher auf den regionalen oder nationalen wirtschaftlichen Kontext ausgerichtet ist und sie deshalb eher mit regionalen oder national ansässigen Unternehmen kooperiert. Deshalb wird hinsichtlich der Herkunft der Drittmittel davon ausgegangen, dass synthetische Fachbereiche eher als analytische Fachbereiche regionale oder nationale Drittmittel beziehen und weniger stark internationale. Ausserdem stammen die Drittmittel der synthetischen Fachbereiche zu einem grösseren Anteil aus privatwirtschaftlichen Unternehmen als aus öffentlichen Fördertöpfen.

- Besteht ein Unterschied in der räumlichen Reichweite der Forschungskooperation zwischen den Fachbereichen?

Die drei Faktoren Herkunft der Mitarbeiter, Herkunft der Drittmittel sowie die räumliche Reichweite der Kooperation sind Indikatoren für die Verankerung der einzelnen Fachbereiche innerhalb der Region. Weiterhin liefern die Angaben zur Ausgestaltung der Forschungskooperation einen Anhaltspunkt für die Bedeutung der räumlichen Nähe und der Region für die Zusammenarbeit. Die Analyse der Unterschiede in der Art und Weise der Forschungskooperationen zwischen den Fachbereichen erfolgt dabei hinsichtlich folgender Merkmale:

- Erstkontaktaufnahme
- Motive der Zusammenarbeit
- Formen der Zusammenarbeit
- Probleme der Zusammenarbeit
- Vorteile einer langjährigen Zusammenarbeit
- Faktoren einer erfolgreichen Zusammenarbeit.

Für die **Erstkontaktaufnahme** wird davon ausgegangen, dass diese durch räumliche Nähe erleichtert wird. Bei den **Motiven der Zusammenarbeit** wird angenommen, dass synthetische Fachbereiche eher als analytische finanzielle Motive verfolgen, noch vor beispielsweise Motiven der wissenschaftlichen Profilierung. Ähnliches gilt für die **Form der Zusammenarbeit**. Fachbereiche, welche der analytischen Wissensbasis zugeordnet werden können, tauschen mehrheitlich kodifiziertes, leichter transferierbares Wissen aus, haben intensivere Kontakte zu anderen Forschungseinrichtungen als zu Unternehmen und sind dabei weniger stark auf **räumliche Nähe** angewiesen als synthetische Fachbereiche. Fachbereiche mit synthetischer Wissensbasis sind im Prozess der Wissensgenerierung mehrheitlich auf den Austausch von anwendungsorientiertem Erfahrungswissen angewiesen. Die Forschung in synthetischen Fachbereichen wird daher eher von den Ansprüchen regionaler Unternehmen beeinflusst, da Wissen nicht einfach über grosse Distanzen transferierbar ist, sondern an Lernprozesse gebunden ist und damit der räumlichen Nähe der Akteure bedarf. Räumliche Nähe spielt hier also eine grössere Rolle und folglich sind die Forschungsgruppen der Hochschulen auf die räumliche Nähe passender Unternehmen angewiesen. Da das ausgetauschte Wissen in analytischen Fachbereichen eher den Charakter eines öffentlichen Gutes besitzt, sind **Probleme** wie die Angst vor opportunistischem Verhalten weniger relevant als in synthetischen Fachbereichen. Folglich sind die **Faktoren einer erfolgreichen Zusammenarbeit** wie Vertrauen oder eine gemeinsame „Wellenlänge“ in analytischen Fachbereichen weniger wichtig.

Analytische Fachbereiche arbeiten im Allgemeinen stärker mit anderen öffentlichen Forschungseinrichtungen zusammen als mit Unternehmen. Eine Zusammenarbeit mit Unternehmen hat hingegen für synthetische Fachbereiche einen höheren Stellenwert als die Kooperation mit anderen öffentlichen Forschungseinrichtungen. Gegenseitiges Vertrauen spielt hier eine grössere Rolle, da das ausgetauschte Wissen eher den Charakter eines privaten Gutes besitzt.

3 Abgrenzung des Untersuchungsgegenstandes

3.1 Abgrenzung des Untersuchungszeitraumes

Die empirische Analyse erfolgte zu zwei unterschiedlichen Zeitpunkten. Für den ersten Teil der Ermittlung der Einkommens-, Beschäftigungs- und steuerlichen Effekte der FHBB und der Universität Basel wurde das Bezugsjahr 2002 gewählt, das aktuellste Jahr für das zu Beginn der Untersuchung die Daten der Verwaltungen der beiden Hochschulen vorlagen.

Vorbehalte zum Bezugsjahr 2002. Das Bezugsjahr 2002 war aus mehreren Gründen interessant. Es war nicht nur das Jahr, in dem die Umstellung der Universität auf das SAP-System komplett vollzogen war. Es war auch das Jahr, in dem die Auftragsvergabe noch nicht nach dem Submissionsgesetz, in Kraft seit 1.1.2003, erfolgte. Die Studie ging daher von einer Situation aus, in der die Daten von einer Auftragsvergabepolitik bestimmt waren, die seither verändert wurde. Da sie eine Datengrundlage verwendet, die vor der Systemänderung erhoben wurde, setzen ihre Resultate lediglich einen Vergleichswert für Folgestudien, welche die Erfolge der Auftragsvergabe seit dem geänderten Submissionsgesetz und den Leistungsvereinbarungen messen lassen. Es sei also betont, dass die für den Untersuchungszeitraum herausgearbeiteten Resultate eine Situation kennzeichnen, die sich durch eine neue gesetzliche Grundlage seither stark verändert haben könnte, würde man die Daten des Budgetjahres 2007 oder von Folgejahren analysieren. Wie bei allen regionalwirtschaftlichen Studien sind daher die Prämissen der Analyse (in diesem Fall eine Situation vor dem geänderten Submissionsgesetz) und das Ausgangsjahr, aber auch bestimmte, vereinfachende Annahmen stark zu berücksichtigen, wenn man die Resultate wertet, deren Aussagekraft durch den Bezugszeitpunkt der Daten selbst begrenzt wird. Vor dem Hintergrund einer Politikänderung, welche direkte Auswirkungen auf die Datengrundlage hat, ist davon auszugehen, dass Resultate mit heutigen Daten anders ausfallen könnten. Präziser formuliert bedeutet dies auch, dass eine direkte Übertragbarkeit der Resultate von 2002 auf die Gegenwart nicht gegeben ist, und dass die Resultate aus dem Bezugsjahr 2002 keine unumstösslichen Befunde für Folgejahre darstellen. Die Befragung der Forschungsgruppen für die Analyse des Wissens- und Technologietransfers im zweiten Teil der Untersuchung wurde zu einem späteren Zeitpunkt, im Jahr 2006, durchgeführt.

3.2 Abgrenzung der Analyseregionen

Als Analyseregionen werden die Kantone Basel-Stadt und Basel-Landschaft (welche zusammen die Hochschulregion bilden), der Kanton Aargau, der Kanton Solothurn, die übrigen Kantone und das Ausland definiert (Karte 1). Die Region Basel und die Nordwestschweiz eignen sich aus mehreren Gründen für eine Analyse der regionalökonomischen Effekte von Hochschulen.

Die Kantone Basel-Stadt und Basel-Landschaft sowie die übrige Nordwestschweiz bilden eine der wirtschaftlich stärksten Regionen der Schweiz. Zu dieser Stärke tragen vor allem wissensintensive Industrien, wie die pharmazeutische Industrie, die Medizinaltechnikindustrie sowie die Finanzdienstleitungen bei (CREDIT SUISSE 2004). Die Region Basel ist Hauptsitz mehrerer multinationaler Unternehmen und junger Technologieunternehmen. Humankapital und universitäre Forschung sind folglich ein entscheidender Produktionsfaktor der Wirtschaft. Die Nordwestschweiz gilt als eine Region, die sich durch erhebliche Zuwanderung hoch qualifizierter Arbeitskräfte auszeichnet.

Diese Zuwanderung ist zum grossen Teil Folge des Bedarfs der Basler Industrie an spezialisierten Arbeitskräften und der generellen Stärke des regionalen Arbeitsmarktes, auf dem die Nachfrage nicht durch einheimische Arbeitskräfte gedeckt werden kann.

3.3 Abgrenzung der Institutionen

Die in dieser Studie analysierte Kernuniversität Basel umfasst den so genannten Kernbereich, die Dienstleistungsbereiche, die Ausgaben des Hochbau- und Planungsamtes Basel-Stadt für die Universität sowie die Ausgaben der Studierenden.

Der Kernbereich mit seinen gesamten Ausgaben umfasst folgende sieben Fakultäten: die Theologische, die Juristische, die Medizinische, die Philosophisch-Historische (Phil I), die Philosophisch-Naturwissenschaftliche (Phil II), die Wirtschaftswissenschaftliche und die Psychologische. Bei der Medizinischen Fakultät ist mit Ausnahme des Departements Klinisch-Biologische Wissenschaften (DKBW) lediglich die Vorklinik enthalten. Es bestehen jedoch Überlegungen von Seiten der Universität Basel, ein der Universität Bern ähnliches Finanzmodell zu adaptieren und die Klinische Medizin, die zum gegenwärtigen Zeitpunkt noch beim Sanitätsdepartement angesiedelt ist, in den Haushalt der Universität aufzunehmen.

Zu den Dienstleistungsbereichen gehören die Universitätsverwaltung, das Universitätsrechenzentrum (URZ) und die Universitätsbibliothek.

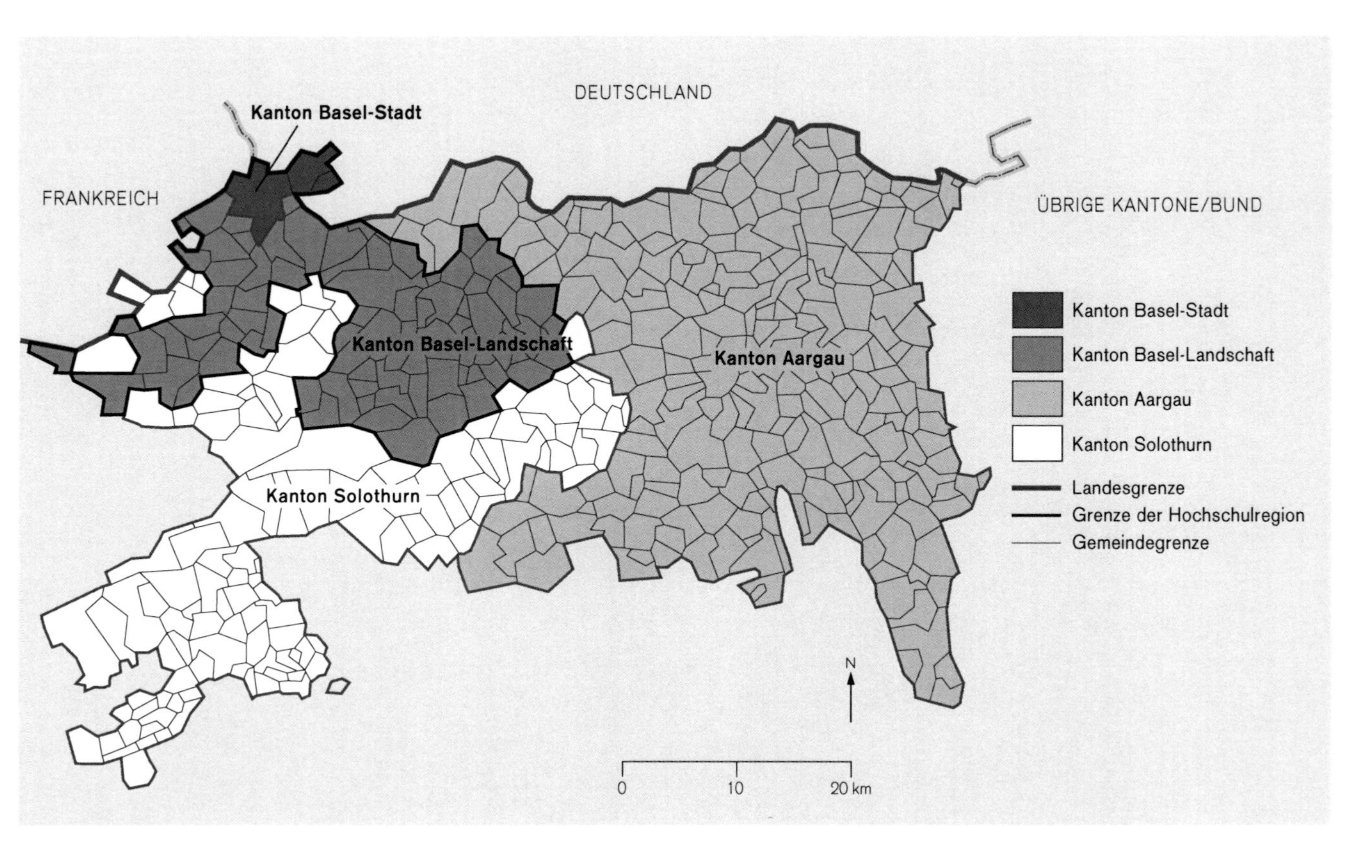

Karte 3.1 Untersuchungsregionen. Kartengrundlage: BFS GEOSTAT/L+T; Kartographie: T. Haisch, L. Baumann

Die in dieser Studie untersuchte **FHBB** existiert in dieser Form heute nicht mehr, sondern bildet mit den Fachhochschulen Aargau und Solothurn ab 2006 die Fachhochschule Nordwestschweiz. Die Analyse der **Einkommens-, Beschäftigungs- und Steuereffekte** erfolgte jedoch vor dem Zusammenschluss der Fachhochschulen zur FHNW, so dass in dieser Arbeit diese Effekte lediglich für die FHBB untersucht werden. Die FHBB gliederte sich in folgende vier Lehr- und Forschungsdepartemente, die wiederum verschiedene Abteilungen subsumieren:

- Departement Industrie mit den Abteilungen Chemie, Elektrotechnik und Informationstechnologie, Maschinenbau, Informatik, Trinationale Ingenieurausbildung in Mechatronik und Umwelttechnik.
- Departement Bau mit den Abteilungen Architektur, Bauingenieurwesen, Bauingenieurwesen Trinational, Vermessung und Geoinformation, Energie, Bauinformatik und Hyperwerk (Interaktionsleitung).
- Departement Wirtschaft mit den Abteilungen Betriebsökonomie Vollzeit, Betriebsökonomie berufsbegleitend, International Business Management, Managemententwicklung und angewandte Betriebsökonomie.
- Hochschule für Gestaltung und Kunst (ab 2000) mit den Abteilungen Visuelle Kommunikation, Innenarchitektur, Modedesign, Lehramt für bildende Kunst.

Hinzu kommen Querschnitts- und Stabsfunktionen sowie ein Administrationsdepartement. Die FHBB wurde von den Kantonen Basel-Landschaft und Basel-Stadt getragen und ist eine öffentlich-rechtliche Anstalt mit eigener Rechtspersönlichkeit und mit Recht auf Selbstverwaltung. Die Erhebung zur Untersuchung des Wissens- und Technologietransfers erfolgte zu einem späteren Zeitpunkt, nach dem Zusammenschluss der Fachhochschulen zur FHNW. Aus diesem Grund konnten für diese Analyse alle Forschungsgruppen der FHNW und der Universität Basel in die Analyse einbezogen werden. Die FHNW umfasst die folgenden Hochschulen:

- Hochschule für Angewandte Psychologie
- Hochschule für Architektur, Bau und Geomatik
- Hochschule für Gestaltung und Kunst
- Hochschule für Life Sciences
- Musikhochschulen
- Pädagogische Hochschule
- Hochschule für Soziale Arbeit
- Hochschule für Technik
- Hochschule für Wirtschaft.

Da in dieser Studie von der gedanklichen Hypothese der Nichtexistenz der Hochschulen (Universität und FHBB beziehungsweise FHNW) ausgegangen wird, werden alle Effekte, die in irgendeiner Art auf die Existenz der Hochschulen zurückgeführt werden können, berechnet (u.a. Blume & Fromm 1999). Das heisst, die zu ermittelnden Ausgaben gehen jeweils über die geschlossenen Institutionen hinaus.

Im Fall der Universität Basel werden zusätzlich die Ausgaben des Hochbau- und Planungsamtes Basel-Stadt für Bauten der Universität analysiert. Für beide Hochschulen werden zusätzlich die Ausgaben der Studierenden analysiert. Demgegenüber werden kooperierende Institutionen wie das Friedrich Miescher Institute for Biomedical Research (FMI), das Basel Institute for Immunology (BII), Infobest Palmrain oder das Schweizerische Tropen- und Public Health-Institut (Swiss TPH) aus der Analyse ausgeschlossen, da sie nicht direkt zur Universität oder zur Fachhochschule gehören. Ebenso unberücksichtigt bleiben die Musikakademie und die Studentenheime.

4 Methoden und Daten

4.1 Methodik der Analyse der Einkommens-, Beschäftigungs- und Steuereffekte der Universität Basel und der FHBB

4.1.1 Methodik der regionalwirtschaftlichen Wirkungsanalyse

Zur Ermittlung der Einkommens- und Beschäftigungseffekte innerhalb der Region und der Steuereinnahmen der Staatshaushalte durch die Universität Basel und die FHBB wird eine regionalökonomische Multiplikatoranalyse auf Basis des räumlichen und sektoralen Verbleibs der Hochschulausgaben durchgeführt. Die Hochschulausgaben umfassen dabei die Kategorien Sach-, Investitions- und Bauausgaben sowie die Personalausgaben und die Ausgaben der Studierenden. Diese Einteilung der Ausgaben besteht nicht in den universitären Verwaltungen und wird eigens, sozusagen künstlich, für diese Arbeit vorgenommen.

Durch die Ausgaben der Hochschule für Personal entstehen direkte Einkommens- und Beschäftigungseffekte. Die restlichen Ausgaben der Hochschulen (Sach-, Investitions- und Bauausgaben) fliessen als Endnachfrage nach Gütern und Dienstleistungen an Unternehmen und Institutionen der Regionen und erhöhen das Einkommen in verschiedenen Wirtschaftszweigen (indirekte oder sekundäre Einkommenseffekte). Ausserdem werden Stellen erhalten beziehungsweise geschaffen (indirekte oder sekundäre Beschäftigungseffekte) und es entstehen Steuereinnahmen für die Staatshaushalte. Für die Analyse der indirekten Beschäftigungseffekte wurden unter verallgemeinernden Annahmen branchenspezifische Arbeitsplatzkoeffizienten berechnet und mit den universitären Ausgaben in verschiedenen Wirtschaftszweigen multipliziert.

Die Unternehmen fragen dann ihrerseits wiederum Güter und Leistungen bei ihren Zulieferern nach und die Beschäftigten verausgaben ihr Einkommen anderswo. So entstehen weitere Einkommenseffekte über mehrere Wirkungsrunden (Multiplikatorwirkung). Die induzierten Einkommenseffekte werden mittels der (keynesianischen) Multiplikatoranalyse berechnet. Eine aktuelle regionale Input-Output-Tabelle zur Berechnung der sektoralen Effekte stand zum Zeitpunkt der Untersuchung nicht zur öffentlichen oder freien Verfügung.

Insgesamt besteht ein sich positiv verstärkender Wirkungszusammenhang, indem direkte und indirekte (sekundäre) Wirkungen von Ausgaben in einer ersten Runde und induzierte Wirkungen in allen weiteren Nachfragerunden unterschieden werden. Da die für diese Studie von der FHBB, der Universität Basel und vom Hochbau- und Planungsamt Basel-Stadt zur Verfügung gestellten Daten exakt vorliegen, bietet sich das Verfahren einer regionalen Inzidenzanalyse für die erste Wirkungsrunde an. Die Inzidenzanalyse bezeichnet eine exakte Kosten-Nutzen-Analyse für einzelne Regionen, welche ursprünglich aus der Finanzwissenschaft stammt und zum ersten Mal im Kontext regionalökonomischer Effekte von Grossforschungseinrichtungen von R. Frey zur Untersuchung der regionalwirtschaftlichen Ausstrahlung der Universität Basel im Jahr 1984 eingesetzt wurde.

4.1.2 Definition der Ausgaben

In diesem Kapitel werden die universitären Ausgabearten kurz beschrieben. Unter Sachausgaben werden unter anderem z.B. die Ausgaben für Bücher, Zeitschriften, Tierhaltung, Strom, Heizung, Wasser, Hard- und Software, Telefon- und Postgebühren verstanden. Unter die Investitionsausgaben fallen der Erwerb von Apparaten, EDV, Mobilien, Haustechnik und kleinen Bauinvestitionen. Sachausgaben werden in der Regel immer wieder getätigt, stellen also laufende, relativ konstante Ausgaben dar, während Investitionsausgaben generell höher sind und grösseren jährlichen Schwankungen unterliegen. Sachausgaben weisen im Allgemeinen eine höhere Verbleibsquote in der Region auf, da der Spezialisierungsgrad der nachgefragten Produkte meist niedriger ist als derjenige der Investitionsausgaben, weshalb eine getrennte Analyse von Sach- und Investitionsausgaben sinnvoll ist. Bauausgaben stellen die Ausgaben für den Bau und den Erhalt von Gebäuden, Aussenanlagen etc. der Universität Basel dar. Die Ausgaben des Personals und der Studierenden der Universität Basel fliessen indirekt als deren Konsumausgaben in den Wirtschaftskreislauf.

4.1.3 Analyse der Ausgaben der Universität Basel

Zur Analyse der Sach- und Investitionsausgaben wird die von der Universität Basel zur Verfügung gestellte Vollerhebung sämtlicher Ausgaben verwendet. Letztere sind in drei Hauptkategorien gegliedert: Betriebsaufwand, Raumaufwand und Kleininvestitionen (Tabelle 4.1), wobei die einzelnen Kategorien verschiedene Kostenarten umfassen. Für die weitere Analyse werden die einzelnen Kostenarten den Sach-, oder Investitionsausgaben zugeordnet. Die Kostenarten 30 bis 49 des Kontenplans der Universität werden den Sachausgaben zugeordnet, die Kostenart 42 den Investitionsausgaben, sofern die Buchungen einen Betrag von 1000 CHF überstiegen, da ab dem 1.1.2003 Beträge von über 1000 CHF

Tab. 4.1 Zuordnung der Kategorien des Kontenplans der Universität Basel zu den Sach- und Investitionsausgaben

Ausgabeart	Kategorie im Kontenplan	Nr.	Auftragsart	Beschreibung
Sachausgaben	Betriebsaufwand	30	Materialaufwand	Bücher, Zeitschriften, Tierhaltung, Labormaterial, Chemikalien, Reinigung der Berufskleidung
	Raumaufwand	41	Instandhaltung von Gebäuden	Strom, Wasser, Heizung, Beleuchtungskörper, Liegenschaftsaufwand, Fremdmieten, Reinigung, Bewachung, Kehrichtgebühren
	Betriebsaufwand	43	Unterhalt	Unterhalt von Maschinen, Einrichtungen, Haustechnik, Gebäude etc.
		45	Informationstechnologie	Hardware, Software, Software-Lizenzen, EDV-Installationen, Wartung, EDV etc.
		47	Büro- und Verwaltungskosten	Telefon, Post, Fotokopien, Büromaterial etc.
		48	Spesen	Reise- und Aufenthaltskosten, medizinische Prävention, Personalweiterbildung- und beschaffung etc.
		49	Beiträge	Ausstellungskosten, z.B. Messen, Spesen und Honorar Gastreferenten, Stipendien und Ausgaben zu Lasten der Drittmittel
	(Unter 1000 CHF)	42	Apparate/EDV/Berufungen (Investitionen)	Apparate, EDV, Mobilien, Haustechnik, kleinere Bauinvestitionen
Investitionsausgaben	Kleininvestitionen (Über 1000 CHF)	42	Apparate/EDV/Berufungen (Investitionen)	Apparate, EDV, Mobilien, Haustechnik, kleinere Bauinvestitionen

Datenquelle: Kontenplan der Universität Basel, 2002; eigene Zuordnung

in der Anlagenbuchhaltung geführt werden und somit als Investitionen verstanden werden können. In vergleichbaren Studien zu den regionalökonomischen Effekten von Hochschulen wurden verschiedene Kostenarten (beispielsweise Raumaufwand, Post- und Fernmeldegebühren, Reisekosten) nicht in die Analyse einbezogen (u.a. BAUER 1997; NIERMANN 1996,), wobei mit der Schwierigkeit der regionalen Zuordnung argumentiert wurde. Der Ausschluss von einzelnen Kostenarten ist jedoch kritisch zu beurteilen, da sie wie alle anderen Ausgaben ebenfalls in den Wirtschaftskreislauf fliessen (BATHELT & SCHAMP 2002: 17). In der vorliegenden Studie werden sowohl die Reisekosten als auch die Post- und Fernmeldegebühren, die beispielsweise auf die Post und die Swisscom entfallen, einbezogen. Die Bauausgaben der Universität werden nicht von der Universität selbst, sondern vom Hochbau- und Planungsamt des Kantons Basel-Stadt verwaltet. Einzig die Kostenarten Bauinvestitionen und Haustechnik im Kontenplan der Universitätsverwaltung könnten theoretisch den Bauausgaben zugeordnet werden, wovon jedoch abgesehen wird, da es sich hierbei lediglich um kleinere Umbauarbeiten und damit um geringfügige Beträge handelt. Ausgehend von den bezahlten Löhnen und Gehältern werden die Personalausgaben, die indirekt über die Ausgaben des Personals in den Wirtschaftskreislauf fliessen, aufgrund der Angaben zur Wohnsitzverteilung in der Personaldatenbank des Ressorts Personal sowie verschiedener verallgemeinernder Annahmen zum Ausgabeverhalten hinsichtlich ihres regionalen und sektoralen Verbleibs untersucht (Kapitel 5.2.5). Die studentischen Ausgaben werden ebenfalls gemäss der Wohnsitzverteilung aus der Datenbank des Ressorts Studierende der Universität Basel analysiert (Kapitel 5.2.6). Zur Analyse des räumlichen und sektoralen Verbleibs der Sach- und Investitionsausgaben wurden im Vorfeld verschiedene Datenbanken verknüpft, welche die Angaben Buchungsnummer, Betrag, Kreditorennummer (Nummer des Lieferunternehmens), Name, Ort mit Postleitzahl, Land des Lieferunternehmens und Art des Einkaufs (Beschreibung und Kategorie/Nummer) für jede einzelne Buchung, die im Jahr 2002 getätigt wurde, enthielten.

Nicht analysiert werden Beiträge an private Personen, wobei es sich hauptsächlich um Stipendien, Dissertationsbeiträge oder um Rückerstattungen von Semestergebühren handelt. Gleiches geschieht mit den Buchungen, bei denen das Hochbau- und Planungsamt Basel-Stadt als Zahlungsempfänger angegeben war, da diese erst nach Verausgabung durch das Baudepartement in den Wirtschaftskreislauf fliessen.

Von den insgesamt 74 Tsd. Buchungssätzen, die von der Universitätsverwaltung zu Beginn in der Datenbank zur Verfügung standen, blieben nach der Bereinigung interner Buchungen noch beinahe 71 Tsd. für die Analyse übrig. Nach Klassifizierung der Ausgaben nach Ausgabeart und der Bereinigung interner Buchungen erfolgt eine Aggregation der Zahlungen auf Länderebene, um die Importquote der Universität zu ermitteln. Für die Ermittlung des Verbleibs innerhalb der Schweiz wurden die einzelnen Zahlungen nach Postleitzahlen aufsummiert.

Nach dem gleichen Verfahren wurden die Bauausgaben aus der Datenbank des Baudepartements analysiert.

Die Ausgaben des Personals und der Studierenden fliessen nicht direkt, sondern indirekt über deren Konsumausgaben in den Wirtschaftskreislauf, weshalb deren regionale und sektorale Analyse auf verschiedenen Annahmen zum Konsumverhalten beruht.

4.1.4 Analyse der Ausgaben der FHBB

Datengrundlage der Analyse bildete die Vollerhebung der FHBB über die Ist-Ausgaben in der Kreditorendatenbank der Abteilung „Finanzen und Controlling“ für die Sach- und Investitionsausgaben sowie die Lohnzahlungen aus dem Personaldatenbanksystem des Erziehungsdepartements Basel-Landschaft für die Personalausgaben im Rechnungsjahr 2002. Die Wohnsitzverteilung der Studierenden zur Berechnung der studentischen Ausgaben wurde dem Jahresbericht der FHBB 2002 entnommen.

Die Unterteilung in Sach- und Investitionsausgaben wird für die Ausgaben der FHBB analog wie für die der Universität Basel künstlich vorgenommen (Tabelle 4.2), das interne Rechnungswesen der FHBB sieht keine solche Untergliederung vor. Die Sachausgaben umfassen unter anderem die Kategorie „Personalaufwand“ (Konto 30), wobei es sich ausschliesslich um temporär Dozierende handelt, welche in der Kreditorendatenbank verwaltet und somit den Sachausgaben zugerechnet werden. Weiterhin umfassen die Sachausgaben den Sachaufwand (Konto 31), die Beiträge (Konto 36) sowie den Aufwand für Dritte (Konto 37). Alle Ausgaben des Kontos 311 (Mobilien, Maschinen und Fahrzeuge), die einen Betrag von 1000 CHF übersteigen, werden den Investitionsausgaben zugerechnet. Beträge unter 1000 CHF des gleichen Kontos werden den Sachausgaben zugerechnet. Die Investitionsausgaben der FHBB umfassen alle Ausgaben des Kontos 311 (Mobilien, Maschinen und Fahrzeuge) des Kontenplans, die einen Betrag von 1000 CHF übersteigen.

Von den insgesamt ca. 13,6 Tsd. Buchungssätzen, die von der Verwaltung der FHBB zu Beginn in der Datenbank zur Verfügung standen, blieben nach der Bereinigung um interne Buchungen noch ca. 12,9 Tsd. für die Analyse übrig. Nach der Klassifizierung der Ausgaben nach Ausgabeart und der Bereinigung um interne Buchungen erfolgte auch hier eine Aggregation der Zahlungen auf Länderebene, um die Importquote der FHBB zu ermitteln. Für die Ermittlung des Verbleibs innerhalb der Schweiz wurden die Zahlungen nach Postleitzahlen aufsummiert, welche dann mit Hilfe der Gemeindenummern auf Gemeindeebene berechnet wurden, wobei einer Gemeinde mehrere Postleitzahlen zugeordnet sein konnten.

Tab. 4.2 Zuordnung der Kategorien des Kontenplans der FHBB zu den Sach- und Investitionsausgaben

Konto	Bezeichnung	Ausgabeart
30	Personalaufwand	Sachausgaben
31	Sachaufwand	
310	Verbrauchsmaterial	
311	Mobilien, Maschinen, Fahrzeuge (Buchungen unter 1000 CHF)	
31110	Anschaffung/Miete/Leasing: Mobiliar	Investitions-ausgaben (Buchungen über 1000 CHF)
31111	Anschaffungen/Miete Mobiliar Administration	
31150	Anschaffung/Miete/Leasing: Maschinen/Fahrzeuge	
31151	Anschaffungen/Miete Maschinen/Fahrzeuge/Administration	
31180	Anschaffung/Miete/Leasing: EDV HW + SW	
31181	EDV-Anschaffungen/Miete Administration	
31190	Anschaffungen/Leasing/Mieten Bauten (Schule)	
31191	Anschaffungen/Leasing/Mieten Bauten (Administration)	
312	Wasser, Energie, Heizmaterial	Sachausgaben
313	Wasch- und Reinigungsmaterial	
314	Baulicher Unterhalt	
315	Übriger Unterhalt	
316	Mieten/Leasing/Nutzungsgebühren	
317	Spesen	
318	Dienstleistungen von Dritten	
319	Übriger Sachaufwand	
36	Beiträge	
37	Aufwand für Dritte	

Quelle: FHBB, Abteilung Finanzen und Controlling, 2002, eigene Berechnung

Ausgehend von den durch die FHBB gezahlten Löhne und Gehälter wurden die Ausgaben des Personals aufgrund der Angaben zur Wohnsitzverteilung aus der Personaldatenbank des Erziehungsdepartementes Basel-Landschaft sowie verschiedener Annahmen zum Ausgabeverhalten analysiert (Kapitel 6.2.4). Die studentischen Konsumausgaben wurden gemäss der Wohnsitzverteilung, welche dem Jahresbericht 2002 entnommen wurde, und verschiedener Annahmen zum studentischen Ausgabeverhalten berechnet (Kapitel 6.2.5).

4.2
Methodik der Analyse des Wissenstransfers

4.2.1
Befragung der Forschungsgruppen

Für die Analyse des personenungebundenen Wissenstransfers durch Forschungskooperationen wurden gegen Ende des Jahres 2006 insgesamt 307 Forschungsgruppen der Universität Basel und der FHNW angeschrieben. Der Fragebogen (siehe Anhang) gliederte sich dabei in vier Teile.

Im ersten Teil wurden Informationen über die Forschungsgruppe selbst abgefragt, u.a. über den Fachbereich und die fachliche Spezialisierung sowie über die Grösse des Forschungsteams und die Struktur und Herkunft der Mitarbeiter. Der zweite Teil der Befragung betrifft die Zusammenarbeit mit Universitäten, Hochschulen und öffentlichen Forschungseinrichtungen. Dabei wurden folgende Merkmale abgefragt:

- Startpunkt der Zusammenarbeit
- Erstkontaktaufnahme
- Motive der Zusammenarbeit
- Formen der Zusammenarbeit
- Räumliche Reichweite der Kooperationen
- Probleme der Zusammenarbeit.

Äquivalent zum zweiten Teil wurden die Forschungsgruppen im dritten Teil der Befragung nach ihrer Zusammenarbeit mit Unternehmen befragt. Der vierte und letzte Teil umfasste Fragen zur Höhe und Struktur der Drittmittel der Forschungsteams.

4.2.2
Klassifikation der Fachbereiche nach Wissensbasen

Ausgangslage und Basis der empirischen Analyse bildet die Klassifikation der einzelnen Fachbereiche nach Wissensbasen. Dabei werden die Fachbereiche auf Basis der theoretischen Überlegungen in Kapitel 2.4.5 in die synthetische und die analytische Wissensbasis unterteilt. Die symbolische Wissensbasis wird nicht als eigene Kategorie analysiert, da dieser nur ein Fachbereich, nämlich Kunst & Design, zugerechnet werden kann. Dieser wird hier aufgrund der Ähnlichkeit der synthetischen und der symbolischen Wissensbasen, der synthetischen zugerechnet. In Tabelle 4.3 werden die Fachbereiche aufgrund verschiedener Merkmale entweder der analytischen oder der synthetischen Wissensbasis zugeordnet. Die

Tab. 4.3 Zuordnung der analysierten Fachbereiche zu verschiedenen Wissensbasen

Fachbereiche Universität Basel und FHNW	**Merkmale analytischer Prozesse**			**Gesamt (X)**	**Merkmale synthetischer Prozesse**			**Gesamt (X)**
	Schaffung von neuem naturwissenschaftlichem Wissen	Dominanz von deduktiven Prozessen	Dominanz von kodifiziertem Wissen		Anwendung oder Kombination von existierendem Wissen	Dominanz von induktiven Prozessen	Dominanz von Erfahrungswissen	
Analytisch (n = 7)								
Biologie	X	X	X	3				0
Chemie	X	X	X	3				0
Mathematik	X	X	X	3				0
Nanowissenschaften	X	X	X	3				0
Pharmazie	X	X	X	3	X			1
Physik	X	X	X	3	X			1
Wirtschaft	X	X	X	3	X			1
Synthetisch (n = 7)								
Bauwissenschaften	X			1	X	X	X	3
Design, Kunst				0	X	X	X	3
Geisteswissenschaften				0	X	X	X	3
Geoinformation	X			1	X	X	X	3
Informatik			X	1	X	X		2
Medizin	X			1	X	X	X	3
Technik	X			1	X	X	X	3

Quelle: eigene Darstellung

Tab. 4.4 Rücklauf der schriftlichen Befragung der Forschungsgruppen 2006

	Anzahl Fragebögen FHNW	Anzahl Fragebögen Uni Basel
Verschickte Fragebögen an die Forschungsgruppen	186	121
Fragebogen ausgefüllt zurück	42	30
Keine Antwort	137	88
Bereits pensioniert	2	0
Bereits emeritiert	3	1
Bereits ausgetreten	1	2
Forschungsteam gerade erst neu gegründet	1	0
Rücklauf in Prozent	23.5%	25.4%

Quelle: eigene Darstellung

Fachbereiche Theologie und Jura wurden aus der Analyse der Forschungskooperationen ausgeklammert. Es wird unterstellt, dass diese Fachbereiche ebenso eine Menge von Leistungen für Privatpersonen erbringen. Da die Zusammenarbeit der Forschungsgruppen mit Unternehmen jedoch die Hälfte der Befragung ausmacht, wurde auf die Befragung der theologischen und juristischen Forschungsgruppen verzichtet. Es ist anzumerken, dass es sich hierbei um eine relativ grobe Einteilung handelt. In synthetischen Fachbereichen können einzelne Forschungsgruppen oder Wissenschaftler natürlich auch analytisch arbeiten, zum Beispiel indem sie einen deduktiven Forschungsansatz verfolgen oder indem kodifiziertes Wissen dominiert. Andererseits können auch Fachbereiche, welche hier der analytischen Wissensbasis zugeordnet werden, „nur" bereits existierendes Wissen verknüpfen. Dennoch wird davon ausgegangen, dass die Einteilung in Tabelle 4.3 der Realität weitestgehend entspricht.

4.2.3 Rücklauf der Befragung

Insgesamt wurden 186 Fragebögen an die Leiter von Forschungsgruppen der Fachhochschule Nordwestschweiz und 121 an diejenigen der Universität Basel verschickt. Die Rücklaufquote betrug abzüglich der begründeten Rücksendungen 23.5% bei der FHNW und 25.4% bei der Universität Basel (Tabelle 4.4). Innerhalb der FHNW wurden Forschungsgruppen aus fünf von insgesamt acht Hochschulen befragt. Befragt wurden Forschungsgruppen der Hochschulen für Bau, Architektur & Geomatik, Life Sciences, Kunst & Gestaltung, Technik & Wirtschaft. Nicht befragt wurden Forschungsgruppen der Hochschule für angewandte Psychologie, der Pädagogischen Hochschule und der Hochschule für Soziale Arbeit. Dabei wurde unterstellt, dass die nicht befragten Forschungsgruppen zum Innovationsprozess von Unternehmen nur sehr indirekt beitragen und dieser indirekte Beitrag schwer messbar ist beziehungsweise dass durch den Fragebogen keine relevanten Erkenntnisse bezüglich des Wissenstransfers gewonnen werden können. Von der Universität Basel wurden Forschungsgruppen der Philosophisch-Naturwissenschaftlichen, der Wirtschaftswissenschaftlichen und der Medizinischen Fakultät befragt. Nicht befragt wurden aus oben genannten Gründen die Forschungsgruppen der Theologischen, der Juristischen, der Philosophisch-Historischen Fakultät sowie der Fakultät für Psychologie der Universität Basel.

Tabelle 4.5 gibt Auskunft über die einzelnen Rücklaufquoten pro Fachbereich, getrennt nach Institution (FHNW und Universität Basel). Da es aber um Kooperationsbeziehungen im Wissensentstehungsprozess in verschiedenen Fachbereichen oder Disziplinen geht, werden die beiden Institutionen nicht getrennt voneinander analysiert. Das Hauptaugenmerk liegt also auf den Fachbereichen, nicht auf den Institutionen. Diese werden nur dann separat analysiert, wenn entsprechend signifikante Unterschiede bestehen. Der höchste Rücklauf konnte in den Fachbereichen Wirtschaft (15), Technik (14), Medizin (8), Informatik (7), Biologie (7) und Chemie (5) erzielt werden. In einigen Fachbereichen kamen leider nur ein bis zwei Fragebögen ausgefüllt zurück. Diese werden aus Gründen der Anonymität nur in aggregierter Form (synthetische/analytische Wissensbasis) ausgewertet.

Tab. 4.5 Rücklauf nach Fachbereichen

	Ausgefüllte Fragebögen	**In Prozent**	**Davon FHNW**	**Davon Universität Basel**
Analytisch (Gesamt)	35	49%	14	21
Biologie	7	10%	0	7
Chemie	5	7%	1	4
Mathematik	1	1%	1	0
Nanowissenschaften	2	3%	1	1
Pharmazie	2	3%	0	2
Physik	3	4%	0	3
Wirtschaft	15	21%	11	4
Synthetisch (Gesamt)	37	51%	28	9
Bauwissenschaften	3	4%	3	0
Design, Kunst	2	3%	2	0
Geisteswissenschaften	2	3%	1	1
Geoinformation	1	1%	1	0
Informatik	7	10%	6	1
Medizin	8	11%	1	7
Technik	14	19%	14	0
Gesamt	72	100%	42	30

Quelle: eigene Darstellung

5 Die Leistungserstellung der Universität Basel: Einkommens-, Beschäftigungs- und Steuereffekte

Kapitel 5 gliedert sich inhaltlich in drei Teile. Im ersten Teil werden für das Untersuchungsjahr 2002 die Kosten ermittelt, welche bei den ausgewählten Staatshaushalten (Kanton Basel-Stadt, Kanton Basel-Landschaft, Kanton Aargau, Kanton Solothurn, übrige Kantone, Bund und Ausland) auf Grund der Existenz der Universität Basel entstehen (Kapitel 5.1). Hier wird die Frage beantwortet, wie viel die Universität die verschiedenen Staatshaushalte in einem Jahr kostet, beziehungsweise wie sich die gesamten öffentlichen Kosten der Universität Basel (öffentliche Drittmittel ausgeschlossen) auf die verschiedenen Staatshaushalte verteilen.

Im Anschluss an die Kostenanalyse erfolgt im zweiten Teil die regionalwirtschaftliche Wirkungsanalyse, für welche zunächst die Nachfrage der Universität Basel nach Gütern und Dienstleistungen in den unterschiedlichen Regionen (für eine schematische Darstellung der Analyse (Abbildung 5.1) ermittelt wird. Diese wird getrennt nach Sach-, Investitions- und Bauausgaben sowie nach Ausgaben des Personals und der Studierenden (ohne Klinische Medizin) durchgeführt.

Im Anschluss werden für die einzelnen Ausgabearten jeweils die direkten und indirekten Einkommens- und Beschäftigungseffekte ermittelt. Zusätzlich werden die direkten und indirekten Steuereinnahmen geschätzt, welche durch die universitären Ausgaben entstehen. Zur Ermittlung der Einkommens-, Beschäftigungs- und Steuereffekte der Universität Basel stellen sich die zu beantwortenden Fragen wie folgt:

- In welcher Ausgabenkategorie wird wie viel durch die Universität verausgabt?
- In welche Regionen fliessen die Ausgaben?
- Wie viele Personen sind direkt an der Universität beschäftigt?
- Wo entstehen direkte Einkommenseffekte durch die Lohnzahlungen an das universitäre Personal?
- In welchen Regionen und in welchen Wirtschaftszweigen sorgen die universitären Ausgaben für indirekte Einkommens- und Beschäftigungseffekte?
- In welcher Höhe entstehen bei den verschiedenen Staatshaushalten direkte und indirekte Steuereinnahmen durch die Universität?

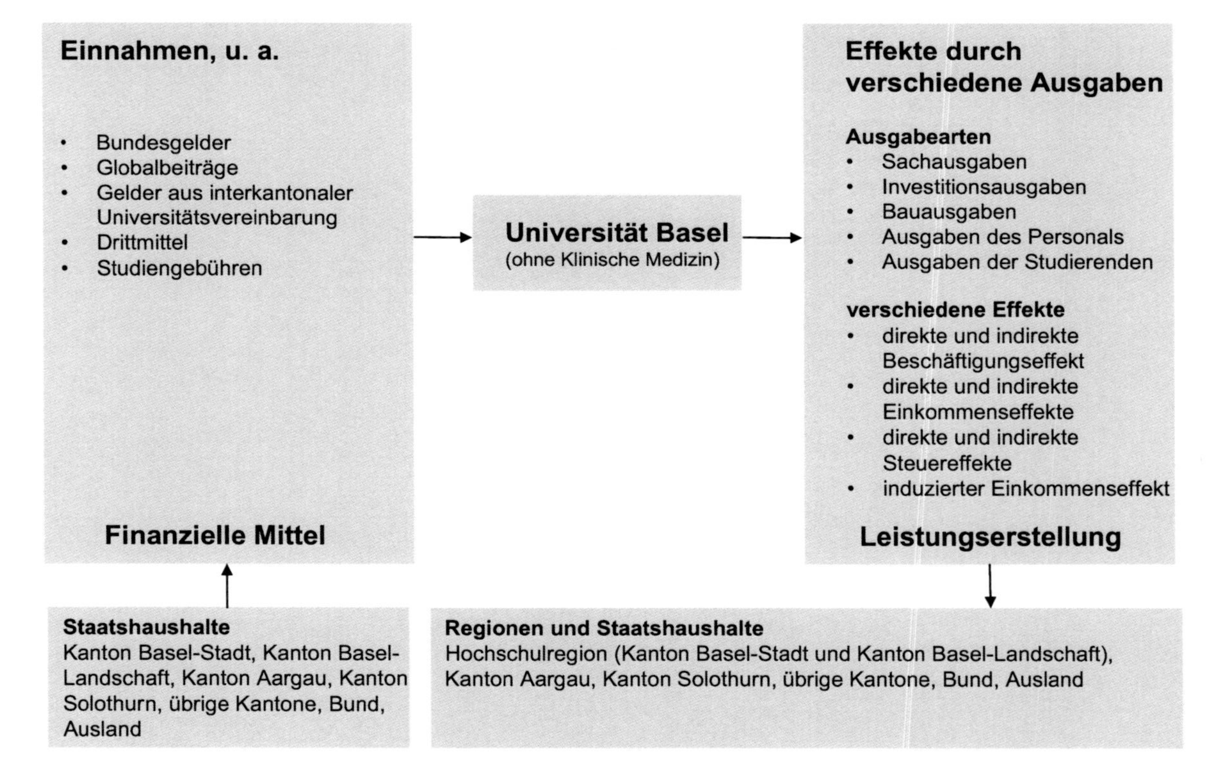

Abb. 5.1 Schematische Darstellung der Analyse der Einkommens-, Beschäftigungs- und Steuereffekte der Universität Basel.
Quelle: eigene Darstellung

Im dritten Teil der Untersuchung, in Kapitel 5.3, wird mit Hilfe eines keynesianischen Multiplikators ermittelt, welches Einkommen durch die Universität Basel über unendlich viele Wirkungsrunden in der Hochschulregion entsteht (induzierte Effekte). In Kapitel 5.4 werden die Ergebnisse aus der Analyse zusammengefasst und beurteilt.

5.1 Kosten der Staatshaushalte für die Universität Basel

Die Kosten der Staatshaushalte für die Universität Basel im Untersuchungsjahr 2002 setzen sich aus den Global- und Sonderbeiträgen der beiden Trägerkantone Basel-Stadt und Basel-Landschaft, den Beiträgen der übrigen Kantone gemäss der Interkantonalen Universitätsvereinbarung (IUV) sowie den Bundesbeiträgen gemäss dem Universitätsförderungsgesetz zusammen (Tabelle 5.1). Nicht in die Analyse eingeschlossen werden durch die Universität zusätzlich entstehende externe Kosten. Den durch die universitären Ausgaben verursachten positiven Wirkungen auf die regionale Wirtschaft und den Arbeitsmarkt stehen ebenfalls negative Wirkungen oder allgemeine gesellschaftliche Kosten gegenüber. Darunter fallen beispielsweise eine erhöhte Aufwendung für die Verkehrsinfrastruktur, die Erschliessung beziehungsweise Blockierung von Baugelände durch Hochschuleinrichtungen oder entgangene Steuereinnahmen im Vergleich zu einer privat-

Tab. 5.1 Beiträge der Universität Basel für die Staatshaushalte (Rechnungsjahr 2002)*

Staatshaushalte	Kosten für die Kernuniversität in Tsd. CHF	In Prozent	Kosten für die Klinische Medizin in Tsd. CHF	In Prozent	Gesamt in Tsd. CHF	In Prozent
Kanton BS	104'873	36.1	60'270	56.9	165'143	41.6
Kanton BL	80'406	27.7	11'066	10.4	91'472	23.1
Kanton AG	7'159	2.5	3'864	3.6	11'023	2.8
Kanton SO	5'149	1.8	1'909	1.8	7'058	1.8
Übrige Kantone	14'414	5.0	7'366	7.0	21'780	5.5
Bund	77'250	26.6	21'479	20.3	98'729	24.9
Ausland (EU)	1'456	0.5	-	-	1'456	0.4
Gesamt	290'706	100.0	105'953	100.0	396'660	100.0

* In den Prozentsummen der Tabelle können sich durch Rundung auf Nachkommastellen jeweils kleinere Abweichungen ergeben; Datenquellen: UNIVERSITÄT BASEL 2002: 50 f.; IUV Abrechnungen der Universität Basel und des Sanitätsdepartements 2002; Hochbau- und Planungsamt Basel-Stadt, 2002; Universität Basel, Ressort Finanzen und Controlling, 2002

wirtschaftlichen Nutzung des Universitätsgeländes. Die Zusammenhänge sind somit komplexer als durch regionalwirtschaftliche Wirkungsanalysen erfassbar. Im Gegensatz zu der Brutto-Rechnung einer regionalen Inzidenzanalyse müsste eine Berechnung des gesellschaftlichen Nettoeffektes erfolgen, welche zusätzlich die externen Kosten berücksichtigt (GIESE 1987). Hierbei stösst man jedoch an die Grenzen der statisch verstandenen regionalen Wirkungsanalyse, da den entstehenden Kosten ebenso langfristig erzielbare Erträge gegenübergestellt werden müssten. Dies wären beispielsweise Absolventen oder Forschungsergebnisse (die Leistungsabgabe) der Universität, welche dauerhaft die Leistungsfähigkeit der regionalen Wirtschaft erhöhen (BATHELT & SCHAMP 2002). Ebenso wenig wurde die Klinische Medizin eingeschlossen, obwohl im Rechnungsjahr 2002 von den Staatshaushalten insgesamt ca. 106 Mio. CHF für diese ausgegeben wurde. Die für die Analyse nötigen Daten wurden vom Universitätsspital nicht zur Verfügung gestellt. In die Analyse einbezogen wurden die im Rechnungsjahr 2002 verausgabten 291 Mio. CHF für die Kernuniversität. Den grössten Teil der Kosten trug im Jahr 2002 mit 105 Mio. CHF (36,1%) der Kanton Basel-Stadt, gefolgt vom Kanton Basel-Landschaft, der mit über 80 Mio. CHF knapp 28% der Kosten trug. Der Bund bezahlte weiterhin ca. 77 Mio. CHF (ca. 27%). Mit über 7 Mio. CHF trug der Kanton Aargau durch die Interkantonalen Ausgleichszahlungen der Hochschulen (IUV) 2,5% der Kosten der Universität. Der Kanton Solothurn bezahlte ca. 5 Mio. CHF (1,8%). Für einen Vergleich der Kosten der Staatshaushalte mit den folgenden Jahren sei darauf hingewiesen, dass vor allem der Immobilienvertrag zwischen den Kantonen Basel-Stadt und Basel-Landschaft seit 2004 zu erheblichen kostenrelevanten Veränderungen führte, wobei insbesondere die Beiträge der Trägerkantone und die Neubewertung der kalkulatorischen Eigenmiete hervorzuheben sind (UNIVERSITÄT BASEL 2004: 72).

5.2 Regionalwirtschaftliche und steuerliche Effekte durch die Ausgaben der Universität Basel

Im Folgenden werden die Sach-, Investitions- und Bauausgaben, die Ausgaben des Universitätspersonals und der Studierenden nach ihrem räumlichen und sektoralen Verbleib analysiert, um die Einkommens- und Beschäftigungseffekte in den einzelnen Regionen sowie die steuerlichen Einnahmen der Staatshaushalte im Rechnungsjahr 2002 abzuschätzen.

5.2.1 Sachausgaben der Universität Basel

Räumlicher Verbleib. Von den im Jahr 2002 verausgabten 60,1 Mio. CHF Sachausgaben verblieben 54,7 Mio. CHF in der Schweiz. 5,4 Mio. CHF wurden als Importe im Ausland bezogen, wobei auf Deutschland mit 2,9 Mio. CHF der

Tab. 5.2 Räumlicher Verbleib der Sachausgaben

Region	Sachausgaben in Tsd. CHF	In Prozent*
Hochschulregion Gesamt	33'112	55.0
Kanton Basel-Stadt	28'580	47.5
Kanton Zürich	9'300	15.5
Kanton Basel-Landschaft	4'532	7.5
Kanton Bern	3'657	6.1
Kanton Zug	2'179	3.6
Kanton St. Gallen	1'519	2.5
Kanton Aargau	1'384	2.3
Kanton Solothurn	676	1.1
Übrige Kantone	2'881	4.8
Ausland	5'417	9.0
Gesamt	60'126	100.0

* In der Prozentsumme der Tabelle ergibt sich durch Rundung auf Nachkommastellen eine kleinere Abweichung; Quelle: Universität Basel (Rechnungsjahr 2002), Ressort Finanzen und Controlling, 2002; eigene Berechnung

grösste Teil entfiel. Die niedrige Importquote lässt darauf schliessen, dass nicht nur standardisierte Produkte und Dienstleistungen, sondern auch spezielle Anschaffungen der Universität innerhalb der Schweiz bezogen wurden. Von den innerhalb der Schweiz eingesetzten Sachausgaben konnten knapp 2 Mio. CHF wegen fehlender Angaben der Postleitzahl und des Ortes des Lieferunternehmens keiner Region zugeordnet werden. Es wurde angenommen, dass sich diese wie die restlichen Sachausgaben auf die untersuchten Regionen verteilten. Von den 60,1 Mio. CHF, die im Jahr 2002 von der Universität Basel verausgabt wurden, verblieben 33,1 Mio. CHF in der Hochschulregion, was einer Regionalquote von 55% entspricht (Tabelle 5.2).

Mit 15,5% oder 9,3 Mio. CHF an universitären Sachausgaben wird ein grosser Teil der direkten Nachfrage nach Gütern und Dienstleistungen im Kanton Zürich wirksam. Dies ist einerseits auf die diversifizierte Angebotsstruktur dieses Wirtschaftsraumes zurückzuführen, andererseits haben einige Grossunternehmen ihren Hauptsitz und die damit verbundene Abwicklung des Zahlungsverkehrs in Zürich. Dadurch ist es möglich, dass der eigentliche Rechnungsbetrag beispielsweise einer Basler Filiale zukam, die Rechnung aber an den Hauptsitz in Zürich gestellt wurde. Solche unternehmensinternen Geldflüsse nachzuzeichnen hätte allerdings den Rahmen dieser Arbeit gesprengt. Bei den nachgefragten Produkten im Kanton Zürich handelte es sich hauptsächlich um spezialisierte Dienstleistungen, elektronische und medizintechnische Geräte sowie Hard- und Software. Neben universitären Institutionen waren die Hauptempfänger von Ausgaben der Universität Basel grössere Industriebetriebe sowie Hard- und Softwareunternehmen.

Tab. 5.3 Einkommens- und sekundäre Beschäftigungseffekte durch die Sachausgaben in der Hochschulregion

Wirtschaftszweig	Sachausgaben in Tsd. CHF	Arbeitsplätze[a]
Landwirtschaft, Fischerei	14	0.4
Verarbeitendes Gewerbe	6'071	22.1
Energie- und Wasserversorgung	1'534	1.2
Bau	1'960	8.4
Handel	35	0.07
Grosshandel	2'760	1.3
Detailhandel	4'359	18.3
Gastgewerbe	2'852	40.2
Verkehr und Nachrichtenübermittlung	594	1.8
Kreditgewerbe	201	0.1
Immobilienwesen und unternehmensorientierte Dienstleistungen	8'819	30.6
Öffentliche Verwaltung	1'523	25
Erziehung und Unterricht	507	44.5
Gesundheits- und Sozialwesen	500	21.8
Sonstige Dienstleistungen	1'384	8.4
Gesamt	33'113	224.1

[a] Zur Berechnung der Arbeitsplätze siehe Kap. 5.2.1; Datenquelle: Universität Basel, Ressort Finanzen und Controlling, 2002; Bundesamt für Statistik, 2001; Eidgenössische Steuerverwaltung, 2001; eigene Berechnung

Einkommens- und Beschäftigungseffekte. Um die Einkommenseffekte in einzelnen Wirtschaftszweigen innerhalb der Hochschulregion (Kanton Basel-Stadt und Basel-Landschaft) zu ermitteln, wurden durch ein aufwendiges Verfahren die Zahlungsempfänger, welchen universitäre Sachausgaben zuflossen, einzelnen Wirtschaftszweigen zugeordnet. War ein Zahlungsempfänger in mehreren Wirtschaftsfeldern, zum Beispiel im Vertrieb und in der Beratung von Softwareprodukten gleichzeitig tätig, wurde dies durch eine Aufteilung der Ausgaben auf die jeweiligen Wirtschaftszweige berücksichtigt, wobei die untersuchten Unternehmen, Institutionen oder Stiftungen teilweise in bis zu sieben Wirtschaftszweigen tätig waren. Auf diese Weise wurden ca. 70'000. Buchungen analysiert und zugeordnet. Von den 33 Mio. CHF Sachausgaben (Tabelle 5.3), die innerhalb der Hochschulregion verausgabt wurden, konnten 9 Mio. CHF keinem Wirtschaftszweig zugeordnet werden. Es wurde angenommen, dass sich diese wie die restlichen Sachausgaben auf die einzelnen Wirtschaftzweige aufteilten. Die von den Sachausgaben der Universität Basel in der Region abhängigen Arbeitsplätze wurden mittels Arbeitsplatzkoeffizienten für die einzelnen Wirtschaftszweige berechnet. Arbeitsplatzkoeffizienten stellen die wichtigste Kennzahl zur Modellierung von Beschäftigungseffekten dar und werden sekundärstatistisch ermittelt. Dabei handelt es sich um die Relation der Beschäftigten zum Umsatz in einzelnen Wirtschaftszweigen, wobei der Wert in Arbeitsplätzen pro 1000 CHF Umsatz ausgedrückt wird (Bauer 1997). Da die Beschäftigtendaten der einzelnen Wirtschaftszweige aus der Betriebszählung 2001 des Bundesamtes für Statistik stammen, die Sachausgaben der Universität Basel jedoch für das Jahr 2002 vorliegen, handelt es sich bei den ermittelten Arbeitsplatzkoeffizienten um eine Annäherung. Dasselbe gilt für die verwendeten Umsatzdaten, die sich ebenfalls auf das Jahr 2001 beziehen und welche von der Eidgenössischen Steuerverwaltung zur Verfügung gestellt wurden. Zu den Beschäftigten zählen alle Personen, die in einem arbeitsrechtlichen Verhältnis zum Unternehmen stehen. Multipliziert man die berechneten Arbeitsplatzkoeffizienten mit den Sachausgaben der Universität in den verschiedenen Wirtschaftszweigen, erhält man die Anzahl der Arbeitsplätze, die von den universitären Ausgaben abhängig sind. Die ermittelten Arbeitsplätze können aufgrund der Definition der Beschäftigten, welche keine Unterscheidung zwischen Teil- und Vollzeitarbeitsplätzen vorsieht, beides darstellen. Aus Tabelle 5.3 wird ersichtlich, dass im Jahr 2002 in der Hochschulregion von den universitären Sachausgaben insgesamt 224 Arbeitsplätze (davon 193 im Kanton Basel-Stadt und 31 im Kanton Basel-Landschaft gemäss den Anteilen des räumlichen Verbleibs) abhängig waren, die meisten davon in den Dienstleistungen.

5.2.2 Investitionsausgaben der Universität Basel

Räumlicher Verbleib. Alle Ausgaben der Rubrik „Kleininvestitionen“ (Konto 42 im Kontenplan der Universität), welche einen Betrag von 1000 CHF überstiegen, werden als Investitionsausgaben bezeichnet (vgl. Kapitel 4.1.3). Von den rund 19 Mio. CHF Investitionsausgaben, die im Untersuchungsjahr 2002 von der Universität Basel getätigt wurden, entfielen 2 Mio. CHF auf das Ausland (Tabelle 5.4). Von den in der Schweiz getätigten Investitionsausgaben konnten 300 Tsd. CHF keiner Region zugeordnet werden. Es wurde angenommen, dass sich diese wie die restlichen Investitionsausgaben auf die Regionen verteilen. Insge-samt verblieben somit 6,4 Mio. CHF in der Hochschulregion, was einer Regionalquote von 33,4% entspricht. Mit 35,2% (6,7 Mio. CHF) floss, ähnlich wie bei den Sachausgaben, ein erheblicher Teil der universitären Investitionsausgaben in den Kanton Zürich.

Einkommens- und Beschäftigungseffekte. Von den 6,3 Mio. CHF Investitionsausgaben, die innerhalb der Hochschulregion verausgabt wurden, konnten wiederum 300 Tsd. CHF keinem Wirtschaftszweig zugeordnet werden. Es wurde angenommen, dass sich diese wie die restlichen Investitionsausgaben auf die Wirtschaftzweige verteilen. In der Hochschulregion waren von den universitären Investitionsausgaben im Jahr 2002 demnach insgesamt ca. 21 Arbeitsplätze (davon 13 in Basel-Stadt und 8 in Basel-Landschaft gemäss den Anteilen des räumlichen Verbleibs) abhängig, die meisten davon ebenfalls in den Dienstleistungen (Tabelle 5.5).

Tab. 5.4 Räumlicher Verbleib der Investitionsausgaben

Region	Investitionsausgaben in Tsd. CHF	In Prozent*
Hochschulregion gesamt	6'335	33.4
Kanton Zürich	6'690	35.2
Kanton Basel-Stadt	4'016	21.2
Kanton Basel-Landschaft	2'319	12.2
Kanton Aargau	789	4.2
Kanton Zug	669	3.5
Kanton Genf	636	3.3
Kanton Bern	521	2.7
Kanton Solothurn	132	0.7
Übrige Kantone	1'171	6.2
Ausland	2'036	10.7
Gesamt	18'980	100.0

*In der Prozentsumme der Tabelle ergibt sich durch Rundung auf Nachkommastellen eine kleinere Abweichung; Datenquelle: Universität Basel, Ressort Finanzen und Controlling, 2002; eigene Berechnung

Tab. 5.5 Einkommens- und Beschäftigungseffekte der Investitionsausgaben in der Hochschulregion

Wirtschaftszweig	Investitionsausgaben in Tsd. CHF	Arbeitsplätze[a]
Landwirtschaft, Fischerei	1	0.02
Verarbeitendes Gewerbe	1'245	3.78
Bau	401	1.93
Handel	7	0.01
Grosshandel	995	0.38
Detailhandel	385	1.18
Gastgewerbe	3	0.04
Verkehr und Nachrichtenübermittlung	139	0.36
Kreditgewerbe	2	0.00
Immobilienwesen und unternehmensorientierte Dienstleistungen	3'107	12.68
Öffentliche Verwaltung	4	0.06
Erziehung und Unterricht	5	0.34
Gesundheits- und Sozialwesen	0	0.01
Sonstige Dienstleistungen	40	0.20
Gesamt	6'335	20.99

[a] zur Berechnung der Arbeitsplätze siehe Kapitel 5.2.1; Datenquelle: Universität Basel, Ressort Finanzen und Controlling, 2002; Bundesamt für Statistik, 2001; Eidgenössische Steuerverwaltung, 2001; eigene Berechnung

5.2.3 Bauausgaben der Universität Basel

Räumlicher Verbleib. Wie die Sach- und Investitionsausgaben entsprechen die Bauausgaben der direkten Nachfrage nach Gütern und Dienstleistungen 1:1. Im Jahr 2002 wurden vom Hochbau- und Planungsamt 643 Buchungen zum Neubau und Erhalt der Gebäude der Universität Basel getätigt. Hierzu sei angemerkt, dass die Berechnungen aufgrund der Rechnungsadressen erfolgten, die eigentlichen Zielorte der Auftragnehmer und damit der Geldflüsse jedoch andernorts sein können. So unterhalten sehr viele regionale Firmen wegen des Submissionsgesetzes sowohl Firmensitze in Basel-Stadt als auch im Kanton Basel-Landschaft. Wegen der Vorgabe im Reglement der Baukommission des Kantons Basel-Stadt, dass bei öffentlichen Ausschreibungen eine gleiche Anzahl/Anteil von Offerten aus beiden Kantonen einzuholen sind, sind sie daher in der Lage, als baselstädtische und als basellandschaftliche Firma mit zu bieten. Daher können sich Rechnungsadressen und Sitz der Versteuerung der Gewinne voneinander unterscheiden. Dies aufgeschlüsselt nachzuweisen hätte den Rahmen dieser Studie wiederum gesprengt. Die Auftragsvergabe öffentlicher Einrichtungen im Kanton Basel-Stadt an Firmen in Basel-Stadt und Basel-Landschaft müsste in einer eigenen Studie differenziert untersucht werden.

Im Baukostenplan des Hochbau- und Planungsamtes wurden sechs Auftragsarten unterschieden, wobei die Auftragsart „Gebäude" wertmässig am bedeutendsten war (Tabelle 5.6). Im Jahr 2002 wurden vom Hochbau- und Planungsamt ca. 8,3 Mio. CHF für den Bau und Erhalt von Universitätsgebäuden ausgegeben.

Tab. 5.6 Bauausgaben, nach Auftragsart des Baukostenplans des Hochbau- und Planungsamtes Basel-Stadt

BKP Nr.[a]	Auftragsart	Beschreibung	Bauausgaben in Tsd. CHF
1	Vorbereitungs-arbeiten	Baugrunduntersuchungen, Denkmalpflege, Abschrankungen etc.	19
2	Gebäude	Rohbau, Elektroanlagen, Heizung, Sanitäranlagen etc.	7'894
3	Bodenbau	Bodenbau	16
4	Umgebung	Gartenanlagen, Strassen, Plätze, Sportanlagen etc.	6
5	Bauneben-kosten	Versicherung, Bewilligungen, Gebühren, Modelle etc.	93
9	Mobilien/ Ausstattung	Möbel, Beleuchtung, Textilien, Geräte/ Apparate, Kunstobjekte etc.	283
Gesamt			8'311

[a] Baukostenplannummer; Quelle: Hochbau- und Planungsamt Kanton Basel Stadt, 2002

Tab. 5.7 Bauausgaben des Hochbau- und Planungsamtes Basel-Stadt, 2000 bis 2002

Jahr	Bauausgaben in Tsd. CHF
2000	63'334
2001	6'118
2002	8'311

Datenquelle: Hochbau- und Planungsamt des Kantons Basel-Stadt, 2002

Wie Tabelle 5.7 zeigt, unterliegen die Bauausgaben grossen jährlichen Schwankungen, wobei es sich beim Untersuchungsjahr 2002 laut Aussage eines Vertreters des Hochbau- und Planungsamtes um ein „normales", also durchschnittliches Jahr handelte. Die übermässig hohen Ausgaben im Jahr 2000 sind vor allem auf den Neubau des Pharmazentrums zurückzuführen.

Das Hochbau- und Planungsamt verausgabte 2002 keine Gelder im Ausland. Mit einer Regionalquote von 90.7% verblieben beinahe die gesamten Bauausgaben in der Hochschulregion und dort hauptsächlich im Kanton Basel-Stadt (Tabelle 5.8).

Aus den schon genannten Gründen konnte aus den zugrunde gelegten Rechnungsadressen nicht präzise geschlossen werden, welches genau der Zielort der Geldflüsse war und wo daher auch die Steuereffekte anfielen. In diesem Zusammenhang sei auf die Untersuchung des regionalen Verbleibs der Bauausgaben hingewiesen, die 2003 für das Kantonsspital Basel getätigt wurde, wobei insbesondere die Frage im Vordergrund stand, ob der Einsatz eines Generalun-

Tab. 5.8 Räumlicher Verbleib der Bauausgaben des Hochbau- und Planungsamtes Basel-Stadt für die Universität

Region	Bauausgaben in Tsd. CHF	In Prozent
Hochschulregion	7'533	90.7
Kanton BS	6'603	79.5
Kanton BL	930	11.2
Kanton Luzern	291	3.5
Kanton Zürich	164	2.0
Kanton Zug	128	1.5
Kanton Aargau	99	1.2
Kanton St. Gallen	24	0.3
Kanton Thurgau	19	0.2
Kanton Bern	19	0.2
Kanton SO	18	0.2
Übrige Schweiz	16	0.2
Gesamt	8'311	100.0

Datenquelle: Hochbau- und Planungsamt des Kantons Basel-Stadt, 2002; eigene Berechnung

ternehmers die anteilsmässige Verteilung der Bausummen und der Bauaufträge verändern würde, die hälftig an Basel-Stadt und Basel-Landschaft (sowie an die anderen Kantone von Agglomerationsgemeinden) gehen. Dabei zeigte sich, dass von den rechtlichen und organisatorischen Veränderungen Kantone aus allen drei Regionen profitierten und die regionale Herkunft der Auftragnehmer sich nicht ungünstig verschob (FREY & KRAUTTER 2003). Da seither die Auftragsvergabe anderen Regelungen unterliegt, können die Resultate jedoch nicht 1:1 in die Gegenwart übertragen werden.

Einkommens- und Beschäftigungseffekte. Alle Ausgaben des Hochbau- und Planungsamtes Basel-Stadt konnten einem Empfänger und somit einzelnen Wirtschaftszweigen zugeordnet werden. In der Hochschulregion waren von den universitären Bauausgaben im Jahr 2002 insgesamt knapp 32 Arbeitsplätze (davon 28 in Basel-Stadt und 4 in Basel-Landschaft gemäss den Anteilen des räumlichen Verbleibs) abhängig, die meisten davon in den Wirtschaftszweigen Bau- und Immobilienwesen und den unternehmensorientierten Dienstleistungen (Tabelle 5.9).

Tab. 5.9 Einkommens- und Beschäftigungseffekte der Bauausgaben in der Hochschulregion

Wirtschaftszweig	Bauausgaben in Tsd. CHF	Arbeitsplätze[a]
Verarbeitendes Gewerbe	1'776	6.42
Energie- und Wasserversorgung	38	0.00
Bau	2'757	14.74
Handel	7	0.01
Grosshandel	268	0.33
Detailhandel	207	0.69
Gastgewerbe	4	0.06
Verkehr und Nachrichtenübermittlung	12	0.04
Kreditgewerbe	6	0.00
Immobilienwesen und unternehmensorientierte Dienstleistungen	2'478	9.28
Öffentliche Verwaltung	9	0.14
Gesundheits- und Sozialwesen	4	0.17
Sonstige Dienstleistungen	6	0.04
Gesamt	7'533	31.92

[a] zur Berechnung der Arbeitsplätze siehe Kapitel 5.2.1; Datenquelle: Hochbau- und Planungsamt des Kantons Basel-Stadt, 2002; Bundesamt für Statistik, 2001; Eidgenössische Steuerverwaltung, 2001; eigene Berechnung

Tab. 5.10 Indirekte Steuern auf Sach-, Investitions- und Bauausgaben der Universität Basel

Ausgabe- und Steuerart	Ausgaben in Tsd. CHF	Mehrwert-steuersatz	Indirekte Steuern in Tsd. CHF
Umsatzsteuer auf Umsätze der Universität Basel 2002			335
Sachausgaben, davon	60'126		4'274
A) Mehrwertsteuer auf Büchern und Zeitschriften	5'696	2.4%	137
B) Mehrwertsteuer auf restlichen Sachausgaben	54'429	7.6%	4'137
Investitionsausgaben	18'980	7.6%	1'442
Bauausgaben	8'311	7.6%	632
Gesamt	87'417		6'683

Datenquelle: Universität Basel, Ressort Finanzen und Controlling, 2002; eigene Berechnung

5.2.4 Indirekte Steuern auf Sach-, Investitions- und Bauausgaben

Im Haushaltsjahr 2002 wurden von der Universität Basel insgesamt ca. 6,7 Mio. CHF an indirekten Steuern an den Bund bezahlt. Bei den Sachausgaben kamen zwei verschiedene Mehrwertsteuersätze zum Tragen: Der reduzierte Satz von 2,4% wurde auf den Einkauf von Büchern und Zeitschriften, der normale Mehrwertsteuersatz von 7,6% auf alle anderen Waren und Dienstleistungen angewendet (Tabelle 5.10).

5.2.5 Personalausgaben der Universität Basel

Direkte Beschäftigung. Im Zeitraum 2001 bis 2003 nahm die direkte Beschäftigung, also die Zahl der Personen, die direkt an der Universität angestellt waren, vor allem im Bereich des akademischen Personals konstant zu (Abbildung 5.2). Dennoch unterlag die direkte Beschäftigung keinen übermässigen jährlichen Schwankungen, weshalb das Untersuchungsjahr 2002 mit 1'806 Beschäftigten in Vollzeitäquivalenten (Universitäts- und Projektanstellungen) als durchschnittlich und repräsentativ angesehen werden kann.

Räumlicher Verbleib der Konsumausgaben des Universitätspersonals und Berechnung der direkten Steuern. Die Universität Basel zahlte ihren 1'806 Angestellten (in Vollzeitäquivalenten) im Jahr 2002 insgesamt 194 Mio. CHF (2003: 207 Mio. CHF, 2004: 209 Mio. CHF) an Löhnen und Gehältern (UNIVERSITÄT BASEL 2002; UNIVERSITÄT BASEL 2003). In der Personaldatenbank 2002 summierten sich die Beschäftigten jedoch auf 2'927 Vollzeitäquivalente, die

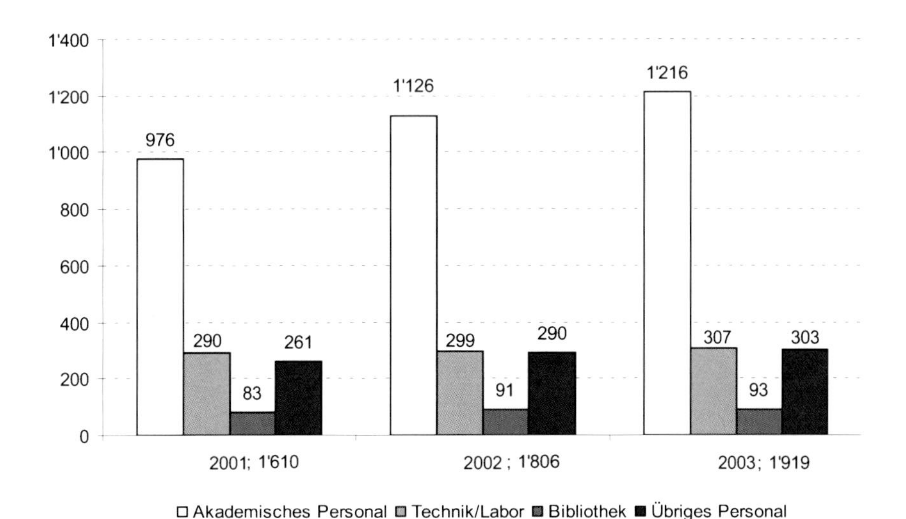

Abb. 5.2 Entwicklung der direkten Beschäftigung an der Universität Basel in Vollzeitäquivalenten. Quelle: Universität Basel 2002, 2003; eigene Darstellung

Bruttolöhne insgesamt lediglich auf 165 Mio. CHF. Die Differenz der Vollzeitäquivalente ist durch die standardmässige Erfassung der Stundenlohn-Empfänger in der Datenbank mit einem Beschäftigungsgrad von 100% zu erklären. Um diese Differenz zu beseitigen, wurden in der folgenden Analyse in einem ersten Schritt die Stundenlohn-Empfänger ausgeschlossen. Da diese in der Datenbank nicht als solche gekennzeichnet waren, wurde angenommen, dass alle Beschäftigten mit einem Beschäftigtengrad von 100% und einem nicht steuerpflichtigen Einkommen, gemessen an den Steuergrenzen im Kanton Basel-Stadt, im Stundenlohn tätig sind (Steuergrenzen 2002 im Kanton Basel-Stadt: 10'400 CHF Tarif A; 14'600 CHF Tarif B).

Der Grund für die Differenz von rund 30 Mio. CHF bei der Summe der Bruttolöhne in der Datenbank im Vergleich zu der im Jahresbericht angegebenen Zahl von 194 Mio. CHF lag hingegen in der Nicht-Berücksichtigung von Drittmittelbeschäftigten in der universitären Datenbank. Deshalb wurde in einem zweiten Schritt das Bruttogehalt des Personals, welches die Grundlage für die Ermittlung der regionalwirtschaftlichen Effekte bildet, regional differenziert dem im Jahresbericht angegebenen Aufwand für Löhne und Gehälter von 194 Mio. CHF entsprechend angepasst. Ebenso wurden die Beschäftigten auf 1'806 Vollzeitäquivalente aufaddiert. Da die Ausgaben der Universität für ihre Beschäftigten nicht wie bei den bereits betrachteten Sach-, Investitions- und Bauausgaben eins zu eins in den Wirtschaftskreislauf fliessen, musste das zu Konsumzwecken verfügbare Einkommen ermittelt werden, welches von den Beschäftigten tatsächlich verausgabt wurde und so zu Einkommens- und Beschäftigungseffekten führte.

Das zu Konsumwecken verfügbare Einkommen des Universitätspersonals wurde in folgenden Schritten ermittelt:

- Abzug der Sozialbeiträge (AHV-, ALV-, NBU- und PK-Prämien) von den gezahlten Bruttolöhnen = Nettolöhne
- Abzug der Einkommenssteuer
  - direkte Bundessteuer
  - Kantons- und Gemeindesteuer
- Abzug des Sparanteils = Einkommen für Konsumzwecke.

Der Abzug der Sozialbeiträge (AHV-, ALV-, NBU- und PK-Prämien) von den Bruttolöhnen der Universitätsbeschäftigten ist in der Personaldatenbank der Universität ausgewiesen. Grundlage der folgenden Berechnungen der Bundes-, Kantons- und Gemeindesteuern ist das steuerbare Einkommen einer Person, welches jedoch wegen fehlender und nicht ermittelbarer zusätzlicher Angaben wie beispielsweise weiterer Einkünfte (beispielsweise aus selbständiger Tätigkeit, Nebenerwerb) oder Abzügen (Kinderabzüge, Krankheit, Unfall, Schuldzinsen etc.) nicht berechnet werden konnte. Aus diesen Gründen und aufgrund der Annahme, dass sich zusätzliche Mehreinkünfte durch etwaige Abzüge kompensieren, wurden die Steuern in dieser Studie auf die Nettolöhne der Universitätsbeschäftigten berechnet. Dies entspricht u.a. der Vorgehensweise von BLUME und FROMM (1999) sowie FISCHER und WILHELM (2001).

Die ermittelte Einkommenssteuer einer Person ergab sich schliesslich aus der Summe der direkten Bundessteuer sowie der Kantons- und Gemeindesteuern. Von einer Berechnung der Kirchensteuer wurde abgesehen, da die Daten des Personals keine Angaben über die Zugehörigkeit zu einer Kirche enthielten. Ebenfalls unbeachtet blieben die in manchen Kantonen erhobene Spitalsteuer sowie die Krankenkassenprämien. Durch diese Nicht-Beachtung der Kirchen- und Spitalsteuer sowie der Krankenkassenprämien fallen die errechneten Konsumausgaben etwas höher aus als in der Realität. Bei der Berechnung der Steuern wurden, wenn möglich, die Steuertarife der Staatshaushalte für das Untersuchungsjahr 2002 verwendet, wobei je nach Zivilstand zwischen zwei Tarifen unterschieden wurde.

In der Analyse wurden die Kategorien ledig, geschieden und getrennt lebend, gemäss der Bezeichnung des kantonalen Steueramtes Basel-Stadt dem Tarif A und die Kategorien verheiratet und verwitwet dem Tarif B zugeordnet, wobei beachtet wurde, dass die Bedeutung von A und B je nach Kanton wechseln kann. Die Einkommenssteuer wurde dann gestaffelt nach der Höhe des Nettoeinkommens berechnet. Aus den zur Verfügung stehenden Personaldaten ist jedoch nicht ersichtlich, ob es sich um eine Person in einem doppel- oder alleinverdienenden Haushalt handelt, weshalb hier keine Unterscheidung vorgenommen werden konnte und für alle der Alleinverdiener-Status angenommen werden musste.

Das Schweizer Steuersystem mit den drei Steuerhoheiten Bund, Kanton und Gemeinde und die damit einhergehende methodische Vielfalt der Steuererhebung beziehungsweise -berechnung erschwerte, v.a. bei der Gemeindesteuer, eine exakte Berechnung der Einkommenssteuer für das Universitätspersonal. Während die direkte Bundessteuer aufgrund der einheitlichen Methode und den für alle Regionen gültigen Steuersätzen relativ exakt berechnet werden konnte, mussten zur Berechnung der Kantons- und Gemeindesteuer weitere verallgemeinernde Annahmen getroffen werden. Die Kantons- und Gemeindesteuern für die Kantone der Hochschulregion Basel-Stadt und Basel-Landschaft sowie für die Kantone Aargau und Solothurn konnten aufgrund exakter Angaben zu den Kantons- und Gemeindesteuertarifen 2002 genau berechnet werden, während für die Steuern der übrigen Kantone ein Mittelwert aus den bereits berechneten Staats- und Gemeindesteuern der vier oben genannten Kantone gebildet wurde.

Im Gegensatz zu der komplexen Berechnung der Einkommenssteuer für die Schweizer Beschäftigten war die Quellensteuer, die von Nicht-Schweizer Beschäftigten bezahlt wurde, in der Datenbank ausgewiesen und konnte gemäss der vereinfachten Annahme, dass 10% vom Bund und 90% vom Kanton Basel-Stadt vereinnahmt wurden, regionalisiert werden. Steuern, die von Beschäftig-

Tab. 5.11 Einnahmen der Staatshaushalte durch direkte Steuern des Universitätspersonals, in Tsd. CHF (Rechnungsjahr 2002)

Staatshaus-halt/Region	Direkte Bundes-steuer	Kantons-steuer[a]	Gemein-desteuer	Quellen-steuer	Gesamt	In Pro-zent
Kanton BS	-	16'554 [c]	382 [d]	4'125	21'060	55.1
Kanton BL	-	3'323 [e]	1'814 [e]	-	5'136	13.5
Kanton AG	-	197 [f]	225 [g]	-	422	1.1
Kanton SO	-	325 [h]	410 [i]	-	736	1.9
Übrige Kantone	-	1'364 [j]	-	-	1'364	3.6
Bund	9'021 [b]	-	-	458	9'479	24.8
Gesamt	9'021	21'763	2'830	4'583	38'197	100.0

[a] Alle Kantone haben unterschiedliche Steuerregime; [b] gemäss den Tarifen der direkten Bundessteuer der Eidgenössischen Steuerverwaltung 2002; [c] gemäss den Steuersätzen der Steuerverwaltung des Kantons Basel-Stadt 2002; [d] für die Universitätsbeschäftigten aus den Landgemeinden Bettingen und Riehen wurde jeweils die Hälfte der Einkommenssteuer dem Kanton Basel-Stadt zugerechnet; in Bettingen wurden vereinfacht 64% auf die Staatssteuer als Gemeindesteuer berechnet, in Riehen wurde die Gemeindesteuer gemäss der Steuertarif-Formel für das Jahr 2002 berechnet (Gemeinde Riehen 2002); [e] gemäss den Steuersätzen der Steuerverwaltung des Kantons Basel-Landschaft 2002; [f] gemäss den Steuertarifen des Kantons Aargau 2002; [g] durchschnittlicher Steuerfuss der Gemeinden im Kanton Aargau 2005; [h] gemäss den Steuertarifen des Kantons Solothurn 2002; [i] durchschnittlicher Steuerfuss der Gemeinden im Kanton Solothurn 2002; [j] aus den Steuerberechnungen der Kantone Basel-Stadt, Basel-Landschaft, Aargau und Solothurn gebildeter Durchschnittswert; Datenquelle: Universität Basel, Ressort Personal, 2002; eigene Berechnung

Tab. 5.12 Universitätsbeschäftigte in Vollzeitäquivalenten, nach Wohnort und für Konsumzwecke verfügbarem Einkommen (Rechnungsjahr 2002)

	Einkommensklassen (Brutto-Haushaltseinkommen, exkl. 13. Monatsgehalt) in CHF						
Wohnort	bis 57'588	57'589 bis 82'788	82'789 bis 107'988	107'989 bis 143'988	über 143'988	Gesamt	In Prozent*
	Universitätsbeschäftigte in Vollzeitäquivalenten						
Hochschulregion gesamt	630	284	215	90	180	1'400	77
Kanton BS	492	198	144	60	119	1'013	56
Kanton BL	138	86	71	30	60	386	21
Kanton AG	19	10	9	2	3	44	2
Kanton SO	25	10	11	1	7	54	3
Übrige Kantone	150	13	11	7	9	190	10
Ausland	10	43	35	17	13	118	7
Gesamt	834	361	281	118	212	1'806	100

*In der Prozentsumme der Tabelle ergibt sich durch Rundung auf Nachkommastellen eine kleinere Abweichung; Datenquelle: Universität Basel, Ressort Personal, 2002; Bundesamt für Statistik, 2004 (Einkommensklassen); eigene Berechnung

ten der Universität im Ausland bezahlt wurden, konnte wegen fehlender Angaben nicht ermittelt werden. Die höchsten Einnahmen (21 Mio. CHF) über direkte Steuern des Universitätspersonals verzeichnete der Kanton Basel-Stadt, vor dem Bund, dem über die direkte Bundessteuer über 9 Mio. CHF zuflossen (Tabelle 5.11).

Weniger Steuereinnahmen (ca. 5 Mio. CHF) wurden vom Kanton Basel-Landschaft eingenommen, was durch die Wohnsitzverteilung des Universitätspersonals zu erklären ist. Von 1'806 Universitätsbeschäftigten in Vollzeitäquivalenten wohnten im Jahr 2002 über die Hälfte (1'013) im Kanton Basel-Stadt und 21% (386) im Kanton Basel-Landschaft. Für die Hochschulregion ergibt sich damit insgesamt eine Regionalquote von 77% (Tabelle 5.12).

Für die weitere Analyse des regionalen und sektoralen Verbleibs der Konsumausgaben wurden die Beschäftigten gemäss der Einteilung der Einkommens- und Verbrauchserhebung des Bundesamtes für Statistik 2002 den Einkommensklassen zugeordnet. Die Einkommensklassen entsprechen dabei den Quintilen des Brutto-Haushaltseinkommens im Jahr 2002 (BUNDESAMT FÜR STATISTIK 2004: 10). Diese Unterteilung ist für die Analyse der sekundären Effekte notwendig, da sich Haushalte nach der Höhe ihres Einkommens bezüglich ihres Ausgabeverhaltens unterscheiden.

Tab. 5.13 Zu Konsumzwecken verwendetes Jahreseinkommen der Universitätsbeschäftigten, nach Wohnort (Rechnungsjahr 2002)

	Einkommensklassen (Brutto-Haushaltseinkommen, exkl. 13. Monatsgehalt) in CHF						
Wohnort	bis 57'588	57'589 bis 82'788	82'789 bis 107'988	107'989 bis 143'988	über 143'988	Gesamt	In Prozent
	Zu Konsumzwecken verfügbares Jahreseinkommen der Universitätsbeschäftigten in Tsd. CHF						
Hochschulregion gesamt	28'315	15'516	13'393	6'766	18'735	82'725	74
Kanton BS	21'393	10'633	8'628	4'323	11'896	56'873	51
Kanton BL	6'922	4'883	4'765	2'444	6'839	25'852	23
Kanton AG	1'080	621	630	165	395	2'891	3
Kanton SO	1'407	619	780	85	858	3'750	3
Übrige Kantone	3'533	990	936	790	1'202	7'452	7
Ausland	5'471	2'959	2'969	1'647	1'931	14'977	13
Gesamt	39'807	20'706	18'709	9'453	23'121	111'796	100

Datenquelle: Universität Basel, Ressort Personal, 2002; Bundesamt für Statistik 2004 (Einkommensklassen); eigene Berechnung

Nach Abzug der Steuern von den Nettolöhnen der Beschäftigten wurde derjenige Anteil, der gespart wird, abgezogen. Nach Angaben des Bundesamtes für Statistik lag der Anteil der Ersparnis (Anteil des verfügbaren Einkommens, der nicht für den letzten Verbrauch verwendet wird) am verfügbaren Brutto-Einkommen (Einkommen nach Abzug der Transferleistungen und Steuern) der privaten Haushalte im Jahr 2002 bei 14,9% (Bundesamt für Statistik 2005). Da dieser Wert nicht differenziert nach Grossregion und Einkommensklasse ausgewiesen wird, musste angenommen werden, dass der gesamtschweizerische Durchschnitt auch für die betrachteten Regionen und für verschiedene Einkommensgruppen gilt. Dabei wird vermutlich die Sparquote für die vier einzeln betrachteten Kantone leicht unterschätzt, da es sich im gesamtschweizerischen Vergleich um eine relativ wohlhabende Region handelt.

Nach Abzug der Ersparnis blieb den Angestellten ein für Konsumzwecke verfügbares Einkommen von über 111 Mio. CHF (Tabelle 5.13). Durch die allgemein etwas geringere Steuerbelastung im Kanton Basel-Landschaft haben die Universitätsbeschäftigten mit Wohnsitz im Kanton Basel-Landschaft im Verhältnis zu jenen mit Wohnsitz im Kanton Basel-Stadt ein höheres zu Konsum-

Tab. 5.14 Ausgaben der Universitätsbeschäftigten, nach Ausgabeart und Wohnort, in Tsd. CHF (Rechnungsjahr 2002)

Ausgabeart	Kanton BS	Kann-ton BL	Kanton AG	Kanton SO	Übrige Kantone	Ausland	Gesamt	In Prozent
Nahrungsmittel und alkoholfreie Getränke	8'218	3'644	425	541	1'097	2'195	16'120	14
Alkoholische Getränke und Tabakwaren	1'154	528	59	77	150	303	2'271	2
Bekleidung und Schuhe	2'604	1'247	130	173	327	675	5'156	5
Wohnen und Energie	17'314	7'646	888	1'136	2'315	4'585	33'885	30
Wohnungseinrichtung und laufende Haushaltsführung	2'473	1'173	124	163	313	645	4'891	4
Gesundheitspflege	4'344	1'889	225	285	585	1'157	8'485	8
Verkehr	5'790	2'755	290	380	740	1'524	11'479	10
Nachrichtenübermittlung	1'742	779	89	114	230	462	3'416	3
Unterhaltung, Erholung und Kultur	5'411	2'557	272	360	688	1'408	10'696	10
Schul- und Ausbildungsgebühren	449	202	22	30	58	111	871	1
Gast- und Beherbergungsstätten	5'360	2'496	268	356	690	1'386	10'555	9
Andere Waren und Dienstleistungen	2'013	937	102	133	258	527	3'970	4
Gesamt	56'873	25'852	2'891	3'750	7'452	14'977	111'796	100
Ausgaben nach dem Ort der Verausgabung in Prozent	51	23	3	3	7	13	100	

Datenquelle: Universität Basel, Ressort Personal, 2002; Bundesamt für Statistik 2004 (Klasseneinteilung); eigene Berechnung

zwecken verfügbares Einkommen. Für die weitere Analyse wurde angenommen, dass sich die innerhalb der Hochschulregion getätigten Ausgaben der Einpendler (beispielsweise durch Ausgaben für Mittagessen, Einkäufe), welche ausserhalb der Region wohnen und innerhalb der Region arbeiten, mit den ausserhalb der Region getätigten Ausgaben der Beschäftigten mit Wohnsitz innerhalb der Region ausgleichen. Es wird unterstellt, dass die Universitätsbeschäftigten 100% ihres zu Konsumzwecken verfügbaren Einkommens auch an ihrem Wohnort ausgeben (u.a. BAUER 1997). Somit floss der grösste Teil der Ausgaben der Universitätsbeschäftigten, nämlich 56,9 Mio. CHF, in den Kanton Basel-Stadt. Im

Kanton Basel-Landschaft wurden hingegen lediglich 25,9 Mio. CHF verausgabt. Die Regionalquote beträgt 74%, das heisst, lediglich 26% der Ausgaben flossen nicht in die Hochschulregion.

Einkommens- und Beschäftigungseffekte durch die Konsumausgaben des Universitätspersonals. Zur Berechnung der sekundären Beschäftigungseffekte und der indirekten Steuern wurden die Ausgaben der Universitätsbeschäftigten nach Ausgabeart berechnet. Basis war ebenfalls die Einkommens- und Verbrauchserhebung des Bundesamtes für Statistik 2002, in welcher die Ausgaben nach Einkommensklassen differenziert einzelnen Ausgabearten zugewiesen werden. Die Klasseneinteilung ist notwendig, da die Höhe der Haushaltseinkommen einen erheblichen Einfluss auf die Ausgabenstruktur hat. So nimmt beispielsweise der Ausgabenanteil für die Ausgabearten Wohnung und Nahrungsmittel mit steigendem Einkommen deutlich ab (BUNDESAMT FÜR STATISTIK 2004). Wie aus Tabelle 5.14 ersichtlich, gaben die Universitätsbeschäftigten im Jahr 2002 den grössten Anteil ihres zu Konsumzwecken zur Verfügung stehenden Einkommens für Wohnen und Energie (30%) aus.

Der zweitgrösste Posten waren die Ausgaben für Nahrungsmittel und alkoholfreie Getränke (16%). Der grösste Teil der Ausgaben der Universitätsbeschäftigten fliesst in den Kanton Basel-Stadt (51%). Im Unterschied zur Berechnung der in der Hochschulregion von den universitären Ausgaben abhängigen Arbeitsplätze (sekundäre Beschäftigungseffekte) durch die Sach-, Investitions-, und Bauausgaben (Kapitel 5.2.1 bis 5.2.3), mussten die verschiedenen Ausgabearten für die Ausgaben der Universitätsbeschäftigten zuerst den entsprechenden Wirtschaftszweigen zugeordnet werden. Bei der Zuordnung einer Ausgabeart zu mehreren Wirtschaftszweigen wurde ein Mittelwert gebildet (Tabelle 5.15).

Multipliziert man die verschiedenen Ausgaben mit den jeweiligen Arbeitsplatzkoeffizienten, waren im Jahr 2002 von den Ausgaben der Universitätsbeschäftigten insgesamt ca. 624,5 Arbeitsplätze abhängig, davon 318 in Basel-Stadt und 145 im Kanton Basel-Landschaft, zusammen 463 in der Hochschulregion; die meisten davon durch Ausgaben für Gast- und Beherbergungsstätten, durch Ausgaben für die Gesundheitspflege (Medikamente, Arztbesuche etc.) sowie durch Ausgaben für Schul- und Ausbildungsgebühren, da die entsprechenden Wirtschaftszweige beschäftigungsintensiv sind (Tabelle 5.16).

Indirekte Steuern durch die Ausgaben des Universitätspersonals. Für die Berechnung der indirekten Steuern auf Ausgaben des Universitätspersonals wurde auf die Ausgabeart Nahrungsmittel und alkoholfreie Getränke sowie die Gesundheitspflege der reduzierte Steuersatz von 2,4% angewendet, da sowohl Ess- und Trinkwaren als auch Medikamente nach der Auflistung der Eidgenössischen Steuerverwaltung diesem reduzierten Satz unterliegen (Eidgenössische Steuerverwaltung, 2005). Anzumerken ist, dass in der Ausgabeart Gesundheitspflege die Krankenkassenbeiträge nicht enthalten sind. Für die Ausgabeart Wohnen und Energie wurde angenommen, dass sich diese zu 90% aus Wohn- und zu

Tab. 5.15 Zuordnung der Ausgabearten zu den Wirtschaftszweigen und Berechnung der Arbeitsplatzkoeffizienten

Ausgabeart	**Wirtschaftszweige**	**Arbeitsplatzkoeffizient** [b]
Nahrungsmittel, alkoholfreie Getränke	Detailhandel mit Nahrungsmitteln, Obst und Gemüse, Fleisch und Fleischwaren, Fisch- und Meeresfrüchte, Brotwaren und Getränke	4.4056E-06
Alkoholische Getränke, Tabakwaren	Detailhandel mit Getränken und Nahrungsmitteln	2.678E-06
Bekleidung und Schuhe	Detailhandel mit Kleidung, Schuhen/Lederwaren, Versandhandel, Reparatur von Schuhen/Lederwaren, Reparatur von Uhren & Schmuck	5.7694E-06
Wohnen und Energie[a]	Energie- und Wasserversorgung	7.666E-07
Wohnungseinrichtung und laufende Haushaltsführung	Detailhandel mit Möbeln und Haushaltsgegenständen, Detailhandel mit elektrischen Haushaltsgeräten und TV, Detailhandel mit Antiquitäten und Gebrauchtwaren, Reparatur von elektrischen Haushaltsgeräten, Reparatur von sonstigen Gebrauchsgütern	5.5913E-06
Gesundheitspflege	Detailhandel mit medizinischen und orthopädischen Produkten, Fachdetailhandel mit pharmazeutischen Produkten, Gesundheits- und Sozialwesen	1.6406E-05
Verkehr	Handel mit Automobilen, Instandhaltung und Reparatur von Automobilen, Handel mit Automobilteilen und Zubehör, Handel mit Motorrädern, Teilen und Zubehör, Verkehr und Nachrichtenübermittlung	1.9143E-06
Nachrichtenübermittlung	Verkehr- und Nachrichtenübermittlung	3.0574E-06
Unterhaltung, Erholung und Kultur	Unterhaltung, Kultur, Sport	6.0826E-06
Schul- und Ausbildungsgebühren	Unterrichtswesen	8.7762E-05
Gast- und Beherbergungsstätten	Hotels, Sonstiges Beherbergungsgewerbe, Restaurants, Tearooms, Bars, Kantinen und Caterer	1.4841E-05
Andere Waren und Dienstleistungen	Detailhandel mit Waren Hauptrichtung Nichtnahrungsmittel, Detailhandel mit Parfümeriewaren/Körperpflegemitteln und Büchern/Papeteriewaren, Abwasserreinigung, Abfallbeseitigung und -entsorgung	4.47094E-06

[a] Mietausgaben, die hier den grössten Anteil ausmachen, können keinem Wirtschaftszweig zugeordnet werden, es wurden lediglich die Ausgaben für Energie analysiert; [b] zur Berechnung der Arbeitsplatzkoeffizienten siehe Kapitel 5.2.1; Datenquellen: Bundesamt für Statistik 2001 (Beschäftigtendaten); Eidgenössische Steuerverwaltung 2001 (Umsatzdaten); eigene Berechnung

Tab. 5.16 Arbeitsplatzerhaltung durch die Ausgaben der Universitätsbeschäftigten, nach Ort (Rechnungjahr 2002)

Ausgabeart	Arbeitsplatz-koeffizient[a]	Kanton Basel-Stadt	Kanton Basel-Land-schaft	Kanton Aargau	Kanton Solo-thurn	Übrige Kantone	Ausland	Gesamt	In Pro-zent*
Nahrungsmittel und alkoholfreie Getränke	4.4056E-06	36.2	16.1	1.9	2.4	9.7	4.8	71.1	11
Alkoholische Getränke und Tabakwaren	2.678E-06	3.1	1.4	0.2	0.2	0.8	0.4	6.1	1
Bekleidung und Schuhe	5.7694E-06	15.0	7.2	0.7	1.0	3.9	1.9	29.8	5
Wohnen und Energie	7.666E-07	1.3	0.6	0.1	0.1	0.4	0.2	2.6	0
Wohnungseinrichtung und laufende Haushaltsführung	5.5913E-06	13.8	6.6	0.7	0.9	3.6	1.8	27.3	4
Gesundheitspflege	1.6406E-05	71.3	31.0	3.7	4.7	19.0	9.6	139.2	22
Verkehr	1.9143E-06	11.1	5.3	0.6	0.7	2.9	1.4	21.9	4
Nachrichtenübermittlung	3.0574E-06	5.3	2.4	0.3	0.4	1.4	0.7	10.5	2
Unterhaltung, Erholung, Kultur	6.0826E-06	32.9	15.5	1.7	2.2	8.6	4.2	65.0	10
Schul- und Ausbildungsgebühren	8.7762E-05	39.4	17.7	1.9	2.6	9.7	5.1	76.5	12
Gast- und Beherbergungsstätten	1.4841E-05	79.5	37.0	4.0	5.3	20.6	10.2	156.6	25
Andere Waren und Dienstleistungen	4.47094E-06	9.0	4.2	0.5	0.6	2.4	1.2	17.8	3
Gesamt	-	318.1	145.0	16.0	21.0	82.9	41.5	624.5	100

* In der Prozentsumme der Tabelle ergibr sich durch Rundung auf Nachkommastellen eine kleinere Abweichung; [a] die Arbeitsplatzkoeffizienten für die Schweiz wurden behelfsmässig auch für das Ausland angenommen; Datenquellen: Bundesamt für Statistik 2001 (Beschäftigtendaten); Eidgenössische Steuerverwaltung 2001 (Umsatzdaten); eigene Berechnungen

Tab. 5.17 Indirekte Steuern durch die Ausgaben der Universitätsbeschäftigten an den Bund (Rechnungsjahr 2002)

Ausgabeart	Ausgaben in der Schweiz in Tsd. CHF	Steuersatz in Prozent	Indirekte Steuern in Tsd. CHF
Nahrungsmittel und alkoholfreie Getränke	13'925	2.4	334
Alkoholische Getränke und Tabakwaren	1'967	7.6	150
Bekleidung und Schuhe	4'482	7.6	341
Wohnen und Energie (auf 10% der Ausgaben für Nebenkosten (Energie))	29'299	7.6	223
Wohnungseinrichtung und laufende Haushaltsführung	4'246	7.6	323
Gesundheitspflege	7'328	2.4	176
Verkehr	9'955	7.6	757
Nachrichtenübermittlung	2'954	7.6	225
Unterhaltung, Erholung und Kultur	9'288	7.6	706
Schul- und Ausbildungsgebühren	761	-	0
Gast- und Beherbergungsstätten	9'170	7.6	697
Andere Waren und Dienstleistungen	3'443	7.6	262
Gesamt	96'819		4'192

Datenquelle: Universität Basel, Ressort Personal, 2002; eigene Berechnung

10% aus Energiekosten zusammensetzt, weshalb lediglich auf die 10% der Energieausgaben die Mehrwertsteuer berechnet wurde. Für alle anderen Kategorien wurde der normale Steuersatz von 7,6% angewendet. Die durch die Ausgaben der Universitätsbeschäftigten ermittelte Mehrwertsteuer summierte sich im Jahr 2002 auf 4,2 Mio. CHF (Tabelle 5.17).

5.2.6
Ausgaben der Studierenden der Universität Basel

Räumlicher Verbleib der studentischen Konsumausgaben. Um die regionalwirtschaftliche Bedeutung der studentischen Konsumausgaben zu ermitteln, waren Angaben zum Wohnort (Daten der Universität Basel, Ressort Studierende, 2002) sowie zum Einkommen und Ausgabeverhalten (Diem 1997: 55 f.) der

Tab. 5.18 Studierende der Universität Basel, nach Wohnort vor und während des Studiums, Wintersemester 2002/2003

Region	Wohnort während des Studiums absolut[a]	Wohnort während des Studiums in Prozent	Wohnort vor Studienbeginn absolut[b]	Wohnort vor Studienbeginn in Prozent	Differenz absolut
Kanton BS	4'164	51.8	1'642	20.4	+2'522
Kanton BL	1'744	21.7	2'106	26.2	-362
Kanton AG	601	7.5	822	10.2	-221
Kanton SO	351	4.4	563	7.0	-212
Übrige Kantone	708	8.8	1'593	19.9	-885
Ausland	470	5.8	1'308	16.3	-838
Gesamt	8'038	100.0	8'034	100.0	-

Datenquellen: [a] Universität Basel, Ressort Studierende, 2002; [b] Jahresbericht der Universität Basel 2002: 42; eigene Berechnung

Studierenden nötig. Ein Vergleich der Wohnorte vor und während des Studiums lässt einen deutlichen Zuzug der Studierenden in den Kanton Basel-Stadt, hauptsächlich aus dem Kanton Basel-Landschaft, den übrigen Kantonen und dem Ausland, erkennen (Tabelle 5.18).

Für die Berechnung der regionalwirtschaftlichen und steuerlichen Effekte durch die Ausgaben der Studierenden der Universität Basel wurde zunächst das durchschnittliche jährliche Einkommen ermittelt, das den Studierenden für deren Lebensunterhalt beziehungsweise für Konsumzwecke zur Verfügung steht und welches durch Verausgabung in den Regionen wirksam wurde. Den Studierenden wurde dabei eine durchschnittliche Konsumquote von 100% unterstellt, das heisst, es gibt keine Kaufkraftversickerung durch Sparen (u.a. Bathelt & Schamp 2002; Bauer 1997; Blume & Fromm 1999). Weiterhin wurde angenommen, dass der für die Schweiz in einer Studie über die soziale Lage der Studierenden erfasste, nach Wohnform differenzierte Einkommenswert bezogen auf das Untersuchungsjahr 1995 (Diem 1997) auch für die Studierenden der Universität Basel gilt. Das unter diesen Annahmen berechnete Gesamteinkommen der Studierenden der Universität Basel betrug im Jahr 2002 unter Berücksichtigung der Teuerung von 5,94% im Zeitraum von 1995 bis 2002 (Bundesamt für Statistik 1995 bis 2002) knapp 167 Mio. CHF, welches unter den getroffenen Annahmen 1:1 den studentischen Konsumausgaben entspricht (Tabelle 5.19). Jedem Studierenden standen demnach im Jahr 2002 durchschnittlich 20'770 CHF zur Verfügung. Der errechnete Wert erscheint realistisch, vergleicht man ihn mit

Tab. 5.19 Studierende der Universität Basel, nach Wohnform und Einkommen, Wintersemester 2002/2003

Wohnform	Studierende nach Wohnform in der Schweiz in Prozent[a)]	Studierende der Universität Basel 2002 nach Wohnform[b)]	Einkommen für den Lebensunterhalt pro Jahr und Studierender in der Schweiz in Tsd. CHF[a)]	Einkommen der Studierenden der Universität Basel 2002 in Tsd. CHF[b)]
Eltern/Verwandte	37	2'974	12.9	38'365
eigener Haushalt, evtl. mit Partner/ Kindern (Mittelwert)	35	2'813	28.3	79'616
Wohngemeinschaft, Studierendenwohnheim, Untermiete (Mittelwert)	28	2'251	17.6	39'611
Gesamt	100	8'038	-	157'593
Gesamt nach Teuerung von 5,94%				166'954

Datenquellen: [a)] nach DIEM 1997; [b)] Universität Basel, Ressort Studierende, 2002; eigene Berechnung.

den durch eine Umfrage ermittelten Einkommenswerten der Studierenden der Universität St. Gallen, wo Studierende vom ersten bis dritten Semester jährlich über 17'724 CHF und Studierende vom fünften bis siebten Semester über 20'520 CHF verfügen (FISCHER & WILHELM 2001; die Werte stammen aus einer Umfrage im Wintersemester 1999/2000).

Ein weiterer Vergleichswert ergibt sich aus der Berechnung der durchschnittlichen studentischen Ausgaben für Miete, Ernährung, Kleidung etc. Legt man die Werte der Sozialberatung der Universität Basel für das Jahr 2003 zugrunde, ergibt sich ein Minimalwert von 19'068 CHF (für Studierende unter 25 Jahren mit geringen Miet- und Ausbildungskosten) und ein Maximalwert von 24'144 CHF (für Studierende über 25 Jahren mit hohen Miet- und Ausbildungskosten) pro Jahr ohne Studiengebühren und Ausbildungskosten (SOZIALBERATUNG DER UNIVERSITÄT BASEL 2003). Das verfügbare Einkommen für Konsumzwecke der Studierenden teilt sich wie in Tabelle 5.20 auf die Wohnorte auf.

Um die Konsumangaben der Studierenden regionalisieren zu können, wurden diese in zwei Kategorien eingeteilt:

- Kategorie 1: Studierende mit Wohnsitz in den Kantonen Basel-Stadt, Basel-Landschaft, Solothurn, Aargau sowie im grenznahen Ausland (das grenz-

Tab. 5.20 Wohnort und Einkommen der Studierenden der Universität Basel, Wintersemester 2002/2003

Region	Studierende nach Wohnort während des Studiums	In Prozent	Jährliches Einkommen der Studierenden nach Wohnort, in Tsd. CHF
Hochschulregion (BS, BL)	5'908	73.5	122'713
Kanton BS	4'164	51.8	86'489
Kanton BL	1'744	21.7	36'224
Kanton AG	601	7.5	12'483
Kanton SO	351	4.4	7'290
Übrige Kantone	708	8.8	14'706
Ausland	470	5.8	9'762
Gesamt	8'038	100.0	166'954

Quelle: Universität Basel, Ressort Studierende, 2002; eigene Berechnung

nahe Ausland umfasst auf deutscher Seite Südbaden bis Freiburg und auf französischer Seite das Südelsass bis Mulhouse; von insgesamt 470 ausländischen Studierenden leben 289, also über die Hälfte, im grenznahen Ausland).

- Kategorie 2: Studierende mit Wohnsitz in den restlichen Kantonen der Schweiz und im restlichen Ausland (ohne Südbaden und Südelsass).

Für Studierende der Kategorie eins wurde angenommen, dass sie jeden Tag nach Hause an ihren Wohnort pendeln und deshalb 80% des Einkommens an ihrem Wohnort, 10% am Studienort Basel-Stadt sowie 5% in den restlichen Kantonen und dem restlichen Ausland (zum Beispiel dem Urlaubsort) ausgeben. Für Studierende der Kategorie zwei wurde angenommen, dass diese 50% ihres Einkommens am Studienort im Kanton Basel-Stadt ausgeben, da sie zumindest während des Semesters am Studienort wohnen müssen. Die restlichen 50% des Einkommens werden nach den Anteilen der Wohnorte auf die restlichen Kantone und das Ausland aufgeteilt. Aufgrund der oben getroffenen Annahmen und der Wohnsitzverteilung wurden im Untersuchungsjahr 2002 93 Mio. CHF von Studierenden der Universität im Kanton Basel-Stadt und 29 Mio. CHF im Kanton Basel-Landschaft verausgabt (Tabelle 5.21), was einer Regionalquote von 73% entspricht.

Einkommens- und Beschäftigungseffekte durch die Konsumausgaben der Studierenden. Zur Berechnung der sekundären Beschäftigungseffekte und der indirekten Steuern wurden die Ausgaben der Studierenden nach Ausgabeart berechnet. Dies geschah mit Hilfe von Angaben der Sozialberatung der Universität Basel 2003, welche die Studien- und Lebenskosten von Studierenden nach der jeweiligen Ausgabeart aus den semesterweise eingehenden Stipendienanträgen

Tab. 5.21 Ausgaben der Studierenden, nach Wohnort, in Tsd. CHF, 2002

Ort der Verausgabung	Ausgaben der Studierenden mit Wohnort BS, BL, AG, SO und dem grenznahen Ausland	Ausgaben der Studierenden mit Wohnort in den restlichen Kantonen und dem restlichen Ausland	Gesamt	In Prozent
Hochschulregion	113'019	9'233	122'252	73
Kanton BS	84'040	9'233	93'272	56
Kanton BL	28'979	-	28'979	17
Kanton AG	9'986	-	9'986	6
Kanton SO	5'832	-	5'832	3
Grenznahes Ausland	4'802	-	4'802	3
Übrige Kantone	7'424	7'353	14'777	9
Übriges Ausland	7'424	1'880	9'304	6
Gesamt	148'489	18'465	166'954	100

Quelle: Universität Basel, Ressort Studierende, 2002; eigene Berechnung

Tab. 5.22 Ausgaben der Studierenden, nach Ausgabeart und Wohnort, in Tsd CHF, 2002

Ausgabeart	Anteil in %[a]	Kanton BS	Kanton BL	Kanton AG	Kanton SO	Übrige Kantone	Ausland	Gesamt
Miete	22	20'520	6'375	2'197	1'283	3'251	3'103	36'730
Verpflegung[b]	30	27'982	8'694	2'996	1'750	4'433	4'232	50'086
Kleider	3	2'798	869	300	175	443	423	5'009
Versicherung, Arzt[c]	14	13'058	4'057	1'398	817	2'069	1'975	23'374
Transport[d]	3	2'798	869	300	175	443	423	5'009
Freizeit, Kultur	8	7'462	2'318	799	467	1'182	1'129	13'356
Diverse Nebenkosten	11	10'260	3'188	1'099	642	1'625	1'552	18'365
Ausbildungskosten[e]	9	8'395	2'608	899	525	1'330	1'270	15'026
Gesamt	100	93'272	28'979	9'986	5'832	14'777	14'106	166'954

[a] Die Anteilswerte wurden aus dem Mittelwert zwischen Maximal- und Minimalausgaben berechnet; [b] enthält ebenfalls den Anteil der auswärtigen Verpflegung in der Mensa der Universität; [c] Durchschnittswert für Studierende unter 25 Jahren; [d] Kosten für den öffentlichen Verkehr; [e] Durchschnittswert für Bücher, Skripte, Kopien, Exkursionen etc., ohne Studiengebühren; Datenquelle: Universität Basel, Sozialberatung, 2003; eigene Berechnung

Tab. 5.23 Arbeitsplatzkoeffizienten der studentischen Ausgaben

Ausgabeart	Wirtschaftsbereich	Arbeitsplatz-koeffizient[b]
Miete[a]	-	-
Verpflegung	Detailhandel Nahrungsmittel, Obst und Gemüse, Fleisch und Fleischwaren, Fisch- und Meeresfrüchte, Brotwaren und Getränke sowie Restaurants und Kantinen	6.0749E-06
Kleider	Detailhandel Kleidung, Schuhe/Lederware, Versandhandel, Reparatur von Schuhen/Lederware, Reparatur von Uhren und Schmuck	5.7694E-06
Versiche-rung, Arzt	Detailhandel medizinische und orthopädische Produkte, Fachdetailhandel pharmazeutische Produkte, Gesundheits- und Sozialwesen	1.64059E-05
Transport	Handel Automobile, Instandhaltung und Reparatur von Automobilen, Handel Automobilteile und Zubehör, Handel mit Motorrädern, -teilen und -zubehör	1.6285E-06
Freizeit, Kultur	Unterhaltung, Kultur, Sport, Bars	1.63981E-05
Diverse Ne-benkosten	Detailhandel Nichtnahrungsmittel, Tabakwaren, Parfümerieware und Körperpflegemittel, Möbel und Haushaltsgegenstände, elektrische Haushaltsgeräte und TV, Abwasserreinigung, Abfallbeseitigung und Entsorgung	3.3930E-06
Ausbildungs-kosten	Detailhandel Bücher und Papeteriewaren	4.5046E10-6

[a] Die Mietausgaben können keinem Wirtschaftszweig zugeordnet werden und es ist fraglich, ob sie überhaupt Beschäftigungseffekte auslösen, weshalb sie in den folgenden Berechnungen keine Berücksichtigung finden; [b] zur Berechnung der Arbeitsplätze siehe Kapitel 5.2.1; Datenquellen: Bundesamt für Statistik 2001 (Beschäftigtendaten); Eidgenössische Steuerverwaltung 2001 (Umsatzdaten); eigene Berechnungen

ermittelt. Anschliessend wurden die verschiedenen Ausgaben den einzelnen Kantonen sowie dem Ausland zugeordnet (Tabelle 5.22). Bei der Ausgabeart Miete wird hierbei kein Unterschied zwischen „Elternwohner" und „Alleinwohner" gemacht, da davon ausgegangen wird, dass kalkulatorische Mietkosten ebenfalls bei den „Elternwohnern" anfallen, beispielsweise durch höhere Mietkosten für eine grössere Wohnung oder für den Anbau beziehungsweise Umbau des Hauses. Die Semestergebühren, welche im Wintersemester 2002/2003 700 CHF pro Studierenden betrugen, werden in dieser Analyse nicht berücksichtigt, da sie nicht in den Wirtschaftskreislauf flossen, sondern der Universität zu Gute kamen.

Zur Ermittlung der durch die Studierendenausgaben in der Region geschaffenen beziehungsweise erhaltenen Arbeitsplätze wurden die jeweiligen Arbeitsplatzkoeffizienten berechnet, welche anschliessend mit den studentischen Ausgaben multipliziert wurden. Hierfür wurden die verschiedenen Ausgabearten, ähnlich wie bei den Ausgaben des Personals, den entsprechenden Wirt-schaftszweigen zugeordnet (Tabelle 5.23).

Tab. 5.24 Arbeitsplatzerhalt durch Studierendenausgaben, nach Ort, 2002

Ausgabeart	Arbeits-platzkoeffi-zient[b]	Kan-ton BS	Kan-ton BL	Kan-ton AG	Kan-ton SO	Übrige Kan-tone	Aus-land[a]	Gesamt
Verpflegung	6.0749E-06	170.0	52.8	18.2	10.6	26.9	25.7	304.3
Kleider	5.7694E-06	16.1	5.0	1.7	1.0	2.6	2.4	28.9
Versiche-rung, Arzt	1.64059E-05	214.2	66.6	22.9	13.4	33.9	32.4	383.5
Transport	1.6285E-06	4.6	1.4	0.5	0.3	0.7	0.7	8.2
Freizeit, Kultur	1.63981E-05	122.4	38.0	13.1	7.7	19.4	18.5	219.0
Diverse Ne-benkosten	3.3930E-06	34.8	10.8	3.7	2.2	5.5	5.3	62.3
Ausbil-dungs-kosten	4.5046E-6	37.6	11.7	4.0	2.4	6.0	5.7	67.3
Gesamt	-	599.7	186.3	64.2	37.5	95.0	90.7	1'073.4

[a] Es werden gleiche Arbeitsplatzkoeffizienten für das Ausland wie für die Schweiz angenommen; [b] zur Berechnung der Arbeitsplätze siehe Kapitel 5.2.1 (Einkommens- und Beschäftigungseffekte); Quellen: Bundesamt für Statistik 2001 (Beschäftigtendaten); Eidgenössische Steuerverwaltung 2001 (Umsatzdaten); Universität Basel, Ressort Studierende; eigene Berechnungen

Tab. 5.25 Indirekte Steuern auf die Ausgaben der Studierenden, 2002

Ausgabeart	Ausgaben in der Schweiz in Tsd. CHF	Steuersatz	Indirekte Steuern in Tsd. CHF
Miete (ohne Nebenkosten)	33'626	-	-
Verpflegung	45'854	2.4	1'101
Kleider	4'585	7.6	348
Versicherung, Arzt	21'399	2.4	514
Transport	4'585	7.6	348
Freizeit, Kultur	12'228	7.6	929
Diverse Nebenkosten	16'813	7.6	1'278
Ausbildungskosten (Bücher, Skripte, Laborkosten etc.)	13'756	2.4	330
Gesamt	152'848	-	4'849

Datenquelle: Eidgenössische Steuerverwaltung 2005; Universität Basel, Ressort Studierende, 2002; eigene Berechnung

Von den Ausgaben der Studierenden der Universität waren im Jahr 2002 im Hochschulkanton Basel-Stadt ca. 600 und im Kanton Basel-Landschaft ca. 186 Arbeitsplätze abhängig, insgesamt also in der Hochschulregion 786 Arbeitsplätze. Den grössten Effekt haben die studentischen Ausgaben im Bereich Versicherung/Arzt, wo am meisten Arbeitsplätze von studentischen Ausgaben abhängig waren (Tabelle 5.24).

Indirekte Steuern auf die Konsumausgaben der Studierenden. Um die indirekten Steuern auf die Konsumausgaben der Studierenden zu berechnen, wurden diese je nach Ausgabeart mit dem jeweiligen Steuersatz (reduzierter Satz oder Normalsatz) multipliziert, wobei auch hier, wie bei den Ausgaben des Personals, nur die im Inland getätigten Ausgaben berücksichtigt wurden. Durch die Ausgaben der Studierenden nahm der Bund im Jahr 2002 4,8 Mio. CHF an indirekten Steuern ein, die meisten davon durch Ausgaben in den Bereichen „diverse Nebenkosten und Verpflegung“ (Tabelle 5.25).

5.3 Multiplikatoranalyse zur Ermittlung der induzierten Einkommensentstehung

Der Einkommensmultiplikator wird in dieser Studie für die Hochschulregion, bestehend aus den Kantonen Basel-Stadt und Basel-Landschaft, berechnet. Zur Berechnung des Multiplikators werden die regionale Konsumquote, die regionale Transferquote sowie die regionale Importquote für die Hochschulregion approximativ berechnet. Aus der vom Bundesamt für Statistik ermittelten durchschnittlichen Sparquote von 14,9% ergibt sich durch Subtraktion eine Konsumquote von 85,1%, wobei angenommen werden muss, dass der gesamtschweizerische Wert auch für die Hochschulregion gilt (Bundesamt für Statistik 2005: 244). Die Transferquote für die Nordwestschweiz von 39,9% entstammt der Einkommens- und Verbrauchserhebung 2002 (Bundesamt für Statistik 2004: 33). Auch hier wurde angenommen, dass diese ebenso für die Hochschulregion gilt.

Die Abschätzung der regionalen Importquote ist mit sekundärstatistischem Datenmaterial schwer möglich und wird hier wie auch in vergleichbaren Studien abgeschätzt (zu einem Vergleich verschiedener Importquoten in Universitätsstudien siehe Bathelt & Schamp 2002: 102 f.). Die regionale Importquote weicht von der nationalen ab. Die nationale Importquote umfasst alle Importe (Produkte) aus dem Ausland. Die regionale Importquote umfasst zusätzlich zu den ausländischen Produkten ebenfalls die Importe aus anderen Regionen beziehungsweise Kantonen der Schweiz und widerspiegelt die Abhängigkeit der regionalen Wirtschaft von aussen. Eine hohe regionale Importquote bedeutet eine hohe Abhängigkeit, eine niedrige dementsprechend eine geringere Abhängigkeit. In der Hochschulstudie der Universität Frankfurt (Bathelt & Schamp 2002) werden beispielsweise zwei verschiedene Szenarien mit zwei verschiedenen Importquoten entwickelt. Für die untere Importquote, welche von einer geringen externen Abhängigkeit der Wirtschaftsregion Frankfurt ausgeht, werden 45% angenommen. Die obere Importquote, welche eine hohe externe Abhängigkeit annimmt, wird auf 70% gesetzt. Schon alleine an dieser grossen Spannweite lässt sich die methodische Unbeholfenheit beziehungsweise das Fehlen von Daten zu einer empirischen Ermittlung der Konsumquote ablesen. Generell geht man davon aus, dass enger abgegrenzte Räume, wie zum Beispiel Stadtgebiete, tendenziell höhere Importquoten aufweisen (LEWIS 1988). Für Berlin wird von der amtlichen Statistik eine regionale Importquote von ca. 70% ausgegeben. Für Hamburg wird aufgrund der Vergleichbarkeit der Regionen deshalb eine Spannweite zwischen 70% und 90% angenommen (PFÄHLER ET AL. 1997).

In der vorliegenden Studie wird für die Hochschulregion Basel eine regionale Importquote von 50% angenommen. Diese Zahl befindet sich am unteren Ende der Skala, welche sich aus einem Vergleich verschiedener Importquoten ergibt. Dadurch wird eine eher geringe externe Abhängigkeit unterstellt. Die Schätzung der regionalen Importquote der Hochschulregion unterliegt dem „Trade off“, einerseits der Stärke und Diversität der Wirtschaft in der Hochschulregion Rechnung zu tragen und andererseits die relativ enge Abgrenzung der Region zu berücksichtigen. Durch die angenommene Importquote werden die entstehenden Effekte ver-mutlich leicht überschätzt.

Aufgrund dieser Annahmen liegt der Einkommensmultiplikator für die Hochschulregion Basel bei 1,27. Das bedeutet, für je 100 Tsd. CHF, die von der Universität Basel in der Hochschulregion verausgabt werden, werden jährlich 127 Tsd. CHF Wertschöpfung in der Hochschulregion Basel generiert. Das heisst allerdings nicht, dass höhere Ausgaben der Universität automatisch zu mehr Wertschöpfung in der Region führen; die Universität ist keine „Wertschöpfungsmaschine“. Das wäre sie nur für den Fall, dass die Ausgaben bei Nichtexistenz der Universität *ceteris paribus* in einer anderen Hochschulregion verausgabt würden.

Multipliziert man das durch die Universität in der Hochschulregion generierte Einkommen von ca. 252 Mio. CHF mit dem berechneten Multiplikator von 1,27, ergibt sich eine zusätzliche Nachfrage von 68 Mio. CHF. Die universitären Ausgaben lösten damit im Jahr 2002 in der Hochschulregion insgesamt eine induzierte Wertschöpfung in der Höhe von 320 Mio. aus. Im Jahr 2002 betrug die nominale Wertschöpfung für die Hochschulregion insgesamt 66’693 Mio. CHF. Das heisst, die Universität Basel trug im Jahr 2002 circa 0.5 Prozent zur regionalen Wertschöpfung bei.

5.4 Zusammenfassung: Einkommens-, Beschäftigungs- und Steuereffekte der Universität Basel

Im Folgenden werden die Ergebnisse der Analyse zu den regionalwirtschaftlichen und steuerlichen Effekten der Universität Basel durch Einkommens- und Beschäftigungseffekte sowie durch den Saldo der Effekte (Kosten abzüglich Steuereinnahmen) für die einzelnen Regionen beziehungsweise Staatshaushalte zusammengefasst dargestellt.

Einkommenseffekte. Von allen Ausgaben, die durch die Universität Basel in Form von Sach-, Investitions- und Bauausgaben sowie durch die Ausgaben der Studierenden und des Universitätspersonals im Jahr 2002 getätigt wurden (insgesamt 366,2 Mio. CHF), verblieben im Durchschnitt rund 69% innerhalb der Hochschulregion (Kanton Basel-Stadt und Basel-Landschaft). Der weitaus grösste Anteil mit über 189 Mio. CHF oder 52% entfiel dabei auf den Kanton Basel-Stadt. Zusätzlich flossen 62,6 Mio. CHF an Unternehmen und Einrichtungen im Kanton Basel-Landschaft, 15,1 Mio. CHF in den Kanton Aargau und 10,4 Mio. CHF in den Kanton Solothurn (Tabelle 5.26). Multipliziert man das durch die Universität in der Hochschulregion generierte Einkommen von ca. 252 Mio. CHF mit dem berechneten Multiplikator von 1,27, ergibt sich eine zu-

Tab. 5.26 Regionalwirtschaftliche Einkommenseffekte durch universitäre Ausgaben nach der 1. Wirkungsrunde, in Tsd. CHF, 2002

Region	Sachausgaben	Investitionsausgaben	Bauausgaben	Ausgaben des Personals	Ausgaben der Studierenden	Einkommenseffekte gesamt	Einkommenseffekte in Prozent
HR gesamt	33'113	6'335	7'533	82'725	122'252	251'958	68.9
Kanton BS	28'580	4'016	6'603	56'873	93'272	189'344	51.8
Kanton BL	4'532	2'319	930	25'852	28'979	62'612	17.1
Kanton AG	1'384	789	99	2'891	9'986	15'149	4.1
Kanton SO	676	132	18	3'750	5'832	10'408	2.8
übrige Kantone	19'536	9'687	661	7'452	14'777	52'113	14.2
Ausland	5'417	2'036		14'977	14'106	36'536	10.0
Gesamt	60'125	18'979	8'311	111'795	166'952	366'162	100.0

Datenquellen: Universität Basel, Ressort Studierende, 2002; Universität Basel, Personal und Dienste, 2002; Hochbau- und Planungsamt des Kantons Basel Stadt, 2002; eigene Berechnung

Tab. 5.27 Sekundäre Beschäftigungseffekte durch universitäre Ausgaben in der Hochschulregion nach der 1. Wirkungsrunde, 2002

Region	Sach-aus-gaben	Investi-tions-ausga-ben	Bau-aus-gaben	Ausga-ben des Perso-nals	Ausga-ben der Studie-renden	Gesamt	In Pro-zent
Hochschul-region gesamt	224.12	20.99	31.92	463.10	786.00	1'526.13	100.00
Kanton BS	193.44	13.31	27.98	318.10	599.70	1'152.53	75.52
Kanton BL	30.68	7.68	3.94	145.00	186.30	373.60	24.48
Beschäftigungseffekte (Voll- und Teilzeit) durch die Ausgaben des Personals und der Studierenden ausserhalb der Hochschulregion							
Kanton AG	k.A.	k.A.	k.A.	16.00	64.20	80.20	nur für Ausga-ben des Perso-nals und der Studie-renden berech-net
Kanton SO	k.A.	k.A.	k.A.	21.00	37.50	58.50	
Übrige Kantone	k.A.	k.A.	k.A.	82.90	95.00	177.90	
Ausland	k.A.	k.A.	k.A.	41.50	90.70	132.20	
Gesamt	224.12	20.99	31.92	624.50	1'073.40	1'974.93	

Datenquellen: Universität Basel, Ressort Studierende, 2002; Universität Basel, Personal und Dienste, 2002; Hochbau- und Planungsamt des Kantons Basel-Stadt, 2002; eigene Berechnung

sätzliche Nachfrage von 68 Mio. CHF. Die universitären Ausgaben lösten damit im Jahr 2002 insgesamt eine induzierte Wertschöpfung in der Höhe von 320 Mio. aus und trugen damit 0,5 Prozent zur regionalen Wertschöpfung bei. Die Berechnung betreffen ein Jahr. Da sich diese Wirkungen in jedem Ausgabejahr errechnen lassen, stellt die Universität einen erheblichen wirtschaftlichen Stabilitätsfaktor für die Region dar.

Beschäftigungseffekte. Zu den 1'806 Beschäftigten in Vollzeitäquivalenten, welche im Jahr 2002 direkt an der Universität Basel beschäftigt waren, wurden über die verschiedenen Ausgabearten nochmals ca. 1'526 Arbeitsplätze (Voll- und Teilzeitarbeitsplätze) in der Hochschulregion geschaffen beziehungsweise erhalten, die meisten davon, nämlich 1'153 im Kanton Basel-Stadt und 374 im Kanton Basel-Landschaft (Tabelle 5.27). Insgesamt sorgte die Universität für eine Beschäftigung von 3'332 Personen, das entspricht 1.1 Prozent der regionalen Beschäftigung im Jahr 2002.

Die Universität Basel trägt durch die Erhöhung des regionalen Einkommens und der Beschäftigungseffekte, ähnlich wie ein privates Wirtschaftsunternehmen, erheblich zum Wohlstand in der Hochschulregion bei.

Tab. 5.28 Saldo der Kosten und Erlöse durch Steuereinnahmen der Universität Basel

Staats-haushalte	Kosten der Staats-haushalte für die Universität Basel	In Pro-zent	Direkte Steu-ern	Indi-rekte Steuern	Steuer-einnah-men gesamt	Saldo (Kosten abzüg-lich Steuer-einnah-men)	Anteil der Steuer einnah-men an den Kosten in Prozent
Kanton BS	104'873	36.1	21'060	-	21'060	83'813	20
Kanton BL	80'406	27.7	5'136	-	5'136	75'270	6
Kanton AG	7'159	2.5	422	-	422	6'737	6
Kanton SO	5'149	1.8	736	-	736	4'413	14
Übrige Kantone	14'414	5.0	1'364	-	1'364	13'050	9
Bund	77'250	26.6	9'479	15'724	25'203	52'047	33
Ausland	1'456	0.5					
Gesamt	290'706	100.0	38'197	15'724	53'921	235'252	Durch-schnitt: 19

Datenquellen: Universität Basel, Ressort Studierende, 2002; Universität Basel, Personal und Dienste, 2002; Hochbau- und Planungsamt des Kantons Basel-Stadt, 2002; Steuerverwaltungen der Kantone und des Bundes, 2002; eigene Berechnung

Steuereffekte. Die höchsten Einnahmen (ca. 21 Mio. CHF) an direkten und indirekten Steuern durch die Universität Basel kamen im Rechnungsjahr 2002 dem Kanton Basel-Stadt zugute (Tabelle 5.28). Der Kanton Basel-Landschaft nahm 5,1 Mio. CHF ein, der Bund ca. 10 Mio. CHF. Damit konnte der Kanton Basel-Stadt 20% seiner Kosten für die Universität Basel duch Steuereinnahmen decken, der Kanton Basel-Landschaft 6% und der Bund 33%.

Auf der Basis der Analyse der Einkommens-, Beschäftigungs- und Steuereffekte kann festgehalten werden, dass die staatlichen Haushalte grosse finanzielle Beträge in die Universität investieren, was nur teilweise durch Steuereinnahmen kompensiert werden kann. Die meisten Effekte werden in der Hochschulregion wirksam, der grösste Teil davon im Kanton Basel-Stadt. Weiterhin sorgen die staatlichen Ausgaben für erhebliche positive wirtschaftliche Effekte in der Hochschulregion in Form von Einkommens- und Beschäftigungseffekten und tragen dadurch in einem hohen Masse zur Wertschöpfung innerhalb der Region sowie zur Sicherung der Beschäftigung bei.

6 Die Leistungserstellung der Fachhochschule beider Basel: Einkommens-, Beschäftigungs- und Steuereffekte

Kapitel 6 ist analog zu Kapitel 5 gegliedert. Auch hier werden in drei inhaltlichen Schritten zunächst die Kosten ermittelt, welche bei den Staatshaushalten durch die Existenz der Fachhhochschule beider Basel (FHBB) entstehen. Ein schematischer Überblick der Analyse wird in Abb. 6.1 dargestellt. Anschliessend werden die Sach- und Investitionsausgaben sowie die Ausgaben der Beschäftigten und der Studierenden der FHBB nach ihrem räumlichen und sektoralen Verbleib analysiert, um die direkten und indirekten Einkommens- und Beschäftigungseffekte in den einzelnen Regionen sowie die steuerlichen Einnahmen der Staatshaushalte abzuschätzen (Kapitel 6.2.1 bis 6.2.5). Im Anschluss erfolgen die Ermittlung des Multiplikators und die induzierten regionalwirtschaftlichen Effekte über unendlich viele Wirkungsrunden (Kapitel 6.3). Zur Ermittlung der Einkommens-, Beschäftigungs- und Steuereffekte der Fachhochschule beider Basel stellen sich die zu beantwortenden Fragen wie folgt:

- In welcher Ausgabenkategorie wird wie viel durch die Fachhochschule verausgabt?
- In welche Regionen fliessen die Ausgaben?
- Wie viele Personen sind direkt an der Fachhochschule beschäftigt?
- Wo entstehen direkte Einkommenseffekte durch die Lohnzahlungen an das Personal der Fachhochschule?
- In welchen Regionen und in welchen Wirtschaftszweigen sorgen die Ausgaben der Fachhochschule für indirekte Einkommens- und Beschäftigungseffekte?
- In welcher Höhe entstehen bei den verschiedenen Staatshaushalten direkte und indirekte Steuereinnahmen durch die Fachhochschule?

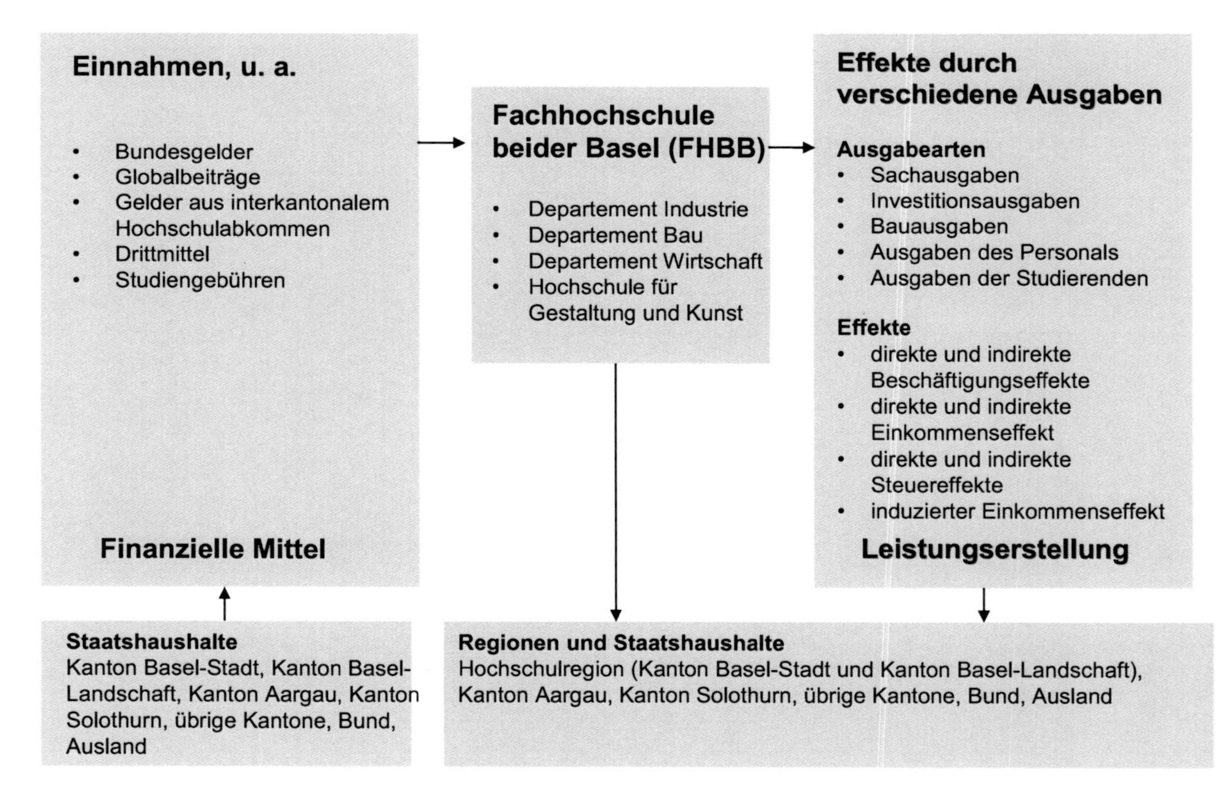

Abb. 6.1 Schematische Darstellung der Analyse der Einkommens-, Beschäftigungs- und Steuereffekte der FHBB. Quelle: eigene Darstellung

6.1 Kosten der Staatshaushalte für die Fachhochschule beider Basel

Seit 1999 sind die Ausgaben der Staatshaushalte in Form von Bundes- und Kantonsbeiträgen für die FHBB kontinuierlich gestiegen (Abbildung 6.2). Dies liegt zum einen daran, dass ab 2002 die Hochschule für Gestaltung und Kunst in die FHBB integriert wurde und ab 2003 die Kosten der Trägerkantone für unentgeltliche Leistungen kalkuliert wurden. Zum anderen zeigen die gestiegenen Beiträge die wachsende Bedeutung der Leistungen der Hochschule für Wirtschaft und Gesellschaft in Form der Ausbildung von Absolventen sowie von Forschung und Entwicklung.

Die FHBB kostete die Staatshaushalte im Rechnungsjahr 2002 insgesamt ca. 57,9 Mio. CHF, wobei der Kanton Basel-Landschaft mit einem Globalbeitrag von 24,8 Mio. CHF (42,8%) den grössten Teil der Kosten trug. Zweitgrösster Geldgeber war der Bund, der sich mit 15,8 Mio. CHF an den Kosten beteiligt, noch vor dem zweiten Trägerkanton Kanton Basel-Stadt, welcher im Jahr 2002 10,5 Mio. CHF bezahlte (Tabelle 6.1). Nicht in die Analyse eingeschlossen wurden externe Kosten, welche eventuell durch die FHBB zusätzlich entstehen und die nicht präzise erfasst werden können.

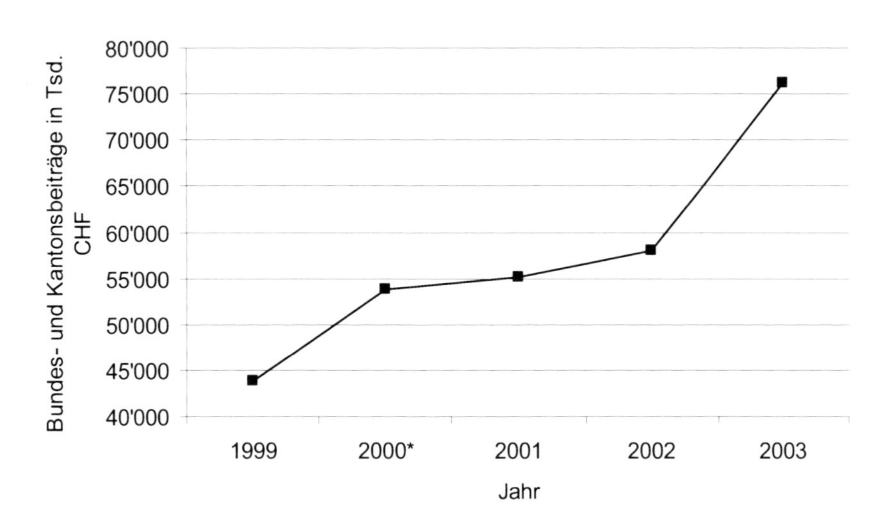

Abb. 6.2 Entwicklung der Bundes- und Kantonsbeiträge der FHBB 1999 bis 2003. Quellen: Jahresberichte der FHBB 2002 und 2003; *ab dem Jahr 2000 inkl. Hochschule für Gestaltung und Kunst; für 2003 inkl. kalkulierte Kosten für unentgeltliche Leistungen der Trägerkantone

Tab. 6.1 Kosten der Staatshaushalte für die FHBB, 2002

Staatshaushalte	**Kosten in Tsd. CHF**	**In Prozent**
Globalbeitrag Kanton Basel-Landschaft	24'796	42.80
Bundesbeiträge (davon Forschungsgelder)	15'772 (2'458)	27.22
Globalbeitrag Kanton Basel-Stadt	10'498	18.12
Kanton Aargau	2'949	5.09
Kanton Solothurn	1'800	3.11
Übrige Kantone	2'121	3.66
Ausland	-	-
Gesamt	57'936	100.00

Quellen: Jahresbericht der FHBB, 2002: 49; FHBB, Abteilung Personal 2002 (Schulgelder der Kantone Aargau, Solothurn und der übrigen Kantone)

Die Beiträge der Kantone Aargau und Solothurn sowie der restlichen Kantone wurden grundlegend durch die Interkantonale Fachhochschulvereinbarung (FHV) für die Jahre 1999 bis 2005 bestimmt. Ähnlich wie die Interkantonale Universitätsvereinbarung (IUV) im universitären Bereich regelt die FHV die „Abgeltung, welche die Wohnsitzkantone der Studierenden den Trägern der Fachhochschulen leisten" und den interkantonalen Zugang zur Hochschule (FHV für die Jahre 1999 bis 2005 vom 4. Juni 1998). In den Ausgleichszahlungen, die einen Kostendeckungsgrad von 75% gewährleisten, werden jedoch die Infrastrukturkosten nicht berücksichtigt. Diese werden zum Teil durch das Regionale Schulabkommen (RSA) der Nordwestschweizerischen Erziehungsdirektorenkonferenz abgegolten, welches seit 2000 besteht. Die Abkommenskantone Basel-Landschaft, Basel-Stadt, Aargau, Bern, Freiburg, Luzern, Solothurn und Zürich beteiligen sich dadurch zusätzlich zu den Ausgleichszahlungen pro Student mit 20% an den Infrastrukturkosten der Trägerkantone, die durch die Hochschulen entstehen. Für die Trägerkantone Basel-Landschaft und Basel-Stadt der FHBB bedeuten die FHV und das RSA den Erhalt von Ausgleichszahlungen. Diese kommen in der Regel wiederum eins zu eins der FHBB zugute, wobei über dem Budget liegende Überschüsse der Trägerschaft am Jahresende zurücker-stattet werden. Die beiden Trägerkantone sind jedoch ihrerseits auch zu eben solchen Ausgleichszahlungen gegenüber anderen Kantonen verpflichtet, in denen BaselbieterInnen oder Basel-StädterInnen an Fachhochschulen studieren.

6.2 Regionalwirtschaftliche und steuerliche Effekte durch die Ausgaben der FHBB

Im Folgenden werden analog zu den Analysen der Universität Basel für die FHBB die Sach-, Investitions- und Bauausgaben sowie die Ausgaben des Personals und der Studierenden nach ihrem räumlichen und sektoralen Verbleib analysiert, um die Einkommens- und Beschäftigungseffekte in den einzelnen Regionen sowie die steuerlichen Einnahmen der Staatshaushalte abzuschätzen.

6.2.1 Sachausgaben der FHBB

Die Sachausgaben aus der Kreditorendatenbank der FHBB summieren sich nach der Bereinigung um interne Buchungen auf insgesamt 16,7 Mio. CHF (Tabelle 6.2).

Tab. 6.2 Sachausgaben der FHBB nach Konten, 2002

Konto	Bezeichnung	Sachausgaben in Tsd. CHF	In Prozent*
30	Personalaufwand	2'464	14.8
31	Sachaufwand	13'517	81.1
310	Verbrauchsmaterial	2'572	15.4
311	Mobilien, Maschinen, Fahrzeuge (Buchungen unter 100 Tsd. CHF)	361	2.2
312	Wasser, Energie, Heizmaterial	740	4.4
313	Wasch- und Reinigungsmaterial	67	0.4
314	Baulicher Unterhalt	1'829	11.0
315	Übriger Unterhalt	582	3.5
316	Mieten/Leasing/Nutzungsgebühren	3'530	21.2
317	Spesen	1'079	6.5
318	Dienstleistungen von Dritten	2'723	16.3
319	Übriger Sachaufwand	33	0.2
36	Beiträge	440	2.6
37	Aufwand für Dritte	235	1.4
Gesamt		16'655	100.0

* In der Prozentsumme der Tabelle ergibt sich durch Rundung auf Nachkommastellen eine kleinere Abweichung. Quelle: FHBB, Abteilung Finanzen und Controlling, 2002; eigene Berechnung

Tab. 6.3 Räumlicher Verbleib der Sachausgaben der FHBB

Region	Sachausgaben in Tsd. CHF	Sachausgaben in Prozent
Hochschulregion	10'620	63.77
Kanton Basel-Landschaft	3'414	20.50
Kanton Basel-Stadt	7'206	43.27
Kanton Zürich	2'119	12.72
Kanton Aargau	877	5.27
Kanton Bern	591	3.55
Kanton Solothurn	348	2.09
Übrige Kantone	1'378	8.27
Ausland	722	4.33
Gesamt	16'654	100.00

Quelle: FHBB, Abteilung Finanzen und Controlling, 2002; eigene Berechnung

Räumlicher Verbleib. Von den im Rechnungsjahr 2002 verausgabten ca. 16,7 Mio. CHF Sachausgaben verblieben 15,9 Mio. CHF in der Schweiz, was einer Verbleibsquote von 95,7 % entspricht. Die restlichen 4,3% (ca. 722 Tsd. CHF) wurden als Importe vom Ausland bezogen, wobei der grösste Teil (438 Tsd. CHF; 60,7% der Importe) auf Deutschland entfiel. Von den insgesamt ca. 16,7 Mio. CHF Sachausgaben, welche in der Schweiz getätigt wurden, verblieben ca. 10,6 Mio. CHF in der Hochschulregion, was einer Verbleibsquote von 63,8% entspricht. Innerhalb der Hochschulregion entfielen 3,4 Mio. CHF auf den Kanton Basel-Landschaft und 7,2 Mio. CHF auf den Kanton Basel-Stadt. Deutlich spürbar ist wie zuvor bei den Sachausgaben der Universität Basel auch hier die Nähe des Wirtschaftsraumes Zürich, der Sachausgaben der FHBB in Höhe von 2,1 Mio. CHF (13%) verbuchen kann (Tabelle 6.3).

Einkommens- und Beschäftigungseffekte. Um die Einkommenseffekte in den einzelnen Wirtschaftszweigen innerhalb der Hochschulregion (Kanton Basel-Stadt und Kanton Basel-Landschaft) zu ermitteln, wurden ebenso wie bei der Universität Basel diejenigen Zahlungsempfänger einzelnen Wirtschaftszweigen zugeordnet, an welche die 10,6 Mio. CHF Sachausgaben der FHBB flossen. Insgesamt wurden ca. 600 Unternehmen und Organisationen auf ihre Zugehörigkeit zu einem Wirtschaftszweig analysiert. Die durch die Sachausgaben der FHBB zusätzlich in der Region entstehenden beziehungsweise gesicherten Arbeitsplätze wurden mittels Arbeitsplatzkoeffizienten (zur Berechnung siehe Kapitel 5.2.1) für die einzelnen Wirtschaftszweige berechnet. In der Hochschulregion wurden durch die Sachausgaben im Jahr 2002 insgesamt ca. 74,8 Arbeitsplätze geschaffen beziehungsweise erhalten, die meisten davon in den Dienstleistungen (Tabelle 6.4).

Tab. 6.4 Einkommens- und sekundäre Beschäftigungseffekte durch die Sachausgaben der FHBB in der Hochschulregion

Wirtschaftszweig	Sachausgaben in Tsd. CHF	Arbeitsplätze[a]
Landwirtschaft, Fischerei	10	0.27
Verarbeitendes Gewerbe	1'844	6.87
Energie- und Wasserversorgung	534	0.41
Bau	1'103	6.04
Handel	20	0.03
Grosshandel	1'193	0.90
Detailhandel	418	1.55
Gastgewerbe	207	2.85
Verkehr- und Nachrichtenübermittlung	230	0.70
Kreditgewerbe	366	0.22
Immobilienwesen und unternehmensorientierte Dienstleistungen	2'682	9.08
Öffentliche Verwaltung	400	6.58
Erziehung und Unterricht	344	30.22
Gesundheit- und Sozialwesen	35	1.52
Sonstige Dienstleistungen	1'235	7.51
Gesamt	10'620	74.75

[a] Zur Berechnung der Arbeitsplätze siehe Kapitel 5.2.1; Quelle: Eidgenössische Steuerverwaltung, 2001 (Umsatzdaten); Bundesamt für Statistik, 2001 (Beschäftigungsdaten); FHBB, Abteilung Finanzen und Controlling, 2002; eigene Berechnung

Innerhalb der Dienstleistungen wurden 30,2 Arbeitsplätze im Bereich Erziehung und Unterricht geschaffen beziehungsweise erhalten, was durch extern vergebene, personalintensive Lehr- oder Beratungsaufträge erklärt werden kann. Höhere Ausgabensummen in anderen Sektoren (Immobilienwesen und unternehmensorientierte Dienstleistungen, Verarbeitendes Gewerbe, Grosshandel oder sonstige Dienstleistungen) führen demgegenüber in der Relation zu weniger Arbeitsplätzen. Teilt man die so ermittelten Arbeitsplätze gemäss den Anteilen des räumlichen Verbleibs der Sachausgaben auf die Kantone Basel-Landschaft und Basel-Stadt auf, entfallen 50,7 Arbeitsplätze auf den Kanton Basel-Landschaft und 24 auf den Kanton Basel-Stadt.

6.2.2 Investitionsausgaben der FHBB

Die Investitionsausgaben der FHBB umfassen alle Ausgaben des Kontos 311 (Mobilien, Maschinen und Fahrzeuge) des Kontenplans, die einen Betrag von

Tab. 6.5 Investitionsausgaben der FHBB nach Konten, 2002

Konto	Bezeichnung	Investitions-ausgaben in Tsd. CHF	In Prozent
31110	Anschaffung/Miete/Leasing: Mobiliar	267	5.5
31111	Anschaffungen/Miete Mobiliar/ Administration	159	3.3
31150	Anschaffung/Miete/Leasing: Maschinen/ Fahrzeuge	1'635	33.8
31151	Anschaffungen/Miete Maschinen/ Fahrzeuge/Administration	57	1.2
31180	Anschaffung/Miete/Leasing: EDV HW + SW	1'961	40.6
31181	EDV-Anschaffungen/Miete/ Administration	580	12.0
31190	Anschaffungen/Leasing/Mieten Bauten (Schule)	65	1.4
31191	Anschaffungen/Leasing/Mieten Bauten (Administration)	107	2.2
Gesamt		4'831	100.0

Quelle: FHBB, Abteilung Finanzen und Controlling, 2002; eigene Berechnung

1000 CHF übersteigen. Beträge unter 1000 CHF des gleichen Kontos werden, analog zur Vorgehensweise bei der Berechnung der Investitionsausgaben der Universität Basel, den Sachausgaben zugerechnet (Tabelle 6.5).

Räumlicher Verbleib. Von den im Rechnungsjahr 2002 verausgabten ca. 4,8 Mio. CHF für Investitionen verblieben 4,4 Mio. CHF in der Schweiz, was einer Verbleibsquote von 92% entspricht. Die restlichen 8% (ca. 385 Tsd. CHF) wurden als Importe vom Ausland bezogen, wobei 77% aus Deutschland, 8% aus Österreich und 7% aus den USA importiert wurden.

Von den insgesamt 4,8 Mio. CHF Investitionsausgaben, die innerhalb der Schweiz getätigt wurden, verblieben knapp 985 Tsd. CHF im Kanton Basel-Landschaft, was einer Verbleibsquote von 20,4% entspricht. Zusammen mit dem Kanton Basel-Stadt, in welchem im Jahre 2002 973 Tsd. CHF verausgabt wurden, erhöht sich die Regionalquote auf 40% und liegt damit deutlich unter der regionalen Verbleibsquote der Sachausgaben, was sich durch den höheren Spezialisierungsgrad der Investitionsausgaben erklären lasst. Noch deutlicher wie bei den Sachausgaben fällt hier die Nähe des Wirtschaftsraumes Zürichs ins Gewicht, in den mit 701 Tsd. CHF 14,5% der Investitionsausgaben flossen (Tabelle 6.6).

Einkommens- und Beschäftigungseffekt. In der Hochschulregion wurden gemäss den Anteilen des räumlichen Verbleibs der Investitionsausgaben im Jahr

Tab. 6.6 Räumlicher Verbleib der Investitionsausgaben der FHBB (Rechnungsjahr 2002)

Kanton	Investitionsausgaben in Tsd. CHF	Investitionsausgaben in Prozent*
Hochschulregion	1'958	40.53
Kanton Basel-Landschaft	985	20.39
Kanton Basel-Stadt	973	20.14
Kanton Zürich	701	14.50
Kanton Aargau	508	10.51
Kanton Zug	377	7.81
Kanton Solothurn	46	0.96
Restliche Schweiz	857	17.73
Ausland	385	7.97
Gesamt	4'831	100.00

* In der Prozentsumme der Tabelle ergibt sich durch Rundung auf Nachkommastellen eine kleinere Abweichung; Quelle: FHBB, Abteilung Finanzen und Controlling, 2002; eigene Berechnung

Tab. 6.7 Einkommens- und Beschäftigungseffekte der Investitionsausgaben der FHBB in der Hochschulregion

Wirtschaftszweig	Investitionsausgaben in Tsd. CHF	Arbeitsplätze[a]
Verarbeitendes Gewerbe	550'477	1.99
Bau	98'962	0.48
Grosshandel	201'434	0.18
Detailhandel	169'033	0.59
Verkehr- und Nachrichtenübermittlung	1'519	0.00
Kreditgewerbe	506	0.00
Immobilienwesen und unternehmens-orientierte Dienstleistungen	892'278	3.40
Erziehung und Unterricht	3'314	0.29
Sonstige Dienstleistungen	33'622	0.20
Gesamt	1'957'849	7.16

[a] Zur Berechnung der Arbeitsplätze siehe Kapitel 5.2.1 (Einkommens- und Beschäftigungseffekte); Datenquelle: Eidgenössische Steuerverwaltung, 2001 (Umsatzdaten); Bundesamt für Statistik, 2001 (Beschäftigungsdaten); FHBB, Abteilung Finanzen und Controlling, 2002; eigene Berechnung

2002 insgesamt 7,2 Arbeitsplätze geschaffen beziehungsweise erhalten (Tabelle 6.7), davon jeweils die Hälfte im Kanton Basel-Landschaft und im Kanton Basel-Stadt.

6.2.3 Indirekte Steuern auf die Sach- und Investitionsausgaben der FHBB

Im Haushaltsjahr 2002 wurden von der FHBB insgesamt 3,1 Mio. CHF an indirekten Steuern an den Bund bezahlt, davon 91,3% Mehrwertsteuer auf die Sach- und Investitionsausgaben und 8,7% Umsatzsteuer auf die Einnahmen der FHBB (Tabelle 6.8). Zur Berechnung der Mehrwertsteuer wurde vereinfacht zwischen den Ausgaben für Bücher und Zeitschriften (Steuersatz: 2,4%) und den restlichen Ausgaben (Steuersatz: 7,6%) unterschieden, da die Ausgaben der FHBB für Nahrungsmittel, Medikamente etc., welche ebenfalls einem geringeren Steuersatz unterliegen, nahezu Null betrugen.

6.2.4 Personalausgaben der FHBB

Direkte Beschäftigung. Im Jahr 2002 waren an der FHBB insgesamt 519 Personen direkt beschäftigt. Diese entsprechen 315 Vollzeitäquivalenten, welchen 38,7 Mio. CHF an Bruttolöhnen bezahlt wurden (Tabelle 6.9).

Tab. 6.8 Indirekte Steuern auf Sach- und Investitionsausgaben der FHBB (Rechnungsjahr 2002)

Steuerart	Ausgaben in Tsd. CHF	Mehrwertsteuersatz in Prozent	Steuer in Tsd. CHF	Steuer in Prozent
Umsatzsteuer 1.-4. Quartal 2002	-	-	274	8,7
Mehrwertsteuer auf Bücher und Zeitschriften (Sachausgaben)	287	2.4	7	
Mehrwertsteuer auf restliche Sachausgaben	16'368	7.6	2'495	91,3
Mehrwertsteuer auf Investitionsausgaben	4'831	7.6	367	
Gesamt	21'487		3'143	100.0

Quelle: FHBB, Abteilung Finanzen und Controlling, 2002; eigene Berechnung

Tab. 6.9 Beschäftigte der FHBB, 2002

Direkt an der FHBB Beschäftigte	Vollzeitäquivalente	Personalausgaben: Bruttolöhne in Tsd. CHF
519	315	38'708

Datenquelle: Erziehungsdepartement Basel-Landschaft, 2002; eigene Berechnung

Die Entwicklung der direkten Beschäftigung der FHBB in den Jahren 2001 bis 2003 unterliegt keinen grossen jährlichen Schwankungen. Das Untersuchungsjahr 2002 kann somit in Bezug auf die Beschäftigung als durchschnittlich und repräsentativ betrachtet werden. Zu den Beschäftigten zählen Dozierende (haupt- und nebenamtlich), Assistenten, wissenschaftliche Mitarbeiter, sonstige Angestellte sowie das Reinigungspersonal (Abbildung 6.3).

Räumlicher Verbleib der Konsumausgaben der Beschäftigten der FHBB und Berechnung der direkten Steuern. Da die Personalausgaben der FHBB nicht wie die bereits betrachteten Sach- und Investitionsausgaben 1:1 in den Wirtschaftskreislauf gelangen, wurde das zu Konsumzwecken verfügbare Einkommen abgeschätzt, welches von den Beschäftigten tatsächlich verausgabt wurde und zu Einkommens- und Beschäftigungseffekten führte. Das zu Konsumzwecken verfügbare Einkommen sowie die direkten Steuern des Personals wurden dabei analog zu jenen der Universitätsbeschäftigten in Kapitel 5.2.5 ermittelt. Auch hier waren die Sozialbeiträge (AHV-, ALV-, NBU- und PK-Prämien) jedes Angestellten in der Personaldatenbank der FHBB ausgewiesen und wurden von den Bruttolöhnen abgezogen. Die höchsten Einnahmen mit 2,41 Mio. CHF über die direkten Steuern der Beschäftigten der FHBB verzeichnete im Jahr 2002 der Bund, gefolgt vom Kanton Basel-Landschaft, der 2,38 Mio. CHF einnahm. Dem Kanton Basel-Stadt kamen 2,1 Mio. CHF an direkten Steuereinnahmen zu (Tabelle 6.10).

Von den 315 Beschäftigten der FHBB in Vollzeitäquivalenten wohnten im Jahr 2002 123, also über die Hälfte, im Kanton Basel-Landschaft und 100 im Kanton Basel-Stadt. Für die Hochschulregion ergibt sich damit eine Regionalquote von 71% (Tabelle 6.11). Für die weitere Analyse des regionalen und sektoralen

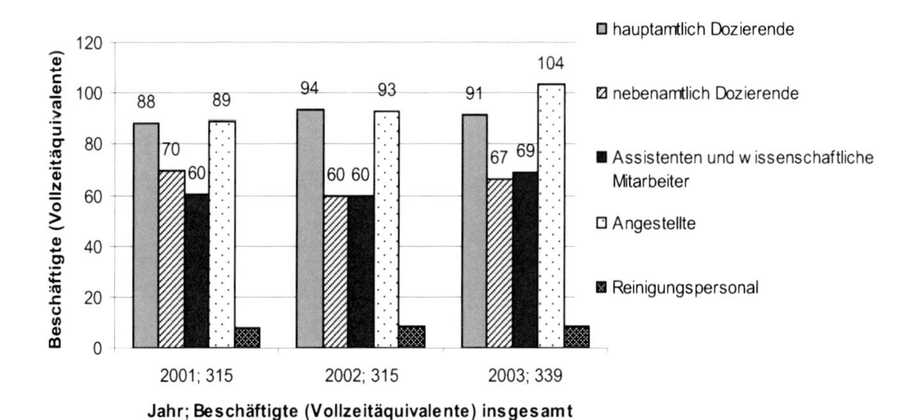

Abb. 6.3 Direkte Beschäftigung der FHBB in Vollzeitäquivalenten 2001 bis 2003. Datenquelle: Erziehungsdepartement Basel-Landschaft, 2002; eigene Berechnung

Tab. 6.10 Einnahmen der Staatshaushalte durch direkte Steuern des Personals der FHBB, in Tsd. CHF, 2002

Staats-haus-halte	Steuer-tarife: Berech-nungs-jahr	Direkte Bundes-steuer	Kan-tons-steuer[a]	Ge-meinde-steuer	Quel-len-steuer	Ge-samt	In Pro-zent
Kanton BL	2002	-	1.314[e]	788	280	2.382	30.8
Kanton BS	1999-2002	-	2.024[c]	92[d]	-	2.116	27.3
Kanton AG	2002	-	180[f]	108[g]	-	288	3.7
Kanton SO	2002	-	170[h]	102[i]	-	272	3.5
Übrige Kan-tone	2002/2003	-	166	109[j]	-	275	3.6
Bund	2002	2.381[b]	-	-	31	2.412	31.1
Gesamt		2.381	3.855	1.190	311	7.745	100.0

[a] Alle Kantone haben unterschiedliche Steuerregime; [b] gemäss den Tarifen der direkten Bundessteuer der Eidgenössischen Steuerverwaltung 2002; [c] gemäss den Steuersätzen der Steuerverwaltung des Kantons Basel-Stadt 2002; [d] für die Universitätsbeschäftigten aus den Landgemeinden Bettingen und Riehen wurde jeweils die Hälfte der Einkommenssteuer dem Kanton Basel-Stadt zugerechnet; in Bettingen wurden vereinfacht 64% auf die Staatssteuer als Gemeindesteuer berechnet, in Riehen wurde die Gemeindesteuer gemäss der Steuertarif-Formel für das Jahr 2002 berechnet (Gemeinde Riehen, 2002); [e] gemäss den Steuersätzen der Steuerverwaltung des Kantons Basel-Landschaft 2002; [f] gemäss den Steuertarifen des Kantons Aargau 2002; [g] durchschnittlicher Steuerfuss der Gemeinden im Kanton Aargau 2005; [h] gemäss den Steuertarifen des Kantons Solothurn 2002; [i] durchschnittlicher Steuerfuss der Gemeinden im Kanton Solothurn 2002; [j] aus den Steuerberechnungen der Kantone Basel-Stadt, Basel-Landschaft, Aargau und Solothurn gebildeter Durchschnittswert; Quelle: FHBB, Abteilung Finanzen und Controlling, 2002; eigene Berechnung

Verbleibs der Konsumausgaben wurden die Beschäftigten gemäss der Einteilung der Einkommens- und Verbrauchserhebung des Bundesamtes für Statistik 2002 verschiedenen Einkommensklassen zugeordnet. Die Einkommensklassen entsprechen dabei den Quintilen des Brutto-Haushaltseinkommens im Jahr 2002 (Bundesamt für Statistik 2004: 10). Diese Unterteilung wurde vorgenommen, da sich Haushalte nach der Höhe ihres Einkommens bezüglich ihres Ausgabeverhaltens unterscheiden.

Nach Abzug der direkten Steuern (7,75 Mio. CHF) von den Nettolöhnen der Beschäftigten wurde ebenfalls derjenige Anteil, der gespart wird, abgezogen. Nach Angaben des Bundesamtes für Statistik lag der Anteil der Ersparnis (Anteil des verfügbaren Einkommens, der nicht für den letzten Verbrauch verwendet wird)

Tab. 6.11 Beschäftigte der FHBB in Vollzeitäquivalenten nach Wohnort und für Konsumzwecke verfügbarem Einkommen, 2002

	Einkommensklassen (Brutto-Haushaltseinkommen, exkl. 13. Monatsgehalt) in CHF						
	bis 57'588	57'589 bis 82'788	82'789 bis 107'988	107'989 bis 143'988	über 143'988	Gesamt	In Prozent*
	Wohnort der Beschäftigten der FHBB in Vollzeitäquivalenten						
Hochschulregion	65	35	45	35	44	223	71
Kanton Basel-Landschaft	28	13	32	23	27	123	39
Kanton Basel-Stadt	37	22	14	11	17	100	32
Kanton Aargau	6	3	1	3	12	25	8
Kanton Solothurn	3	4	5	7	4	22	7
Übrige Kantone	9	8	3	3	3	27	9
Ausland	4	2	5	1	6	18	6
Gesamt	87	52	59	48	69	315	100

* In der Prozentsumme der Tabelle ergibt sich durch Rundung auf Nachkommastellen eine kleinere Abweichung; Datenquelle: Erziehungsdepartement Basel-Landschaft, 2002; BUNDESAMT FÜR STATISTIK 2004 (Klasseneinteilung); eigene Berechnung

am verfügbaren Brutto-Einkommen (Einkommen nach Abzug der Transferleistungen und Steuern) der privaten Haushalte im Jahr 2002 bei 14,9% (BUNDESAMT FÜR STATISTIK 2005: 244). Da dieser Wert nicht differenziert nach Grossregion und Einkommensklasse ausgewiesen wird, musste angenommen werden, dass der gesamtschweizerische Durchschnitt auch für die betrachteten Regionen und für ver-schiedene Einkommensgruppen gilt. Nach Abzug der Ersparnis blieb den Beschäftigten damit ein verfügbares Nettoeinkommen von 21,7 Mio. CHF und teilt sich wie in Tabelle 6.11 auf die Wohnorte auf.

Für die weitere Analyse wurde angenommen, dass sich die innerhalb der Hochschulregion getätigten Ausgaben der Einpendler (beispielsweise durch Ausgaben für Mittagessen, Einkäufe), welche ausserhalb der Region wohnen und innerhalb der Region arbeiten, mit den ausserhalb der Region getätigten Ausgaben der Beschäftigten mit Wohnsitz innerhalb der Region ausgleichen. Es wurde unterstellt, dass die FHBB- Beschäftigten 100% ihres zu Konsumzwecken verfügbaren Einkommens auch an ihrem Wohnort ausgeben (u.a. BAUER 1997). Somit floss der grösste Teil der Ausgaben der Beschäftigten der FHBB, nämlich 8,34 Mio. CHF, in den Kanton Basel-Landschaft. Im Kanton Basel-Stadt wurden

Tab. 6.12 Zu Konsumzwecken verfügbares Jahreseinkommen der Beschäftigten der FHBB, nach Wohnort, 2002

	Einkommensklassen (Brutto-Haushaltseinkommen, exkl. 13. Monatsgehalt), in CHF						
	bis 57'588	57'589 bis 82'788	82'789 bis 107'988	107'989 bis 143'988	über 143'988	Gesamt	In Prozent
	Zu Konsumzwecken verfügbares Jahreseinkommen der FHBB-Beschäftigten, in Tsd. CHF, nach Wohnort						
Hochschulregion	3'023	2'001	2'847	2'737	3'894	14'502	66
Kanton BL	1'218	739	1'976	1'848	2'561	8'342	38
Kanton BS	1'806	1'262	871	888	1'332	6'160	28
Kanton AG	298	236	58	223	1'254	2'069	10
Kanton SO	198	214	280	490	521	1'704	8
Übrige Kantone	552	613	283	271	253	1'972	9
Ausland	253	102	334	95	701	1'486	7
Gesamt	4'325	3'165	3'804	3'815	6'624	21'732	100

Datenquelle: Erziehungsdepartement Basel-Landschaft, 2002; Bundesamt für Statistik 2004 (Klasseneinteilung); eigene Berechnung

6,16 Mio. CHF verausgabt. Die Regionalquote beträgt 67%, dass heisst, lediglich 33% der Ausgaben flossen nicht in die Hochschulregion.

Trifft man eine andere Annahme, nämlich dass 80% der Konsumausgaben am Wohnort, 10% am Arbeitsort und 10% an sonstigen Orten (beispielsweise Ferienort) ausgeben werden (siehe auch Blume & Fromm 1999), ergibt sich hinsichtlich des räumlichen Verbleibs der Konsumausgaben nahezu kein Unterschied: Mit einer Regionalquote von 63% entfallen nach der 80/10/10-Annahme 6 Mio. CHF der Konsumausgaben auf den Kanton Basel-Stadt und 7,7 Mio. CHF auf den Kanton Basel-Landschaft. In dieser Analyse werden die Konsumausgaben deshalb gemäss der Annahme einer 100%igen Verausgabung am Wohnort analysiert (Tabelle 6.12).

Einkommens- und Beschäftigungseffekte durch die Konsumausgaben der Beschäftigten der FHBB. Zur Berechnung der sekundären Beschäftigungseffekte wurden die Ausgaben der Beschäftigten der FHBB nach Ausgabeart analysiert. Basis hierfür war ebenfalls die Einkommens- und Verbrauchserhebung 2002 des Bundesamtes für Statistik (2004), in welcher die Ausgaben, nach Einkommensklassen differenziert, einzelnen Ausgabearten zugewiesen werden.

Wie aus Tabelle 6.13 ersichtlich, gaben die Beschäftigten der FHBB im Jahr 2002 den grössten Teil ihres zu Konsumzwecken zur Verfügung stehenden Einkommens für Wohnen und Energie (29%) aus, vor den Ausgaben für Nahrungsmittel und alkoholfreie Getränke (14%).

Im Unterschied zur Berechnung der in der Hochschulregion entstehenden beziehungsweise gesicherten Arbeitsplätze (sekundäre Beschäftigungseffekte) durch die Sach- und Investitionsausgaben, mussten die verschiedenen Ausgabearten für die Ausgaben der Beschäftigten auch hier zuerst den entsprechenden Wirtschaftszweigen zugeordnet werden (siehe Tabelle 6.14). Multipliziert man die verschiedenen Ausgaben mit den jeweiligen Arbeitsplatzkoeffizienten, wurden im Jahr 2002 durch die Ausgaben der Beschäftigten 121,8 Arbeitsplätze geschaffen beziehungsweise gesichert. Von den 80.9 Arbeitsplätzen in der Hochschulregion entfallen 46,6 auf den Kanton Basel-Landschaft und 34,3 auf den Kanton Basel-Stadt. Die meisten Arbeitsplätze werden durch Ausgaben für die Gesundheitspflege sowie durch Ausgaben für Gast- und Beherbergungsstätten geschaffen beziehungsweise erhalten.

Indirekte Steuern durch die Ausgaben der FHBB-Beschäftigten. Für die Berechnung der indirekten Steuern auf die Ausgaben der FHBB Beschäftigten wurde auf die Ausgabeart "Nahrungsmittel und alkoholfreie Getränke„ sowie auf die Gesundheitspflege der reduzierte Steuersatz von 2.4% angewendet, da sowohl Ess- und Trinkwaren als auch Medikamente nach der Auflistung der Eidgenössischen Steuerverwaltung diesem reduzierten Satz unterliegen (EIDGENÖSSISCHE STEUERVERWALTUNG 2005). Anzumerken ist, dass in der Ausgabeart Gesundheitspflege die Krankenkassenbeiträge nicht enthalten sind. Für die Ausgabeart Wohnen und Energie wurde angenommen, dass sich diese zu 90% aus Wohn- und zu 10% aus Energiekosten zusammensetzt, weshalb lediglich auf die 10% der Energieausgaben Mehrwertsteuer berechnet wurde. Für alle anderen Kategorien wurde der normale Steuersatz von 7.6% angewendet. Die so ermittelten Mehrwertsteuern durch die Ausgaben der FHBB-Beschäftigten summierten sich im Jahr 2002 auf 906'000 CHF (Tabelle 6.15).

6.2.5
Ausgaben der Studierenden der FHBB

Die Studierendenzahlen der FHBB entwickeln sich seit 1998 positiv (Abbildung 6.4), was zum einen an der kontinuierlichen Erweiterung des Studienangebotes der FHBB liegt und zum anderen an der steigenden Popularität der Fachhochschulen allgemein. Der starke Anstieg der Studierendenzahlen von 970 im Wintersemester 1999/2000 auf 1'310 im Wintersemester 2000/2001 liegt zum Teil an der Erweiterung der FHBB um die Hochschule für Gestaltung und Kunst im Jahr 2000. Die Entwicklung der Studierendenzahlen ab dem Wintersemester 2000/2001 verläuft relativ konstant, wodurch das Untersuchungsjahr 2002, abgebildet durch die Studierendenzahlen des Wintersemesters 2002/2003, als repräsentativ betrachtet werden kann.

Tab. 6.13 Konsumausgaben der Beschäftigten der FHBB, nach Ausgabeart und Wohnort, in Tsd. CHF, 2002

Ausgabeart	Kanton Basel-Stadt	Kanton Basel-Landschaft	Kanton Aargau	Kanton Solothurn	Übrige Kantone	Ausland	Gesamt	In Prozent*
Nahrungsmittel und alkoholfreie Getränke	878	1'140	266	231	198	286	2'999	14
Alkoholische Getränke und Tabakwaren	125	171	43	35	31	40	444	2
Bekleidung und Schuhe	291	429	113	88	78	90	1'089	5
Wohnen und Energie	1'844	2'365	572	482	416	599	6'278	29
Wohnungseinrichtung und laufende Haushaltsführung	276	398	103	82	72	87	1'019	5
Gesundheitspflege	457	567	133	115	99	151	1'522	7
Verkehr	652	962	240	199	169	204	2'426	11
Nachrichtenübermittlung	187	243	59	50	43	61	643	3
Unterhaltung, Erholung und Kultur	597	867	224	177	158	186	2'209	10
Schul- und Ausbildungsgebühren	47	61	19	12	12	15	167	1
Gast- und Beherbergungsstätten	585	828	218	169	153	182	2'135	10
Andere Waren und Dienstleistungen	221	310	79	64	56	70	800	4
Gesamt	6'160	8'342	2'069	1'704	1'486	1'972	21'732	100
In Prozent	28	38	10	8	7	9	100	

* In der Prozentsumme der Tabelle ergibt sich durch Rundung auf Nachkommastellen eine kleinere Abweichung; Datenquelle: Erziehungsdepartement Kanton Basel-Landschaft, 2002; BUNDESAMT FÜR STATISTIK 2004 (Klasseneinteilung); eigene Berechnung

Tab. 6.14 Durch die Ausgaben der Beschäftigten der FHBB geschaffene beziehungsweise gesicherte Arbeitsplätze, nach Ort

Ausgabeart	Arbeitsplatz-koeffizient[a]	Kanton Basel-Stadt	Kanton Basel-Land-schaft	Kanton Aargau	Kanton Solo-thurn	Rest-liche Schweiz	Aus-land	Gesamt	In Pro-zent
Nahrungsmittel und alkoholfreie Getränke	4.4056E-06	3.87	5.03	1.17	1.02	0.87	1.26	13.23	3.87
Alkoholische Getränke und Tabakwaren	2.678E-06	0.33	0.46	0.11	0.09	0.08	0.11	1.19	0.33
Bekleidung und Schuhe	5.7694E-06	1.68	2.47	0.65	0.51	0.45	0.52	6.29	1.68
Wohnen und Energie	7.666E-07	0.14	0.18	0.04	0.04	0.03	0.05	0.48	0.14
Wohnungseinrichtung und laufende Haushaltsführung	5.5913E-06	1.54	2.23	0.58	0.46	0.40	0.49	5.69	1.54
Gesundheitspflege	1.6406E-05	7.51	9.31	2.19	1.88	1.63	2.47	24.98	7.51
Verkehr	1.9143E-06	1.24	1.84	0.46	0.38	0.32	0.39	4.63	1.24
Nachrichtenübermittlung	3.0574E-06	0.57	0.74	0.18	0.15	0.13	0.19	1.97	0.57
Unterhaltung, Erholung und Kultur	6.0826E-06	3.63	5.27	1.36	1.07	0.96	1.13	13.43	3.63
Schul- und Ausbildungsgebühren	8.7762E-05	4.15	5.36	1.66	1.09	1.08	1.28	14.63	4.15
Gast- und Beherbergungsstätten	1.4841E-05	8.68	12.28	3.24	2.50	2.27	2.71	31.69	8.68
Andere Waren und Dienstleistungen	4.47094E-06	0.99	1.39	0.36	0.29	0.25	0.31	3.59	0.99
Gesamt	-	34.34	46.57	12.00	9.49	8.49	10.91	121.80	34.33
In Prozent	-	3.87	5.03	1.17	1.02	0.87	1.26	13.23	3.87

[a] Die Arbeitsplatzkoeffizienten für die Schweiz wurden behelfsmässig auch für das Ausland angenommen. Quelle: Bundesamt für Statistik, 2001 (Beschäftigtendaten); Eidgenössische Steuerverwaltung, 2001 (Umsatzdaten); eigene Berechnungen

Tab. 6.15 Indirekte Steuern durch die Ausgaben der FHBB-Beschäftigten an den Bund, 2002

Ausgabeart	Ausgaben in der Schweiz in Tsd. CHF	Steuersatz in Prozent	Indirekte Steuern in Tsd. CHF
Nahrungsmittel und alkoholfreie Getränke	2'801	2.4	67
Alkoholische Getränke und Tabakwaren	413	7.6	31
Bekleidung und Schuhe	1'011	7.6	77
Wohnen und Energie[a]	5'862	7.6	45
Wohnungseinrichtung und laufende Haushaltsführung	947	7.6	72
Gesundheitspflege	1'423	2.4	34
Verkehr	2'257	7.6	172
Nachrichtenübermittlung	600	7.6	46
Unterhaltung, Erholung und Kultur	2'051	7.6	156
Schul- und Ausbildungsgebühren	154	-	0
Gast- und Beherbergungsstätten	1'982	7.6	151
Andere Waren und Dienstleistungen	744	7.6	57
Gesamt	20'247		906

[a] Auf 10% der Ausgaben für die Nebenkosten (Energie); Datenquelle: Erziehungsdepartement Basel-Landschaft, 2002; eigene Berechnung

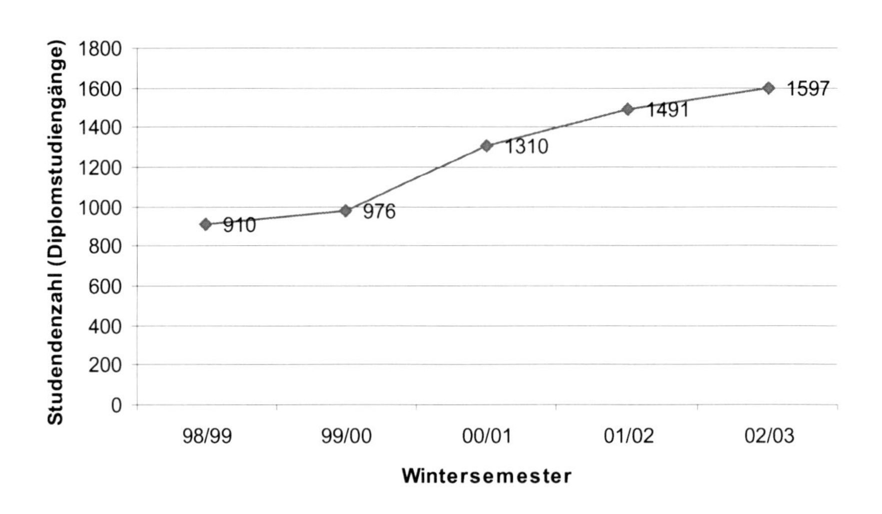

Abb. 6.4 Entwicklung der Studierendenzahlen der FHBB 1998 bis 2003. Quelle: Jahresbericht der FHBB 2002: 42

Tab. 6.16 Diplom-Studierende der FHBB, nach Wohnsitz während des Studiums, Wintersemester 2002/2003

Wohnsitz	Studierende
Kanton Basel-Stadt	313
Kanton Basel-Landschaft	480
Übrige Kantone	547
Ausland	257
Gesamt	1'597

Quelle: Jahresbericht der FHBB 2002: 43

Räumlicher Verbleib der studentischen Konsumausgaben. Um die regionalwirtschaftliche Bedeutung der studentischen Konsumausgaben zu ermitteln, waren Angaben zum Wohnort (Jahresbericht der FHBB 2002) sowie zum Einkommen und Ausgabeverhalten (Diem 1997: 55 f.) der Studierenden nötig. Die im Wintersemester 2002/2003 an der FHBB eingeschriebenen 2'484 Studierenden liessen sich in 1'597 Diplom- und 887 Nachdiplomstudierende unterteilen. Da es sich bei den Nachdiplomstudiengängen um berufsbegleitende Angebote handelt, wurde angenommen, dass sich die Studierenden nicht explizit wegen der FHBB in der Region aufhalten, sondern ein bestehendes Angebot wahrnehmen, weshalb sie aus der Analyse ausgeschlossen wurden.

Von den 1'597 Diplomstudierenden der FHBB kamen 30% aus dem Kanton Basel-Landschaft, 20% aus dem Kanton Basel-Stadt, 34% aus den übrigen Kantonen und 16% aus dem Ausland. Eine gesonderte Betrachtung der Kantone Solothurn und Aargau ist hier nicht möglich, da diese nicht einzeln ausgewiesen wurden (Tabelle 6.16).

Zur Ermittlung der durchschnittlichen jährlichen Konsumausgaben, welche in den Regionen wirksam werden, wurde bei den Studierenden der FHBB genau wie bei den Studierenden der Universität Basel (vgl. Kapitel 5.2.6) eine durchschnittliche Konsumquote von 100% angenommen, das heisst 100% des Einkommens werden verausgabt und es gibt keine Kaufkraftversickerung durch Sparen. Weiterhin wird angenommen, dass der für die Schweiz in der Studie von Diem (1995) über die soziale Lage der Studierenden ermittelte, jährliche, nach Wohnform differenzierte Einkommenswert auch auf die Studierenden der FHBB zutrifft. Das unter diesen Annahmen berechnete Gesamteinkommen der Studierenden der FHBB beträgt unter Berücksichtigung der Teuerung von 5.94% (Bundesamt für Statistik 1995-2002) im Jahr 2002 33,1 Mio. CHF (Tabelle 6.17). Auch hier wird angenommen, dass jedem Studierenden jährlich im Durchschnitt 20'771 CHF zur Verfügung stehen. Das verfügbare Einkommen teilt sich wie in Tabelle 6.18 auf die Wohnorte auf.

Um die Konsumausgaben der Studierenden zu regionalisieren, wurde angenommen, dass diese 80% am Wohnort und 10% am Studienort ausgeben. Laut Jahresbericht der FHBB 2002 studierten im Jahr 2002 790 Studierende im Kanton Basel-Landschaft (in den Departementen Bau und Industrie) und 807 Studierende im Kanton Basel-Stadt (in den Departementen Wirtschaft und an der Hochschule für Gestaltung und Kunst), weshalb hier vereinfacht eine 50/50-Verteilung der Studierenden auf die Kantone angenommen wird.

Tab. 6.17 Studierende der FHBB, nach Wohnform und Einkommen, Wintersemester 2002/2003

Wohnform	Studierende nach Wohnform in der Schweiz (in Prozent)	Diplom-Studierende der FHBB 2002 nach Wohnform	Einkommen für den Lebensunterhalt pro Jahr und Studierender in Tsd. CHF in der Schweiz	Einkommen der Studierenden der FHBB 2002 in Tsd. CHF zzgl. Teuerung von 5.94%
Eltern/Verwandte	37	591	12.9	8'077
eigener Haushalt, evtl. mit Partner/Kindern (Mittelwert)	35	559	28.3	16'759
Wohngemeinschaft, Studierendenwohnheim, Untermiete (Mittelwert)	28	447	17.6	8'335
Gesamt	100	1'597	-	33'171

Quellen: DIEM 1997; Jahresbericht der FHBB 2002; eigene Berechnung

Tab. 6.18 Wohnort und verfügbares Einkommen der Diplom-Studierenden der FHBB, nach Wohnort, 2002

Region	Studierende nach Wohnort	In Prozent	Jährliches Einkommen der Studierenden, nach Wohnort, in Tsd. CHF
Kanton BS	313	20	6'501
Kanton BL	480	30	9'970
Übrige Kantone	547	34	11'362
Ausland	257	16	5'338
Gesamt	1597	100	33'171

Quelle: Jahresbericht der FHBB 2002; eigene Berechnung

Im Vergleich beispielsweise zu Universitäten, welche eine überregionale Anziehungskraft auf Studierende ausüben, haben Fachhochschulen tendenziell einen eher kleineren räumlichen Einzugsbereich, weshalb weiterhin angenommen wird,

- dass der Wohnort nicht nur Studienort sondern auch ständiger Wohntort der Studierenden ist, das heisst, es wird angenommen, dass die Studierenden das ganze Jahr an diesem Ort wohnen und nicht nur während des Semesters,

- dass die hohe Zahl der Studierenden aus den übrigen Kantonen durch eine hohe Zahl Studierender aus den Kantonen Aargau und Solothurn bedingt ist und
- dass der hohe Anteil ausländischer Studenten durch Herkunft aus dem grenznahen Ausland erklärt werden kann.

Aufgrund der oben getroffenen Annahmen und der Wohnsitzverteilung wurden im Untersuchungsjahr 2002 19,8 Mio. CHF von Studierenden der FHBB in der Hochschulregion verausgabt, davon 11,3 Mio. CHF im Kanton Basel-Landschaft und 8,5 Mio. CHF im Kanton Basel-Stadt (Tabelle 6.19).

Einkommens- und Beschäftigungseffekte durch die Konsumausgaben der Studierenden der FHBB. Zur Berechnung der sekundären Beschäftigungseffekte und der indirekten Steuern wurden die Ausgaben der Studierenden nach Ausgabeart berechnet. Dies geschah auch hier mit Hilfe von Angaben der Sozialberatung der Universität Basel, welche die Studien- und Lebenskosten von Studierenden nach der jeweiligen Ausgabeart aus den semesterweise eingehenden Stipendienanträgen ermittelt, wobei angenommen wurde, dass die Ausgabenstruktur eines Studierenden der Universität Basel auch derjenigen eines FHBB-Studierenden entspricht. Anschliessend wurden die verschiedenen Ausgaben den einzelnen Kantonen sowie dem Ausland zugeordnet. Bei der Ausgabeart Miete wird hierbei kein Unterschied zwischen Elternwohner und Alleinwohner gemacht, da davon ausgegangen wird, dass kalkulatorische Mietkosten ebenfalls bei den Elternwohnern anfallen, beispielsweise durch höhere Mietkosten für eine grössere Wohnung oder für den Anbau beziehungsweise Umbau des Hauses. Die Semestergebühren, welche im Wintersemester 2002/2003 700 CHF (zzgl. 50 CHF Materialkosten) pro Studierenden betrugen, werden in dieser Analyse nicht berücksichtigt, da sie nicht in den Wirtschaftskreislauf flossen, sondern der FHBB zukommen (Tabelle 6.20).

Tab. 6.19 Ausgaben der Studierenden der FHBB, nach Wohnort, in Tsd. CHF, 2002

	Ausgaben am Wohnort (80%)	Ausgaben am Studienort (20%)	Summe der Ausgaben	Ausgaben in Prozent
Hochschulregion	13'176	6'634	19'811	59.7
Kanton BS	5'201	3'317	8'518	25.7
Kanton BL	7'976	3'317	11'293	34.0
Übrige Kantone	9'089	-	9'089	27.4
Ausland	4'270	-	4'270	12.9
Gesamt	26'537	6'634	33'171	100.0

Quelle: Jahresbericht der FHBB 2002; eigene Berechnung

Tab. 6.20 Ausgaben der Studierenden der FHBB, nach Ausgabeart und -ort, in Tsd.CHF, 2002

Ausgabeart	Anteil der Ausgaben[a]	Kanton BS	Kanton BL	Übrige Kantone	Ausland	Gesamt
Miete	0.22	1'862	2'469	1'987	934	7'251
Verpflegung[b]	0.30	2'593	3'438	2'767	1'300	10'099
Kleider	0.03	236	313	252	118	918
Versicherung, Arzt[c]	0.14	1'179	1'563	1'258	591	4'591
Transport[d]	0.03	233	308	248	117	906
Freizeit, Kultur	0.08	707	938	755	355	2'754
Diverse Nebenkosten	0.11	943	1'250	1'006	473	3'672
Ausbildungskosten[e]	0.09	765	1'014	816	384	2'979
Gesamt	1.00	8'518	11'293	9'089	4'270	33'171

[a] Die Anteilswerte wurden aus dem Mittelwert zwischen Maximal- und Minimalausgaben berechnet; [b] enthält ebenfalls den Anteil der auswärtigen Verpflegung in der Uni-Mensa; [c] Durchschnittswert für Studierende unter 25 Jahren; [d] Kosten für das Umweltschutzabonnement; [e] Durchschnittswert für Bücher, Skripten, Kopien, Exkursionen etc., ohne Studiengebühren; Quelle: Universität Basel, Sozialberatung, 2003; eigene Berechnung

Tab. 6.21 Geschaffene beziehungsweise erhaltene Arbeitsplätze durch Studierendenausgaben, nach Ort, 2002

Ausgabeart	Arbeitsplatzkoeffizient[a]	Kanton BS	Kanton BL	Übrige Kantone	Ausland[b]	Gesamt
Verpflegung	6.0749E-06	11.31	15.00	12.07	5.67	44.05
Kleider	5.7694E-06	14.96	19.84	15.97	7.50	58.27
Versicherung, Arzt	1.6406E-05	3.87	5.13	4.13	1.94	15.06
Transport	1.6285E-06	1.92	2.55	2.05	0.96	7.48
Freizeit, Kultur	1.6398E-05	3.81	5.06	4.07	1.91	14.85
Diverse Nebenkosten	3.393E-06	2.40	3.18	2.56	1.20	9.35
Ausbildungskosten	4.5046E-06	4.23	5.60	4.51	2.12	16.46
Gesamt	-	42.50	56.35	45.35	21.31	165.51

[a] Zur Berechnung der Arbeitsplatzkoeffizienten siehe Kapitel 5.2.1 (Einkommens- und Beschäftigungseffekte). [b] Es werden behelfsmässig gleiche Arbeitsplatzkoeffizienten für das Ausland wie für die Schweiz angenommen. Zur Ermittlung der durch die Studierendenausgaben in der Region geschaffenen beziehungsweise erhaltenen Arbeitsplätze wurden die für die Studierenden der Universität Basel berechneten Arbeitsplatzkoeffizienten verwendet, welche anschliessend mit den studentischen Ausgaben multipliziert wurden (vgl. Kapitel 5.2.6). Quellen: Jahresbericht der FHBB 2002; Bundesamt für Statistik, 2001 (Beschäftigtendaten); Eidgenössische Steuerverwaltung, 2001 (Umsatzdaten); eigene Berechnungen

Tab. 6.22 Indirekte Steuern an den Bund durch die Ausgaben der Studierenden der FHBB, 2002

Ausgabeart	Ausgaben in der Schweiz in Tsd. CHF	Steuersatz in Prozent	Indirekte Steuern in 1000 CHF
Miete (ohne Nebenkosten)	7'251	-	-
Verpflegung	10'099	2.4	242
Kleider	918	7.6	70
Versicherung, Arzt	4'591	7.6	349
Transport	906	7.6	69
Freizeit, Kultur	2'754	7.6	209
Diverse Nebenkosten	3'672	7.6	279
Ausbildungskosten (Bücher, Skripten, Laborkosten, Kopien etc.)	2'979	2.4	71
Gesamt	33'171	-	1'290

Quelle: Eidgenössische Steuerverwaltung, 2005; Jahresbericht der FHBB 2002; eigene Berechnung

Durch die Ausgaben der Studierenden der FHBB wurden im Jahr 2002 im Kanton Basel-Landschaft ca. 56 und im Kanton Basel-Stadt ca. 43 Arbeitsplätze geschaffen beziehungsweise gesichert. Somit wurden in der Hochschulregion durch die Ausgaben eines Studierenden im Jahr 2002 99 Arbeitsplätze geschaffen/gesichert. Den grössten Effekt haben die Ausgaben der Studierenden hierbei im Bereich Kleidung, in welchem regional am meisten Arbeitsplätze geschaffen/gesichert wurden (Tabelle 6.21).

Indirekte Steuern auf Ausgaben der Studierenden der FHBB 2002. Um die indirekten Steuern auf die Ausgaben der Studierenden zu berechnen, wurden diese je nach Ausgabeart mit dem jeweiligen Steuersatz (reduzierter Satz oder Normalsatz) multipliziert, wobei auch hier, wie bei den Ausgaben des Personals, nur die im Inland getätigten Ausgaben berücksichtigt wurden. Durch die Ausgaben der Studierenden nahm der Bund im Jahr 2002 1,29 Mio. CHF an indirekten Steuern ein, die meisten davon durch Ausgaben im Bereich Versicherungen, Arzt sowie in den Bereichen diverse Nebenkosten und Verpflegung (Tabelle 6.22).

6.3 Multiplikatoranalyse zur Ermittlung der indirekten Einkommensentstehung

Da die FHBB und die Universität Basel in derselben Hochschulregion liegen, für welche die induzierten Effekte berechnet werden, sei an dieser Stelle auf die Berechnung und das Ergebnis des Multiplikators in Kapitel 5.3 verwiesen. Multipliziert man das durch die FHBB in der Hochschulregion generierte Einkommen von 46,9 Mio. CHF mit dem berechneten Multiplikator von 1,27, ergibt sich durch die Ausgaben der FHBB im Jahr 2002 in der Hochschulregion eine zusätzliche Nachfrage von 12.7 Mio. CHF. Insgesamt ergibt sich eine induzierte Wertschöpfung über unendlich viele Wirkungsrunden von circa 60 Mio. CHF.

6.4 Zusammenfassung: Einkommens-, Beschäftigungs- und Steuereffekte der FHBB

Im Folgenden werden die Ergebnisse der Analyse zu den regionalwirtschaftlichen und steuerlichen Effekten der FHBB durch Einkommenseffekte, durch Beschäftigungseffekte und durch den Saldo der Effekte für die Staatshaushalte (Kosten abzüglich Einnahmen der Staatshaushalte durch Steuereinnahmen) für die einzelnen Regionen beziehungsweise Staatshaushalte dargestellt. Um einen möglichst guten Vergleich zwischen den beiden Institutionen Universität Basel und FHBB ziehen zu können, entspricht dieses Kapitel in Bezug auf die Gliederung dem vorherigen über die Universität Basel.

Einkommenseffekte. Von den insgesamt 76,4 Mio. CHF Sach- und Investitionsausgaben, Ausgaben der Studierenden und Ausgaben der Beschäftigten der FHBB im Jahr 2002 verblieben im Durchschnitt 61,4% innerhalb der Hochschulregion (Kanton Basel-Landschaft und Kanton Basel-Stadt). Der grösste Anteil, mit über 24 Mio. CHF oder 31,5% der Ausgaben entfielen dabei auf den Kanton Basel-Landschaft, 22,9 Mio. CHF oder 29,9% verblieben im Kanton Basel-Stadt. Die grösste wirtschaftliche Relevanz hatten dabei die Ausgaben der Studierenden mit 33,1 Mio. CHF, gefolgt von den Ausgaben des Personals (27,7 Mio. CHF) und den Sachausgaben (16,7 Mio. CHF) (Tabelle 6.23).

Multipliziert man das durch die FHBB in der Hochschulregion generierte Einkommen von 46,9 Mio. CHF mit dem berechneten Multiplikator von 1,27, ergibt sich durch die Ausgaben der FHBB im Jahr 2002 in der Hochschulregion eine zusätzliche Nachfrage von 12.7 Mio. CHF. Insgesamt ergibt sich eine induzierte Wertschöpfung über unendlich viele Wirkungsrunden von circa 60 Mio. CHF. Im Jahr 2002 betrug die nominale Wertschöpfung in der Hochschulregion insgesamt 66'693 Mio. CHF. Der Beitrag, den die FHBB im Jahr 2002 zur regionalen

Tab. 6.23 Regionalwirtschaftliche Einkommenseffekte durch die Ausgaben der FHBB nach der 1. Wirkungsrunde, in Tsd. CHF, 2002

Region	Sachausgaben	Investitionsausgaben	Ausgaben des Personals	Ausgaben der Studierenden	Nachfrageeffekt gesamt	Nachfrageeffekt in Prozent
Hochschulregion	10'620	1'958	14'502	19'811	46'891	61.4
Kanton Basel-Landschaft	3'414	985	8'342	11'293	24'034	31.5
Kanton Basel-Stadt	7'206	973	6'160	8'518	22'857	29.9
Kanton Aargau	877	508	2'069	k.A.	k.A.	k.A.
Kanton Solothurn	348	46	1'704	k.A.	k.A.	k.A.
Übrige Kantone	4'088	1'935	1'972	9'089	17'084	22.4
Ausland	722	385	1'486	4'270	6'863	9.0
Gesamt	16'654	4'831	21'732	33'171	76'390	92.8

Quelle: FHBB, Abteilung Finanzen und Controlling, 2002; Daten: Jahresbericht der FHBB 2002; Erziehungsdepartement Basel-Landschaft, 2002; eigene Berechnung

Wertschöpfung beitrug, liegt folglich bei ca. 0.1 Prozent und ist damit um 0.4 Prozent kleiner wie derjenige der Universität Basel.

Beschäftigungseffekte. Zu den 315 direkt an der FHBB Beschäftigten in Vollzeitäquivalenten, werden über die verschiedenen Ausgabearten nochmals 262 Arbeitsplätze (Voll- oder Teilzeitstellen) in der Hochschulregion geschaffen beziehungsweise erhalten. Insgesamt ergibt sich somit ein Beschäftigungseffekt von 577 Arbeitsplätzen. Gemessen an den gesamten Arbeitsplätzen in der Hochschulregion trug die FHBB im Jahr 2002 mit 0,2 Prozent zur regionalen Beschäftigung bei. Die meisten Arbeitsplätze, nämlich 157,5, wurden im Kanton Basel-Landschaft geschaffen beziehungsweise erhalten (Tabelle 6.24). Die FHBB trägt durch die Erhöhung des regionalen Einkommens und der geschaffenen beziehungsweise gesicherten Arbeitsplätze, ebenso wie ein privatwirtschaftliches Unternehmen, erheblich zur regionalen Wohlfahrt bei.

Steuereffekte. Die höchsten Einnahmen an indirekten Steuern durch die Ausgaben der FHBB konnte im Rechnungsjahr 2002 mit 7,8 Mio. CHF der Bund verzeichnen vor dem Kanton Basel-Landschaft, dem 2,4 Mio. CHF über die direkten Steuern auf die Löhne der FHBB-Beschäftigten zukamen. Dem Kanton Basel-Stadt flossen über direkte Steuereinnahmen 2,1 Mio. CHF zu (Tabelle 6.25).

Tab. 6.24 Sekundäre Beschäftigungseffekte durch die Ausgaben der FHBB in der Hochschulregion nach der 1. Wirkungsrunde, 2002

Arbeitsplätze durch verschiedene Ausgabearten in der Hochschulregion						
	Sachausgaben	**Investitionsausgaben**	**Ausgaben des Personals**	**Ausgaben der Studierenden**	**Gesamt**	**In Prozent**
Basel-Landschaft	50.72	3.60	46.6	56.4	157.5	60.1
Basel-Stadt	24.02	3.55	34.3	42.5	104.5	39.9
Gesamt	74.75	7.16	80.9	98.9	262	100.0
Arbeitsplätze durch die Ausgaben des Personals und der Studierenden ausserhalb der Hochschulregion						
Kanton Aargau	k.A.	k.A.	12.0	k.A.	k.A.	k.A.
Kanton Solothurn	k.A.	k.A.	9.5	k.A.	k.A.	k.A.
Übrige Kantone	k.A.	k.A.	8.5	45.4	k.A.	k.A.
Ausland	k.A.	k.A.	10.9	21.3	k.A.	k.A.
Summe insgesamt	k.A.	k.A.	121.8	165.5	k.A.	k.A.

Quellen: FHBB, Abteilung Finanzen und Controlling, 2002; Daten: Jahresbericht der FHBB 2002; Erziehungsdepartement Basel-Landschaft, 2002; eigene Berechnung

Tab. 6.25 Saldo der Kosten und Erlöse durch Steuereinnahmen der FHBB, 2002

Staatshaushalte	**Kosten für die FHBB**	**In Prozent**	**Direkte Steuern**	**Indirekte Steuern**	**Steuereinnahmen gesamt**	**Saldo**	**Anteil der Steuereinnahmen an den Kosten in Prozent**
Kanton BL	24'796	42.80	2'382	-	2'382	22'414	9.6
Kanton BS	10'498	18.12	2'116	-	2'116	8'382	20.2
Kanton AG	2'949	5.09	288	-	288	2'661	9.8
Kanton SO	1'800	3.11	272	-	272	1'528	15.1
Übrige Kantone	2'121	3.66	275	-	275	1'846	13.0
Bund	15'772	27.22	2'412	5'339	7'751	8'021	49.1
Ausland	-	-	-	-		-	-
Gesamt	57'936	100	7'745	5'339	13'084	44'852	Durchschnitt: 19.9

Quellen: FHBB, Abteilung Finanzen und Controlling, 2002; Daten: Jahresbericht der FHBB 2002; Erziehungsdepartement Basel-Landschaft, 2002; eigene Berechnung

Betrachtet man den Saldo der Effekte für die einzelnen Staatshaushalte, bekommt der Bund mit einem Anteil von 49% an Einnahmen durch direkte und indirekte Steuern an den Kosten von den in der Analyse betrachteten Staatshaushalten am meisten zurück. An zweiter Stelle steht der Kanton Basel-Stadt, der 9,8% seiner Kosten über Steuereinnahmen decken kann, ähnlich wie der Kanton Basel-Landschaft, an den 9,6% seiner Kosten zurückfliessen.

7 Die Leistungsabgabe der Universität Basel und der FHNW

Neben den kurz- und mittelfristigen Einkommens-, Beschäftigungs- und Steuereffekten, welche von den Hochschulen ausgehen, sind weitere, langfristige Effekte ausschlaggebend für die Attraktivität einer Hochschule für ihre Region und deren Finanzierung durch die Staatshaushalte. Bei diesen langfristigen Effekten handelt es sich um die angebotsseitigen „Produkte" der Hochschule. Zu diesen Produkten gehören neben den Absolventen auch der Wissenstransfer. Im Folgenden wird zunächst der Absolventenverbleib innerhalb der Hochschulregion analysiert (Kapitel 7.1). Im Anschluss werden die Forschungskooperationen der beiden Hochschulen als eine wichtige Form der Wissensentstehung und des Wissenstransfers untersucht (Kapitel 7.2).

7.1 Absolventenverbleib

Um den langfristigen Gewinn für die Region Basel durch die Absolventen der Hochschulen abzubilden, müsste man alle Absolventenjahrgänge hinsichtlich ihres momentanen Arbeitsortes analysieren. Es wird angenommen, dass die Absolventen ihr Wissen und ihre Fähigkeiten in erster Linie am Arbeitsort in den Wirtschaftskreislauf der Region einbringen. In der offiziellen Statistik sind jedoch keine Daten über den momentanen Arbeitsort aller Absolventenjahrgänge der Basler Hochschulen vorhanden. Deshalb wird hier exemplarisch eine Verbleibsanalyse der Absolventen der Jahrgangs 1998, vier Jahre nach Abschluss des Studiums (2002), auf Basis der Angaben des heutigen Arbeitsortes durchgeführt.

Neben ihrem Beitrag zur regionalen Innovationsfähigkeit haben die Absolventen von Hochschulen in der Regel ein höheres Einkommen als die durchschnittliche Bevölkerung. Das durch ihre Ausbildung zusätzlich verdiente Einkommen fliesst beim Verbleib der Absolventen in der Hochschulregion durch deren Verausgabung und durch die entrichteten Steuergelder in den regionalen Wirtschaftskreislauf. Auch dieser Effekt kann jedoch wegen fehlender statistischer Daten nicht berechnet werden.

7.1.1 Absolventen der Universität Basel

Ergebnisse. In der Absolventenbefragung des Bundesamtes für Statistik von 2002 wurden 612 Absolventen, die im Jahr 1998 an der Universität Basel ihren Abschluss gemacht haben, über ihren Arbeitsort im Jahr 2002 befragt. Von insgesamt 370 gültigen Antworten gaben 135 (36%) Absolventen an, vier Jahre nach dem Studium in Unternehmen und Einrichtungen im Kanton Basel-Stadt zu arbeiten. Dahingegen arbeiteten lediglich 64 (17%) der Absolventen im Kanton Basel-Landschaft und beinahe ebenso viel im Kanton Zürich (15%) (Tabelle 7.1). Diese Anteile relativieren sich, betrachtet man zusätzlich die Grösse der regionalen Arbeitsmärkte. Im Kanton Basel-Stadt arbeiteten im Jahr 2002 insgesamt 168'554 Tsd. Erwerbstätige und im Kanton Basel-Landschaft 128'385 Tsd. Erwerbstätige. Der Anteil der Hochschulabsolventen, gemessen an allen Erwerbstätigen in den Kantonen der Hochschulregion, betrug somit für den Kanton Basel-Stadt 0,08% und für den Kanton Basel-Landschaft 0,05%. In Relation zur Grösse des Arbeitsmarktes des Kantons Zürich (825'608 Tsd. Erwerbstätige) betrug der Anteil an Basler Hochschulabsolventen lediglich 0,01%.

Erkenntnisse. In der Hochschulregion und dort vor allem im Stadtkanton, sind vor allem Unternehmen wissensintensiver Wirtschaftszweige angesiedelt. Die Unternehmen der Pharma- und Chemieindustrie, der Biotechnologie, der Logistik, der Medizinaltechnik oder der wissensintensiven unternehmensorientierten Dienstleistungen sind abhängig von gut ausgebildeten Hochschulabsolventen.

Tab. 7.1 Absolventen der Uni Basel des Absolventenjahrgangs 1998, nach Arbeitsort, vier Jahre nach Beendigung des Studiums, 2002

Arbeitsort 2002	Absolventen von 1998	Absolventen in Prozent*
Kanton Basel-Stadt	135	36
Kanton Basel-Landschaft	64	17
Kanton Zürich	55	15
Kanton Bern	26	7
Kanton Aargau	23	6
Ausland	19	5
Kanton Luzern	9	2
Kanton Solothurn	7	2
Übrige Kantone	32	9
Gesamt gültige Antworten	370	100
Keine Angabe	242	
Gesamt	612	

* In der Prozentsumme der Tabelle ergibt sich durch Rundung auf Nachkommastellen eine kleinere Abweichung; Quelle: Bundesamt für Statistik 2002; eigene Berechnung

Vor diesem Hintergrund ist die relativ hohe Abwanderungsrate von 15% in den Kanton Zürich wenig erfreulich. Gemessen an der Grösse des Arbeitsmarktes des Kantons Zürich relativiert sich dieses Ergebnis jedoch. Zu erklären ist die dennoch starke Abwanderung einerseits durch die schiere Grösse des Wirtschaftsraumes Zürich, welcher über ein weitaus grösseres Arbeitsplatzangebot für Hochqualifizierte verfügt als die Hochschulregion Basel. Ein weiterer Grund könnte sein, dass der Arbeitsmarkt in der Hochschulregion Basel zu wenig diversifiziert und eher spezialisiert ist, so dass nicht alle Absolventen in der Region eine Arbeitsstelle finden. Weiterhin kommt der Fächerstruktur der Universität und der Überseinstimmung des Angebots der Universität mit der Nachfrage des regionalen Arbeitsmarktes eine entscheidende Bedeutung zu. Weitere Pull-Faktoren des Kantons Zürich sind hohe Löhne sowie eine hohe Lebensqualität mit einem attraktiven kulturellen und naturräumlichen Angebot.

Forschungsbedarf. Interessant wäre hier eine vergleichende Analyse über die regionalen Verbleibsquoten der Absolventen von verschiedenen Hochschulen durchzuführen. Erst dann könnte die Verbleibsquote in der Hochschulregion Basel wirklich bewertet und beurteilt werden. Ohne Relation zu anderen Verbleibsquoten, beispielsweise jene in den Hochschulregionen Zürich, Genf oder Bern, ist das Ergebnis schwer interpretierbar. Diese Analyse hätte allerdings den Rahmen dieser Arbeit gesprengt, wirft aber eine interessante zukünftige Forschungsfrage auf.

7.1.2
Absolventen der Fachhochschule Nordwestschweiz

Vor dem Hintergrund der Fusion der FHBB mit den Fachhochschulen Aargau und Solothurn zur Fachhochschule Nordwestschweiz (FHNW) im Januar 2006 werden im Folgenden neben den Absolventen der FHBB zusätzlich auch jene der anderen Fachhochschulen der heutigen FHNW betrachtet. In der Absolventenbefragung durch das Bundesamt für Statistik aus dem Jahr 2002 wurden 161 Absolventen, die im Jahr 1998 an den Hochschulen der heutigen FHNW ihren Abschluss gemacht haben, über ihren momentanen Arbeitsort befragt. Anzumerken ist, dass sich die Struktur der einzelnen Fachhochschulen seit 1998 stark verändert hat, weshalb für die FHBB die einzelnen Departemente separat ausgewiesen werden.

Betrachtet man die FHBB alleine, gaben von 46 Absolventen 19 (41,3%) an, vier Jahre nach dem Studium in Unternehmen und Einrichtungen im Kanton Basel-Stadt zu arbeiten. Dahingegen arbeiteten 13 (28,3%) im Kanton Basel-Landschaft, wodurch sich eine Regionalquote von 69,6% ergibt (Tabelle 7.2).

Analysiert man zusätzlich zur FHBB noch die Fachhochschulen Solothurn und Aargau, fanden insgesamt lediglich 22 (13,7%) Absolventen eine Arbeitsstelle im Kanton Basel-Stadt und 17 (10,6%) im Kanton Basel-Landschaft, wodurch

Tab. 7.2 Absolventen der FHNW des Absolventenjahrgangs 1998, nach Arbeitsort, vier Jahre nach Beendigung des Studiums, 2002*

Fachhochschulen 1998	**Studenten nach Arbeitsort 2002, vier Jahre nach Studienabschluss 1998**										
Fachhochschule beider Basel	Hochschulregion	Kanton Basel-Stadt	Kanton Basel-Landschaft	Kanton Aargau	Kanton Solothurn	Kanton Zürich	Kanton Bern	Übrige Kantone	Ausland	Keine Angabe	Gesamt
Departement Gestaltung	6.0	5.0	1.0	-	-	1.0	-	-	-	-	7.0
Departement Wirtschaft	13.0	9.0	4.0	2.0	-	2.0	-	1.0	-	-	18.0
Departement Technik	13.0	5.0	8.0	4.0	-	2.0	-	-	1.0	1.0	21.0
Absolventen FHBB Gesamt	32.0	19.0	13.0	6.0	-	5.0		1.0	1.0	1.0	46.0
Absolventen FHBB in Prozent	69.6	41.3	28.3	13.0	-	10.9		2.2	2.2	2.2	100.0
Fachhochschule Solothurn	2.0	2.0	-	4.0	4.0	9.0	14.0	4.0	1.0	2.0	40.0
Fachhochschule Aargau	5.0	1.0	4.0	20.0	2.0	30.0	5.0	10.0	-	3.0	75.0
Absolventen Gesamt	39.0	22.0	17.0	30.0	6.0	44.0	19.0	15.0	2.0	6.0	161.0
Absolventen in Prozent	24.2	13.7	10.6	18.6	3.7	27.3	11.8	9.3	1.2	3.7	100.0

* In den Prozentsummen der Tabelle können sich durch Rundung auf Nachkommastellen jeweils kleinere Abweichungen ergeben; Quelle: Bundesamt für Statistik 2002; eigene Berechnung

sich die Regionalquote auf 24,2% reduziert. Die Absolventen der Fachhochschulen Aargau und Solothurn fanden vorwiegend in den Kantonen Zürich, Aargau und Bern Arbeit.

Erkenntnisse. Wegen der geringen Stichprobe von lediglich 46 befragten Absolventen der FHBB und insgesamt 161 Absolventen der Fachhochschulen der Nordwestschweiz ist diese Analyse jedoch wenig repräsentativ. Deshalb wird an dieser Stelle auf eine Interpretation verzichtet.

Forschungsbedarf. Hier wären weitere empirische Analysen notwendig, denen eine Verbesserung der Datenlage vorausgehen müsste, zum Beispiel durch eigene Erhebungen der Fachhochschulen bezüglich des späteren Arbeitsortes ihrer Absolventen.

7.2 Analyse der Forschungskooperationen der Hochschulen

Grundgedanke der folgenden Analyse ist, dass Kooperationsbeziehungen öffentlicher Hochschulen einen positiven Effekt auf die Innovationsfähigkeit von in erster Linie regionalen Unternehmen haben und damit auf die Wettbewerbsfähigkeit der gesamten Region. In der folgenden Untersuchung wird davon ausgegangen (vgl. Kapitel 1.2 und Kapitel 2.4.1), dass Kooperationen in der Forschung ausschlaggebend sind für Wissensentstehung und Innovation. Folglich werden keine direkten Innovationstätigkeiten analysiert, zum Beispiel über neue Produkte oder Prozesse, sondern Innovation wird indirekt über Forschungskooperationen gemessen.

Ausgehend von den theoretischen Überlegungen zu den unterschiedlichen Wissensbasen in Kapitel 2.4.5 werden nicht die beiden Hochschulen (Universität Basel und FHNW) separat analysiert, sondern die einzelnen Fachbereiche. Das heisst, die befragten Forschungsgruppen werden, ganz gleich ob sie innerhalb der FHNW oder der Universität angesiedelt sind, zu Fachbereichen zusammengefasst. Grundgedanke dabei ist, dass sich die Forschungsgruppen in erster Linie nicht aufgrund der Zugehörigkeit zu verschiedenen Institutionen, sondern aufgrund ihrer Zugehörigkeit zu einem Fachbereich und damit einer Wissensbasis hinsichtlich ihres Kooperationsverhaltens unterscheiden.

Im Folgenden werden die in Kapitel 2.4.6 vorgestellten Fragestellungen empirisch überprüft und die Ergebnisse der Analyse dargestellt. Die Ergebnisse stammen aus einer schriftlichen Befragung (der Fragebogen befindet sich im Anhang) der Forschungsgruppen der FHNW und der Universität Basel. Zuerst wird die Herkunft der Mitarbeiter nach Fachbereichen analysiert (Kapitel 7.2.1), gefolgt von der Analyse der Drittmittel (Kapitel 7.2.2). Im Anschluss werden die räumliche Reichweite der Kooperationsbeziehungen (Kapitel 7.2.3) sowie verschiedene Merkmale der Kooperationsbeziehungen untersucht (Kapitel 7.2.4).

7.2.1
Herkunft der Mitarbeiter

Die Analyse der Herkunft der Mitarbeiter gibt Auskunft über die Zusammensetzung der Forschungsteams und die Verankerung des Fachbereichs in der Region. Es wird angenommen, dass synthetische Fachbereiche stärker als analytische Fachbereiche in der Untersuchungsregion Nordwestschweiz (NWS) verankert sind und ihre Mitarbeiter hauptsächlich regional rekrutieren.

Ergebnis. Abbildung 7.1 zeigt die Herkunft der Mitarbeiter nach dem vorherigen Arbeits- beziehungsweise Studienort. Dabei sind deutliche Unterschiede zwischen den Fachbereichen zu erkennen. Nahezu alle Mitarbeiter (76%) der 13 Forschungsgruppen des Fachbereichs Technik, welcher ausschliesslich an der FHNW angesiedelt ist, haben vorher bereits an der FHNW studiert oder gearbeitet. Addiert man diejenigen Mitarbeiter, welche aus der restlichen Nordwestschweiz kommen, hinzu, ergibt sich eine Regionalquote von 89%. Ebenfalls überdurchschnittlich hoch ist der Anteil an Mitarbeitern aus der Region in den Fachbereichen Design/Kunst (60%), Medizin (51%), Geoinformatik (50%), Chemie (50%) und Informatik (43%). Im Gegensatz dazu ist der Anteil der regionalen Mitarbeiter in den Fachbereichen Biologie (29%), Bauwissenschaften (23%), Wirtschaft (22%), Physik (19%) und Pharmazie (18%) eher gering.

Erkenntnisgewinn. Der hohe regionale Anteil der Mitarbeitenden in den Fachbereichen Technik, Design/Kunst, Medizin, Geoinformatik und Chemie lässt auf eine starke Verankerung der Forschungsgruppen und damit der Fachbereiche in der Region Nordwestschweiz schliessen. In den Fachbereichen Technik und Design/Kunst spielt der regionale, soziokulturelle Ausbildungshintergrund der Mitarbeitenden eine bedeutende Rolle. Der hohe Anteil an regionalen Mitarbeitenden im Fachbereich Chemie (analytische Wissensbasis), kann mit der starken Spezialisierung der regionalen Wirtschaftsstruktur auf die Chemisch-Pharmazeutische Industrie, vor allem am Standort Basel und mit der Ausrichtung der Hochschulen auf diese Spezialisierung erklärt werden. Dahingegen deutet der geringe Anteil regionaler Mitarbeiter in den Fachbereichen Biologie, Wirtschaft, Physik und Pharmazie auf eine weniger starke regionale Verankerung hin.

Forschungsbedarf. Interessant wäre an dieser Stelle, den Grund für die regionale, respektive internationale Rekrutierung der Mitarbeiter zu erfahren. Entscheidend ist, ob die Mitarbeitenden bewusst aufgrund ihres regional spezialisierten Ausbildungshintergrundes rekrutiert werden oder ob die Rekrutierung lediglich aufgrund der regionalen Verfügbarkeit geschieht.

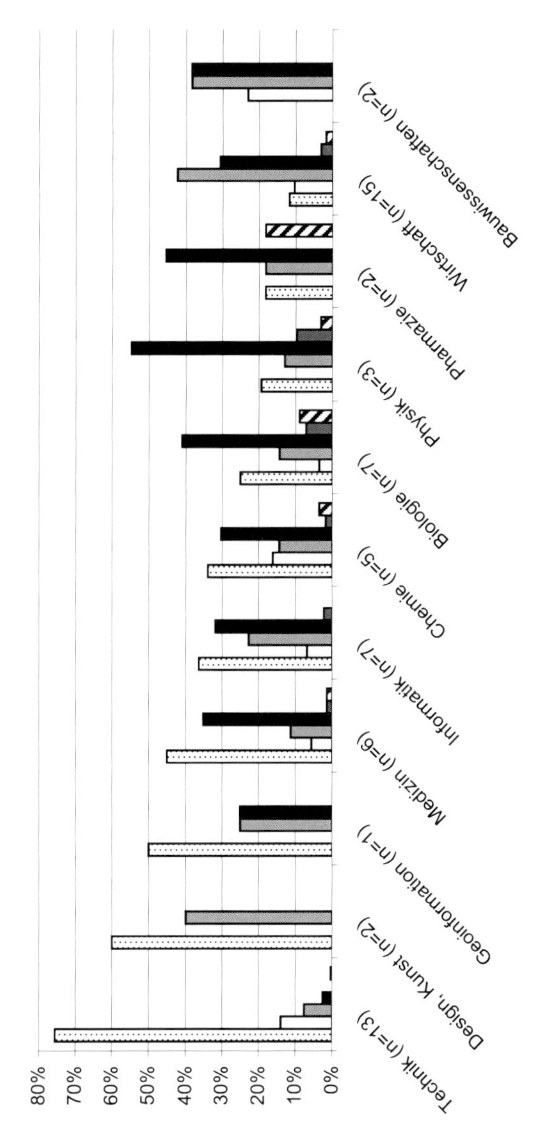

Abb. 7.1 Herkunft der wissenschaftlichen Mitarbeiter in den Forschungsgruppen (n = Anzahl der Forschungsgruppen); Quelle: eigene Darstellung

Tab. 7.3 Anteil der Drittmittel am Gesamtbudget der Forschung-/Projektgruppe

Wissens-basis	Fachbereich	Anteil der Drittmittel am Gesamtbudget der Forschungs-/Projekt-gruppe in Prozent	Standard-abweichung
analytisch	Biologie (n = 7)	56	17.5
	Chemie (n = 5)	52	20.8
	Physik (n = 3)	92	7.6
	Wirtschaft (n = 14)	43	26
synthetisch	Informatik (n = 5)	73	19.9
	Medizin (n = 5)	73	21.7
	Technik (n = 11)	56	19.1

n = Anzahl der Forschungsgruppen; Quelle: eigene Darstellung

7.2.2 Struktur und Herkunft der Drittmittel

Der Anteil der Drittmittel am Gesamtbudget der Fachbereiche gibt einen Hinweis auf die Attraktivität der Forschungsarbeit des Fachbereichs für private oder öffentliche Geldgeber (Tabelle 7.3). Wichtiger ist hier jedoch die regionale Herkunft der Drittmittel, welche einen wichtigen Indikator für die Verankerung der Forschungsgruppen und ihrer Forschungsaktivitäten in der Region Basel beziehungsweise der Nordwestschweiz darstellt. Weiterhin gibt die institutionelle Herkunft der Drittmittel (öffentlich oder privat) Auskunft über die Bedeutung des jeweiligen Fachbereichs für die Wissenschaft und die Wirtschaft.

Ergebnis. Von insgesamt 57 befragten Forschungsgruppen gaben lediglich fünf an, nicht über irgendwelche Drittmittel zu verfügen. Der Fachbereich Physik verfügt mit einem Anteil von 92 Prozent an seinem gesamten Budget im Verhältnis über die meisten Drittmittel. Neben der Physik weisen die Fachbereiche Informatik und Medizin einen überdurchschnittlichen Drittmittelanteil (beide 73%) an ihrem Gesamtbudget auf. Den geringsten Drittmittelanteil weist die Wirtschaft auf (43%). Insgesamt ist der Anteil an öffentlichen Drittmitteln in allen Fachbereichen deutlich höher als jener aus der Privatwirtschaft, was die grosse Bedeutung der Grundlagenforschung an den Hochschulen widerspiegelt. Über den grössten Anteil an privaten Drittmitteln verfügt der Fachbereich Medizin (37%), vor dem Fachbereich Technik und Wirtschaft (je 23%). Der Fachbereich Physik bezieht als einziger keine Drittmittel von privaten Unternehmen.

Den grössten regionalen Anteil an (öffentlichen und privaten) Drittmitteln aus der Nordwestschweiz weisen die Fachbereiche Medizin (45%), Chemie (35%) und Biologie (33%) auf. Im Gegensatz dazu bezieht der Fachbereich Physik nahezu keine (3%) Drittmittel aus der Nordwestschweiz (Tabelle 7.4). Der Fachbereich Informatik bezieht seine Drittmittel zu 45 Prozent aus dem Ausland und zu 30 Prozent aus der übrigen Schweiz.

Erkenntnisgewinn. Der Anteil der regionalen und institutionellen Herkunft der Drittmittel gibt Auskunft über die Verankerung und Einbindung der Fachbereiche in der Region Nordwestschweiz. Der hohe Anteil an Drittmitteln der Fachbereiche Medizin, Chemie und Biologie zeigt ein klares öffentliches sowie privatwirtschaftliches Interesse an dieser Forschung und unterstreicht die Existenz einer Spezialisierung auf die Life Sciences Industrie in der Region. Diese Spezialisierung der Regionalwirtschaft überlagert dabei klar die theoretischen Annahmen zum Verhalten der Fachbereiche aufgrund ihrer Zugehörigkeit zu einer Wissensbasis: Die analytischen Fachbereiche Chemie und Biologie müssten eigentlich eine ähnliche Herkunftsstruktur der Fördermittel aufweisen wie der Fachbereich Physik. Eine klar unterschiedliche Herkunftsstruktur der Drittmittel der Fachbereiche aufgrund ihrer Zuteilung zur analytischen und synthetischen Wissensbasis lässt sich hier also nicht erkennen. Vielmehr scheint die Drittmittelstruktur ein Abbild der regional-wirtschaftlichen Spezialisierung zu sein.

Implikationen und Forschungsbedarf. Die starke regionale Förderung der Fachbereiche Medizin, Chemie und Biologie zeigt die starke Verankerung der Forschung in der Region und bedeutet eine grosse Chance für die zukünftige Entwicklung der Life Sciences Industrie. Gleichzeitig besteht aber auch eine gewisse Gefahr, dass durch die starke regionale Förderung vor allem der Fachbereiche Medizin und Chemie durch die regionale Privatwirtschaft, die Abhängigkeit zu gross wird und die Forschungsfreiheit eingeschränkt wird. Für Forschungsgruppen an der Hochschule sind internationale Beziehungen von grösster Wichtigkeit, da sie eine „Wissens-Pipeline“ für die Region in die Welt darstellen und so beispielsweise helfen, ein technologisches Lock-In[10] zu vermeiden.

[10] Unter «Lock-in-Effekten» (Einschliesseffekten) versteht man ein Phänomen, bei dem innovative Technologien trotz ihrer technischen und wirtschaftlichen Überlegenheit etablierte Techniken nicht ohne Weiteres vom Markt verdrängen können. Der Begriff geht auf den Wirtschaftshistoriker Paul David zurück, der das Phänomen anhand der suboptimalen Anordnung der Buchstaben auf der Schreibmaschinentastatur erklärt hat (QWERTY-nomics). Das technologische Lock-In kann ebenfalls in den räumlichen Kontext übertragen werden, wenn eine Region vom Wissen ausserhalb der Region abgeschnitten ist (vgl. dazu unter anderem Grabherr 1993).

Tab. 7.4 Herkunftsstruktur der Drittmittel in Prozent

Wissensbasis	**analytisch**					**synthetisch**			
Fachbereiche	Biologie (n = 7)	Chemie (n = 5)	Physik (n = 3)	Wirt-schaft (n = 4)	Median	Infor-matik (n = 6)	Medizin (n = 5)	Technik (n = 12)	Median
Öffentliche Drittmittel und Stiftungsmittel aus der Nordwestschweiz	29	22	3	20	21.0	10	17	20	17
Öffentliche Drittmittel und Stiftungsmittel aus der übrigen Schweiz und vom Bund (z.B. SNF, KTI)	53	51	77	52	52.5	28	45	52	45
Öffentliche Drittmittel und Stiftungsmittel aus dem Ausland	7	4	20	5	6.0	42	2	5	5
Anteil öffentlicher Drittmittel	89	77	100	77	83.0	80	63	77	77
Drittmittel von Unternehmen aus der Nordwest-schweiz	4	13	0	3	3.5	12	28	3	12
Drittmittel von Unternehmen aus der übrigen Schweiz	1	4	0	17	2.5	2	3	17	3
Drittmittel von ausländischen Unternehmen	1	2	0	3	1.5	3	5	3	3
Anteil privater Drittmittel	7	19	0	23	13.0	16	37	23	23
Sonstige Quellen	4	4	0	0	2.0	4	0	0	0
Gesamt	100	100	100	100	100.0	100	100	100	100

n = Anzahl der Forschungsgruppen; Quelle: eigene Darstellung

7.2.3 Räumliche Reichweite der Forschungskooperationen

Im Folgenden wird die räumliche Reichweite der Forschungskooperationen zuerst für die Zusammenarbeit zwischen öffentlichen Forschungseinrichtungen und im Anschluss für die Zusammenarbeit zwischen öffentlichen Forschungseinrichtungen und der Privatwirtschaft analysiert. Ausgehend von den theoretischen Überlegungen in Kapitel 2.4.5 wird angenommen, dass synthetische Fachbereiche stärker regional kooperieren als analytische Fachbereiche.

Räumliche Reichweite der Zusammenarbeit zwischen öffentlichen Forschungseinrichtungen. Um die räumliche Reichweite der Forschungskooperationen zu ermitteln, wurden die Forschungsgruppen danach gefragt, wo sich ihre Partner (in absoluter Zahl) an Hochschulen und anderen öffentlichen Forschungseinrichtungen befinden. Da die Anzahl der Kooperationspartner zwischen den Fachbereichen stark variiert, kann die absolute räumliche Verteilung der Partner kaum interpretiert werden. Aussagekräftiger sind hingegen die Anteilswerte der räumlichen Verteilung. Die detaillierten Ergebnisse der räumlichen Analyse finden sich in Tabelle 7.5.

Ergebnisse. Analytische Fachbereiche arbeiten insgesamt zu 49% mit Partnern in der Schweiz und zu 51% mit Partnern im Ausland zusammen. Bei synthetischen Fachbereichen ist das Verhältnis umgekehrt, hier arbeiten 51% mit Partnern in der Schweiz und 49% mit Partnern im Ausland zusammen. Betrachtet man die räumliche Vernetzungsstruktur der einzelnen Fachbereiche in den Abbildungen 7.2 und 7.3, fällt auf, dass analytische Fachbereiche weniger stark regional (in der Nordwestschweiz) und der übrigen Schweiz vernetzt sind als synthetische. Eine Ausnahme bildet bei den analytischen Fachbereichen die Wirtschaft, welche innerhalb des eigenen Fachbereichs zwar stark auf die übrige Schweiz ausgerichtet ist, in der fächerübergreifenden Kooperation jedoch eher auf die Nordwestschweiz. Bei den synthetischen Fachbereichen bildet die Informatik die Ausnahme, welche hauptsächlich mit Partnern aus der EU zusammenarbeitet. Allgemein kann man festhalten, dass die Forschungsgruppen hauptsächlich mit Partnern aus derselben Disziplin (84%) und nur mit wenigen Partnern (16%) aus anderen Disziplinen zusammen arbeiten. Weiterhin arbeiten 48% der Forschungsgruppen in der gleichen Disziplin mit Partnern innerhalb der Schweiz und 52% mit Partnern im Ausland zusammen. In der fächerübergreifenden Kooperation arbeiten 61% mit Partnern in der Schweiz und lediglich 39% mit Partnern im Ausland zusammen.

Das heißt, die meisten Forschungskooperationen bestehen zu Partnern in derselben fachlichen Disziplin, ungefähr je zur Hälfte im In- und im Ausland. Deutlich weniger Kooperationen bestehen zu fachfremden Partnern, die meisten davon zu Partnern in der Schweiz, weniger im Ausland. Innerhalb desselben Landes ist eine fächerübergreifende Zusammenarbeit demnach einfacher als mit Partnern im Ausland. Im Folgenden werden die einzelnen Fachbereiche hinsichtlich ihrer räumlichen Vernetzung separat analysiert, woraus die Erkenntnisse abgeleitet werden.

Tab. 7.5 Räumliche Reichweite der Forschungspartner aus anderen öffentlichen Hochschulen

Fachbereiche	Zusammenarbeit mit Partnern aus öffentlichen Forschungseinrichtungen in der Schweiz							Zusammenarbeit mit Partnern aus öffentlichen Forschungseinrichtungen im Ausland							Gesamt
	Selbe Hochschule	In Prozent	Nordwestschweiz	In Prozent	Übrige Schweiz	In Prozent	CH gesamt (in Prozent)	EU	In Prozent	USA	In Prozent	Sonstige	In Prozent	Ausland gesamt (in Prozent)	Summe (100%)
Partner in gleicher Disziplin analytisch gesamt (n = 29)	**46**	**13**	**25**	**7**	**94**	**26**	**46**	**126**	**35**	**50**	**14**	**19**	**5**	**54**	**360**
Wirtschaft (n = 13)	18	10	16	9	65	35	54	45	25	30	16	9	5	46	183
Biologie (n = 6)	9	22	3	7	5	12	41	15	36	6	14	3	7	59	41
Physik (n = 3)	11	18	1	2	7	12	32	26	43	11	18	4	7	68	60
Nanowissenschaften (n = 2)	5	9	3	6	10	19	34	32	60	2	4	1	2	66	53
Chemie (n=5)	3	13	2	9	7	30	52	8	34	1	4	2	8	48	23
Partner in anderer Disziplin analytisch gesamt (n = 25)	**19**	**27**	**11**	**15**	**15**	**21**	**63**	**18**	**25**	**7**	**9**	**1**	**1**	**37**	**71**
Wirtschaft (n = 10)	4	17	8	33	7	29	79	3	12	2	8	0	0	21	24
Biologie (n = 7)	6	43	0	0	1	7	50	4	28	2	14	1	7	50	14
Physik (n = 3)	3	20	0	0	2	13	33	7	46	3	19	0	0	67	15
Chemie (n = 5)	6	33	3	16	5	27	78	4	22	0	0	0	0	22	18
Gesamt analytisch	**65**	**15**	**36**	**8**	**109**	**25**	**49**	**144**	**33**	**57**	**13**	**20**	**5**	**51**	**431**
Partner in gleicher Disziplin synthetisch gesamt (n = 29)	**41**	**17**	**25**	**10**	**57**	**23**	**50**	**87**	**36**	**18**	**7**	**17**	7	**50**	**245**
Informatik (n = 5)	2	4	0	0	9	17	21	33	62	4	8	5	9	79	53
Technik (n = 10)	27	23	15	13	28	24	60	33	28	2	2	11	9	40	116
Medizin (n = 6)	10	21	8	17	10	21	58	13	27	7	15	0	0	42	48
Geisteswissenschaften (n = 2)	2	17	2	17	3	25	58	2	17	3	25	0	0	42	12
Bauwissenschaften (n=2)	0	0	0	0	7	44	44	6	38	2	13	1	6	56	16
Partner in anderer Disziplin synthetisch gesamt (n = 25)	**8**	**17**	**11**	**23**	**8**	**17**	**56**	**15**	**31**	**5**	**10**	**1**	**2**	**44**	**48**
Informatik (n = 4)	2	9	3	13	3	13	35	12	52	3	13	0	0	65	23
Technik (n = 3)	1	10	5	50	1	10	70	2	20	0	0	1	10	30	10
Medizin (n = 6)	2	33	1	17	2	33	83	1	17	0	0	0	0	17	6
Geisteswissenschaften (n = 2)	3	33	2	22	2	22	78	0	0	2	22	0	0	22	9
Gesamt synthetisch	**49**	**17**	**36**	**12**	**65**	**22**	**51**	**102**	**35**	**23**	**8**	**18**	**6**	**49**	**293**

Quelle: eigene Darstellung

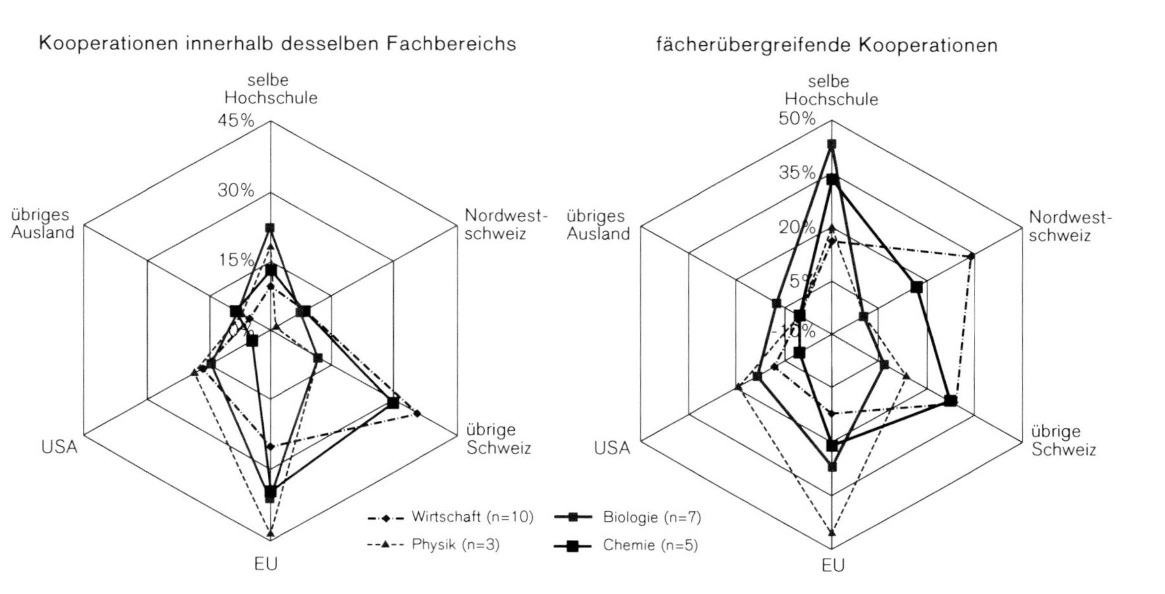

Abb. 7.2 Räumliche Reichweite der Kooperationen zwischen öffentlichen Forschungseinrichtungen der analytischen Fachbereiche (n = Anzahl der Forschungsgruppen); Graphik: T. HAISCH, L. BAUMANN

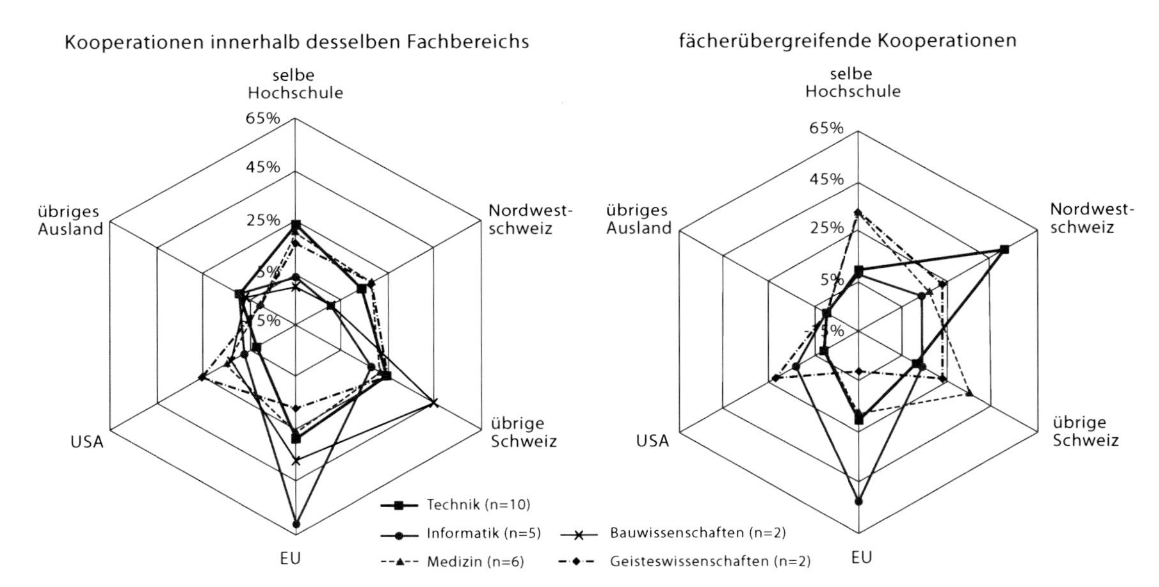

Abb. 7.3 Räumliche Reichweite der Kooperationen zwischen öffentlichen Forschungseinrichtungen der synthetischen Fachbereiche (n = Anzahl der Forschungsgruppen); Graphik: T. HAISCH, L. BAUMANN

Wirtschaft: übrige Schweiz & EU (Regionalquote selbe Disziplin: 19%; fächerübergreifende Kooperation: 50%)

Ergebnis. Von den Forschungspartnern des Fachbereichs Wirtschaft ist der größte Teil innerhalb derselben Disziplin tätig (77.5%). Im Fachbereich Wirtschaft kooperieren 54% der Forschungsgruppen mit Partnern aus der gleichen Disziplin innerhalb der Schweiz (davon 19% in der Nordwestschweiz und 35% in der übrigen Schweiz) und 46% mit Partnern im Ausland. Bei interdisziplinären Kooperationen spielt die räumliche Nähe eine weitaus wichtigere Rolle als bei Kooperationen im selben Fachgebiet: Hier kooperieren 79% der Forschungsgruppen mit Partnern im Inland (davon 50% innerhalb der Nordwestschweiz) und nur 21% mit Partnern im Ausland. Erkenntnisgewinn. Dieses Ergebnis zeigt zum einen die grosse Bedeutung der kontextuellen Nähe (gleiches Fach) im Fachbereich Wirtschaft auf. Sobald diese nicht mehr vorhanden ist und man eine fächerübergreifende Kooperation eingeht, wird sie durch die räumliche Nähe kompensiert. Zum anderen zeigt der geringe Anteil der Forschungskooperationen innerhalb desselben Fachbereichs in der Nordwestschweiz (19%) deutlich, dass die Wirtschaftsforschung in der Region nicht gut verankert ist und auf Kooperationspartner hauptsächlich in der übrigen Schweiz angewiesen ist.

Biologie: Hochschulintern & EU (Regionalquote selbe Disziplin: 29%; Regionalquote andere Disziplin: 43%)

Ergebnis. Innerhalb des Fachs Biologie kooperieren die Forschungsgruppen der Hochschulen zu 41% mit Partnern in der Schweiz, davon sind 22% aus derselben Hochschule, 7% aus der restlichen Nordwestschweiz und 12% aus der übrigen Schweiz. Die meisten ausländischen Kooperationen (insgesamt 59%) sind mit Partnern aus der EU (36%) und den USA (14%). In der fächerübergreifenden Kooperation arbeiten 43% der befragten Forschungsgruppen mit Partnern innerhalb derselben Hochschule zusammen. Lediglich ein Partner kommt aus der übrigen Schweiz. Das heisst, wenn interdisziplinär geforscht wird, kommen die Partner entweder aus derselben Hochschule oder aus dem Ausland (50%) und dort meist aus der EU (28%) und den USA (14%). Insgesamt kann festgehalten werden, dass die Basler Biologie neben den intensiven hochschulinternen Verflechtungen zusätzlich stark mit Forschungsgruppen aus der EU vernetzt ist. **Erkenntnisgewinn.** Der hohe Vernetzungsgrad innerhalb der jeweiligen Hochschule im Fachbereich Biologie spricht für ein intaktes Forschungsnetz an den untersuchten Hochschulen. Die Regionalquote von 29% in derselben Disziplin spricht für eine gute Verankerung der Biologie in der Nordwestschweiz.

Physik: EU & USA (Regionalquote selbe Disziplin: 20%, fächerübergreifende Kooperation: 20%)

Ergebnis. Die Kooperationsbeziehungen der drei befragten For-schungsgruppen im Fachbereich Physik finden zu 18% mit einem Partner innerhalb derselben Hochschule statt, lediglich eine Kooperation (2%) besteht in der übrigen Nordwestschweiz und 12% in der übrigen Schweiz. Anders sieht es mit ausländischen

Kooperationsbeziehungen aus, welche insgesamt 68% aller Kooperationen innerhalb des Fachbereichs Physik ausmachen, wovon 43% mit Partnern aus der EU und 18% mit Partnern aus den USA sind. Ein ähnliches Bild zeigt sich bei der Betrachtung der interdisziplinären Kooperationen: Dort bestehen 33% der Kooperationen innerhalb der Schweiz und 67% mit Partnern im Ausland (davon 46% mit Partnern in der EU). **Erkenntnisgewinn.** Dieses Ergebnis deutet darauf hin, dass die Forschenden im Fachbereich Physik Schwierigkeiten haben, passende Partner sowohl in derselben als auch in anderen Disziplinen innerhalb der Schweiz zu finden. Eine Erklärung hierfür könnte sein, dass das Wissen im Fachbereich Physik so speziell ist, dass internationale Kooperationen erforderlich werden.

Chemie: übrige Schweiz & Europa (Regionalquote selbe Disziplin: 22%; fächerübergreifende Kooperation: 49%)

Ergebnis. Die Kooperationspartner der Basler Chemiker aus derselben Disziplin stammen hauptsächlich aus der übrigen Schweiz (30%) und aus Europa (34%). Etwas anders sieht das Bild bei fächerübergreifenden Kooperationen aus, welche zu 78% innerhalb der Schweiz stattfinden (zu 33% an der eigenen Hochschule, zu 16% in der Nordwestschweiz und zu 27% in der übrigen Schweiz) und zu 22% in Europa. **Erkenntnisgewinn.** Dieses Ergebnis deutet darauf hin, dass im Fachbereich Chemie und in Bezug auf den Chemiestandort Basel oder Nordwestschweiz erhebliche Defizite bestehen. Zumindest innerhalb desselben Fachbereichs finden sich kaum Kooperationspartner innerhalb der Region. Andererseits sprechen die starken interdisziplinären Kooperationen für eine Anbindung beziehungsweise Ausrichtung der Basler Chemie auf andere Fachbereiche. Zu vermuten ist, dass die Basler Chemie stark mit der Pharmaindustrie vernetzt ist.

Informatik: EU (Regionalquote selbe Disziplin: 4%; fächerübergreifende Kooperation: 22%)

Ergebnis. Der Fachbereich Informatik ist sowohl innerhalb der eigenen Disziplin als auch in der interdisziplinären Zusammenarbeit stark auf die EU ausgerichtet. Während innerhalb der Informatik lediglich 21% der Kooperationen (davon 4% an derselben Hochschule und 9% in der übrigen Schweiz) innerhalb der Schweiz bestehen, suchen sich die Forschungsgruppen ihre Partner zu 62% in der EU, zu 8% in den USA und zu 9% im restlichen Ausland. Ähnlich sieht es bei den Kooperationen mit Partnern aus anderen Disziplinen aus: Hier bestehen 35% der Kooperationen in der Schweiz und 65% im Ausland. **Erkenntnisgewinn.** Durch die starke Ausrichtung des Fachbereichs Informatik auf das Ausland wird deutlich, dass keine Spezialisierung der Forschung innerhalb der Nordwestschweiz besteht. Am wenigsten innerhalb des selben Fachbereichs.

Technik: starker Standort Schweiz (Regionalquote selbe Disziplin: 36%; fächerübergreifende Kooperation: 60%)

Ergebnis. Anders als die Informatik ist die Basler Technik innerhalb der Schweiz und der Region stark vernetzt: Von insgesamt 116 Kooperationsbeziehungen innerhalb des Fachbereichs Technik befinden sich 23% an derselben Hochschule, 13% in der restlichen Nordwestschweiz und 24% in der übrigen Schweiz. Im Ausland bestehen 28% der Beziehungen zu Partnern aus der EU, 2% zu Partnern in den USA und 9% im restlichen Ausland. Die niedrige Zahl der Antworten (n = 3) lässt darauf schliessen, dass im Fachbereich Technik relativ wenig interdisziplinär gearbeitet wird. **Erkenntnisgewinn.** Der Fachbereich Technik entspricht durch die Ausprägung seines räumlichen Kooperationsverhaltens idealtypisch einem synthetischen Fachbereich. Das Wissen hier scheint kontextgebunden und die starke Vernetzung innerhalb der Region deutet auf einen gut funktionierenden Cluster im Technikbereich hin.

Medizin: starker Standort Schweiz (Regionalquote selbe Disziplin: 38%; fächerübergreifende Kooperation: 50%)

Ergebnis. Ähnlich wie der Fachbereich Technik ist auch der Fachbereich Medizin hinsichtlich der Forschungskooperationen mit anderen öffentlichen Forschungseinrichtungen im selben Fachbereich (58%) und noch stärker in der Zusammenarbeit mit anderen Fachbereichen (83%) in der Schweiz verankert. Innerhalb der Medizin bestehen 42% der Kooperationen mit Partnern im Ausland, davon 27% in der EU und 15% in den USA. **Erkenntnisgewinn.** Die Medizin hat ein starkes Standbein innerhalb der Region Nordwestschweiz sowie in der übrigen Schweiz. Auch hier kann man von einer sehr starken Verankerung innerhalb der Region sprechen und von einem gut ausgebauten Forschungsnetzwerk. Über Kooperationsbeziehungen der Geistes- und Bauwissenschaften wird hier nicht im Einzelnen eingegangen, da das Sample von jeweils zwei Antworten wenig aussagekräftig ist.

Räumliche Reichweite in der Zusammenarbeit mit Unternehmen. Ergebnis. Ein deutlich inlandorientiertes Bild ergibt sich, betrachtet man die Zusammenarbeit der Forschungsgruppen mit Unternehmen aus der Privatwirtschaft (Tabelle 7.6). Auch hier ergibt sich kein deutlicher Unterschied zwischen der Gesamtbetrachtung synthetischer und analytischer Fachbereiche. Analytische Fachbereiche arbeiten insgesamt etwas mehr (87%) mit Schweizer Unternehmen zusammen als Synthetische (83%). Auch hier ist es sinnvoll, auf die einzelnen Fachbereiche im Einzelnen einzugehen. Die höchste regionale Vernetzung (Zusammenarbeit mit Unternehmen in der Nordwestschweiz) weisen die Fachbereiche Chemie (61%), Biologie (50%), Kunst&Design (43%) sowie Technik (40%) auf, die niedrigste Regionalquote hat der Fachbereich Pharmazie (17%) vor den Geisteswissenschaften (20%) und der Informatik (25%). Durch den geringen Rücklauf aus den Fachbereichen Physik, Pharmazie, Geisteswissenschaften sowie Kunst&Design (jeweils nur 2 Antworten) ist es jedoch schwer, diese Ergebnisse zu interpretieren. Im Folgenden werden deshalb nur die Ergebnisse für die Fachbereiche Wirtschaft, Biologie, Chemie, Informatik, Technik und Bauwissenschaften einzeln interpretiert.

Tab. 7.6 Räumliche Reichweite der Forschungspartner aus der Privatwirtschaft

Fachbereiche	Zusammenarbeit mit Partnern aus der Privatwirtschaft in der Schweiz					Zusammenarbeit mit Partnern aus der Privatwirtschaft im Ausland							Gesamt
	Nord-west-schweiz	In Prozent	Übrige Schweiz	In Prozent	CH gesamt (in Prozent)	EU	In Prozent	USA	In Prozent	Übriges Ausland	In Prozent	Ausland gesamt (in Prozent)	Summe (100%)
Partner analytisch gesamt (n = 29)	**80**	**35**	**117**	**52**	**87**	**24**	**11**	**4**	**2**	**1**	**0**	**13**	**226**
Wirtschaft (n = 13)	58	32	105	58	90	16	9	2	1	1	1	10	182
Biologie (n = 6)	6	50	4	33	83	0	0	2	17	0	0	17	12
Physik (n = 2)	1	33	1	33	67	1	33	0	0	0	0	33	3
Chemie (n = 4)	14	61	5	22	83	4	17	0	0	0	0	17	23
Pharmazie (n = 2)	1	17	2	33	50	3	50	0	0	0	0	50	6
Partner synthetisch gesamt (n = 29)	**203**	**38**	**241**	**45**	**83**	**72**	**13**	**5**	**1**	**15**	**3**	**17**	**536**
Informatik (n = 7)	15	25	21	36	61	21	36	1	2	1	2	39	59
Technik (n = 13)	173	40	203	47	87	41	9	4	1	13	3	13	434
Medizin (n = 5)	8	36	7	32	68	6	27	0	0	1	5	32	22
Geisteswissenschaften (n = 2)	1	20	2	40	60	2	40	0	0	0	0	40	5
Bauwissenschaften (n = 3)	3	33	4	44	78	2	22	0	0	0	0	22	9
Kunst, Design (n = 2)	3	43	4	57	100	0	0	0	0	0	0	0	7

Quelle: eigene Darstellung

Wirtschaft: übrige Schweiz und Nordwestschweiz (Regionalquote: 32%)

Ergebnis. In der Wirtschaft arbeiten die 13 Forschungsgruppen, welche geantwortet haben, mit insgesamt 182 Partnern aus der Privatwirtschaft zusammen. Der weitaus größte Teil der Partner (90%) befindet sich dabei innerhalb der Schweiz, davon 32% in der Nordwestschweiz und 58% in der übrigen Schweiz. Im Ausland bleibt der grösste Teil der Kooperationen auf die EU beschränkt (9%) und nur jeweils eine Kooperation besteht zu Unternehmen in den USA und zu sonstigen Standorten. **Erkenntnisgewinn.** Die Regionalquote von 32% zeigt zwar, dass die untersuchten Forschungsgruppen stärker mit der regionalen Wirtschaft verbunden sind als mit anderen öffentlichen Forschungsgruppen in der Region. Dennoch ist die Regionalquote im Vergleich zu anderen Fachbereichen relativ gering.

Biologie: Nordwestschweiz (Regionalquote: 50%)

Ergebnis. Die Basler Biologen an den beiden Hochschulen sind regional (in der Nordwestschweiz) stark mit Unternehmen vernetzt, was die Regionalquote von 50% deutlich zeigt. Weitere vier der insgesamt zwölf Partnerunternehmen befinden sich in der übrigen Schweiz (33%). Im Ausland wird lediglich mit zwei Unternehmen in den USA kooperiert. **Erkenntnisgewinn.** Anders als in der Kooperation mit anderen öffentlichen Forschungsgruppen sind die Basler Biologen in ein intaktes Forschungs-Netzwerk mit Industrieunternehmen eingebettet, was auf die starke Spezialisierung der Region Nordwestschweiz auf die Life-Sciences Industrie zurückzuführen ist.

Chemie: Nordwestschweiz (Regionalquote: 61%)

Ergebnis. Noch stärker auf die Region Nordwestschweiz konzentriert sind die Kooperationen des Fachbereichs Chemie: Hier bestehen 61% der Kooperationen mit Unternehmen in der Nordwestschweiz und nur 22% in der übrigen Schweiz. Partnerunternehmen im Ausland gibt es wenige und nur in der EU (4%). **Erkenntnisgewinn.** Auch dieses Ergebnis zeigt die starke Verankerung der Basler Chemie innerhalb der Region. Während innerhalb der Wissenschaft Defizite bestehen, finden die Forschungsgruppen anscheinend problemlos Kooperationspartner in der Wirtschaft. Hier besteht deutlicher Ausbaubedarf innerhalb der Hochschulen, beziehungsweise im Bereich der öffentlichen Forschung innerhalb der Region.

Informatik: übrige Schweiz und EU (Regionalquote: 25%)

Ergebnis. Von den insgesamt 59 Partnerunternehmen der Basler Informatiker befinden sich weniger in der Nordwestschweiz (15%) als in der EU (21%). Dennoch bestehen mehr Kooperationen innerhalb der Schweiz (61%) als im Ausland (39%), was bedeutet, dass viel mit Unternehmen aus der übrigen Schweiz zusammengearbeitet wird (21%). **Erkenntnisgewinn.** Ebenso wie bei den wissenschaftlichen Kooperationen deutet der geringe Grad der Vernetzung innerhalb der Region auf einen schwachen Informatikstandort Basel hin.

Technik: übrige Schweiz und Nordwestschweiz (Regionalquote: 40%)

Ergebnis. Im Fachbereich Technik, welcher sich in Basel ausschließlich an der FHNW befindet, sind die Forschungsgruppen sehr stark mit dem Standort Schweiz vernetzt: 87% der Kooperationen bestehen mit Unternehmen in der Schweiz (davon 40% mit Unternehmen aus der Nordwestschweiz und 47% mit Unternehmen aus der übrigen Schweiz) und 13% mit Unternehmen im Ausland (davon 9% mit Unternehmen der EU, 1% mit Unternehmen in den USA und 3% mit Unternehmen im übrigen Ausland). **Erkenntnisgewinn.** Dieses Ergebnis verdeutlicht einmal mehr die Bedeutung von kontextbezogenem Wissen im Fachbereich Technik. Dennoch scheinen weniger Unternehmen einen Partner innerhalb der Region zu finden als in der übrigen Schweiz.

Medizin: Nordwestschweiz und übrige Schweiz (Regionalquote: 36%)

Ergebnis. Im Fachbereich Medizin sind die Kooperationen mit der Privatwirtschaft ebenfalls in der Schweiz konzentriert (68%) und weniger im Ausland (32%). Von den Kooperationen im Ausland sind fast alle (27%) mit Unternehmen in der EU. Die Medizin weist durch ihre Regionalquote von 36% eine leicht überdurchschnittliche Verankerung innerhalb der Region auf. **Erkenntnisgewinn.** Die relativ starke Verflechtung der Medizin mit Unternehmen in der übrigen Schweiz lässt darauf schliessen, dass es auch an anderen Standorten in der Schweiz eine starke privatwirtschaftliche Forschung gibt. Die Medizin ist dennoch innerhalb der Region gut vernetzt.

Bauwissenschaften: übrige Schweiz und Nordwestschweiz (Regionalquote: 33%)

Ergebnis. Auch in den Bauwissenschaften spielt die Region und die übrige Schweiz die größte Rolle im Hinblick auf Kooperationen mit der Privatwirtschaft. Von insgesamt neun genannten Kooperationen befinden sich drei in der Nordwestschweiz, vier in der übrigen Schweiz und zwei in der EU. **Erkenntnisgewinn.** Die starke Konzentration der Bauwissenschaftlichen Forschung innerhalb der Schweiz zeigt, dass die Forschung sich stark am nationalen Kontext, den Vorgaben und Regelungen orientiert.

7.2.4 Kooperationsverhalten in der Forschung

Im Folgenden wird die Ausgestaltung beziehungsweise das Verhalten der Forschungsgruppen vor und während einer Kooperation untersucht. Der Erstkontakt und die Motive einer Zusammenarbeit sind zeitlich vor der tatsächlichen Zusammenarbeit anzusiedeln. Während der Forschungskooperation unterscheiden sich die Fachbereiche anhand von Merkmalen wie unterschiedlicher Formen der Zusammenarbeit, der räumlichen Reichweite, der Probleme und der Vorteile einer langjährigen Zusammenarbeit sowie der Faktoren einer erfolgreichen Zusammenarbeit. Von den 72 Forschungsgruppen, welche den Fragebogen ausgefüllt zurückgeschickt haben, haben 62 (86%) in den letzten fünf Jahren mit Partnern an Universitäten, Fachhochschulen und anderen öffentlichen Forschungseinrichtungen zusammengearbeitet, davon ca. die Hälfte, nämlich 33 von 35 (94%) aus analytischen und 29 von 37 (78%) aus synthetischen Fachbereichen. Bei den Forschungskooperationen mit der Privatwirtschaft verhält es sich ähnlich, hier haben 64 von 72 (89%) bereits mit Unternehmen zusammengearbeitet. Im Gegensatz zur Kooperation mit anderen öffentlichen Forschungseinrichtungen verhält es sich bei der Betrachtung der Kooperationen mit der Privatwirtschaft genau andersrum: Hier haben 29 von 35 (83%) aus analytischen und 35 von 37 (95%) aus den synthetischen Fachbereichen in den letzten 5 Jahren mit privatwirtschaftlichen Unternehmen zusammengearbeitet.

Erstkontakt. Der Erstkontakt, welcher eine spätere Forschungskooperation begründet, entsteht meist durch persönliche (man kennt sich), institutionelle/geographische (man arbeitet beispielsweise in derselben Hochschule) oder kontextuelle Nähe (Partner arbeitet im selben Fach), wobei sich die Näheformen nicht gegenseitig ausschliessen und sich überlagern können. **Ergebnisse.** Zwischen öffentlichen Forschungseinrichtungen (Tabelle 7.7) erfolgt die Kontaktaufnahme meist auf der Basis von bereits bestehenden, persönlichen Kontakten. Am häufigsten kommt der Erstkontakt in den Fachbereichen Biologie, Physik, Informatik, Technik, Nanowissenschaften und Medizin durch persönliche Nähe zustande. Die insgesamt zweithäufigste Art, einen ersten Kontakt herzustellen, ist durch die räumliche und institutionelle Nähe bedingt, indem der Partner an derselben Hochschule gefunden wird. Bei dieser Art der Kontaktaufnahme lässt sich jedoch keine klare Grenze ziehen zwischen institutioneller und persönlicher Nähe. Hier sind es ebenfalls die Fachbereiche Biologie, Physik und Technik, welche diese Art der Kontaktaufnahme am häufigsten wählen. Im Gegensatz zu bereits bestehenden, persönlichen Beziehungen und der Zugehörigkeit zur selben Institution, kommt der Kontaktaufnahme über die WTT-Stelle der Uni Basel sowie über Verbands- und Gremientätigkeiten insgesamt eine relativ geringe Bedeutung zu. Eine mittlere Bedeutung kommt hingegen der Kontaktaufnahme über Kongresse, Messen oder Tagungen zu, wobei dies am meisten von den Fachbereichen Biologie und Physik genutzt wird. Im Fachbereich Physik sowie in der Informatik scheint zudem die Empfehlung durch Kollegen eine entscheidende Rolle zu spielen. Allein durch die Publikation von Forschungsergebnissen, was der rein kontextuellen Nähe entspricht, kommt der Erstkontakt häufig in den Fachbereichen Physik und Nanowissenschaften zustande. Bei der Kontaktaufnahme zwischen Forschungsgruppen der Hochschule und Unternehmen (Tabelle 7.8) ist wie zuvor die persönliche Nähe von zentraler Bedeutung. Genau wie zwischen öffentlichen Forschungseinrichtungen sind es hier ebenso die Fachbereiche Technik und Physik, für welche das die häufigste Art der Kontaktaufnahme ist. Zusätzlich scheint diese Art der Kontaktaufnahme für den Fachbereich Wirtschaft von grösster Bedeutung zu sein. Beinahe ebenso wichtig wie bestehende persönliche Kontakte ist die Kontaktaufnahme von Seiten der Unternehmen, welche aufgrund von bereits veröffentlichten Forschungsergebnissen oder bereits abgeschlossenen Arbeiten auf die Forschungsgruppen der Hoch-

Tab. 7.7 Erstkontakt mit Partnern aus öffentlichen Forschungseinrichtungen

Wissensbasis	**analytisch**						**synthetisch**			
Grund der Kontaktaufnahme	Biologie (n = 7)	Chemie (n = 5)	Nanowissenschaften (n = 2)	Physik (n = 3)	Wirtschaft (n = 14)	Median	Informatik (n = 6)	Medizin (n = 6)	Technik (n = 8)	Median
Bestehendem persönlicher Kontakt	1	2	1.5	1	2	1.5	1	1.5	1	1.25
Partner gehört zur selben Hochschule	1	2	1.5	1	2	1.5	2	2	1	1.75
Kongresse, Messen, Tagungen	1.5	3	2.5	1.5	2	2	2	2	2	2
Gemeinsame Teilnahme an Programmen/Wettbewerben o.ä.	2	3	2	2	2	2	2	2	2	2
Empfehlung durch Kollegen	2	3	3	1	2	2	1	3	2	2
Aufgrund von Forschungsergebnissen, Publikationen	2	3	1.5	1	2	2	2	2	2	2
Über die WTT-Stelle der Uni Basel/FHNW	3	2	3	3	3	3	3	3	3	3
Verbands-/Gremientätigkeiten	3	3	3	3	3	3	3	3	2.5	3

n = Anzahl der Forschungsgruppen; 1 = in mehr als 2 Fällen, 2 = in einem oder zwei Fällen, 3 = in keinem Fall; Median; Quelle: eigene Darstellung

Tab. 7.8 Erstkontakt mit Partnern aus der Privatwirtschaft

Wissensbasis	**Analytische Fachbereiche**					**Synthetische Fachbereiche**					
Grund der Kontaktaufnahme	Biologie (n = 5)	Chemie (n = 4)	Physik (n = 2)	Wirtschaft (n = 11)	Median	Bauwissenschaften (n = 3)	Informatik (n=7)	Medizin (n=7)	Technik (n=13)	Median	Median gesamt
Persönlicher Kontakt	2	2	1.5	1	1.75	2	2	2	1	2	2
Unternehmen ist aufgrund unserer Forschungsergebnisse an uns herangetreten	3	2.5	2.5	2	2.5	2	2	2	2	2	2.5
Uns wurde das Unternehmen empfohlen	3	3	3	2	3	2	2	3	2	2.5	3
Wir wurden dem Unternehmen empfohlen	3	2.5	3	2.5	2.75	3	2	3	2	2.75	3
Unternehmer hat bei uns gearbeitet (z.B.Spin-Off)	3	3	3	2	3	3	3	3	3	3	3
Verbands-/Gremientätigkeiten	3	3	3	3	3	2	3	3	3	3	3
Über die WTT-Stelle der Uni Basel/FHNW	3	2	3	3	3	3	3	3	3	3	3
Kongresse, Messen, Tagungen	3	3	3	2	3	3	3	2	2	3	3
Gemeinsame Programme/ Wettbewerbe o.ä.	3	3	2.5	3	3	3	3	2	2	3	3
Wir sind aufgrund seiner Forschung an das Unternehmen herangetreten	3	3	3	2	3	2	3	3	2	3	3

n = Anzahl der Forschungsgruppen; 1 = in mehr als 2 Fällen, 2 = in einem oder zwei Fällen, 3 = in keinem Fall; Median; Quelle: eigene Darstellung

schulen zugehen. Erstaunlich ist, dass dies umgekehrt weitaus weniger der Fall und der Erstkontakt aufgrund von Forschungsgruppen zustande kommt, welche ihrerseits auf das jeweilige Unternehmen zugehen. Lediglich in den Fachbereichen Bauwissenschaften, Wirtschaft und Technik ist dies eine gängigere Art der Kontaktaufnahme. Ebenfalls wenig häufig kommen die Kooperationen zwischen den Hochschulen und Unternehmen durch eine Kontaktaufnahme zu ehemaligen Mitarbeitern der Hochschulen zustande, welche beispielsweise ein Spin-Off aus der Universität gegründet haben, sowie durch die Kontaktvermittlung der WTT-Stelle, durch Verbands- und Gremientätigkeiten, durch Kongresse, Tagungen und Messen sowie durch gemeinsame Teilnahme an Wettbewerben oder Forschungsprogrammen. Neben den bestehenden persönlichen Kontakten kommt der Erstkontakt etwas häufiger durch eine gegenseitige Empfehlung zustande, entweder indem die Forschungsgruppe dem Unternehmen empfohlen wurde oder, etwas weniger häufig, dass das Unternehmen der Forschungsgruppe empfohlen wurde.

Erkenntnisgewinn. Zusammenfassend kann man festhalten, dass die persönliche Nähe, beziehungsweise persönliche Beziehungen die wichtigste Voraussetzung für das Zustandekommen einer Kooperationsbeziehung sowohl zwischen Forschungseinrichtungen als auch zwischen einer Forschungseinrichtung und der Privatwirtschaft ist. Weiterhin erleichtert die institutionell/organisatorische Nähe, beispielsweise dadurch, dass die zukünftigen Partner an derselben Hochschule angesiedelt sind, eine erste Kontaktaufnahme. Weiterhin scheint in Fachbereichen wie der Physik oder Nanowissenschaten der hohe Anteil an kodifi-ziertem Wissen eine Kontaktaufnahme lediglich aufgrund der Publikation von Forschungsergebnissen zu ermöglichen. Generell bilden für Kooperationen zwischen Hochschulen Kongresse/Tagungen und Messen eine wichtige Plattform zur Erstkontaktaufnahme, welche für einen Erstkontakt mit der Privatwirtschaft eher unwichtig ist. Ebenfalls eine untergeordnete Bedeutung kommt der Kontaktaufnahme durch Verbands- oder Gremientätigkeiten sowie durch die WTT-Stelle der Hochschulen zu. **Implikationen und Forschungsbedarf.** Dass die WTT-Stelle der beiden Hochschulen in Bezug auf den Erstkontakt eine untergeordnete Rolle spielt und dass die Forschungsgruppen (mit Ausnahme der Wirtschaft, der Bauwissenschaften und der Technik) alleine nicht auf die Unternehmen zugehen, deutet auf eine Lücke hin, die es zu schliessen gilt. Ein möglicher Grund für die mangelnde Aktivität von Seiten der Forschungsgruppen, auf Unternehmen zuzugehen, sind fehlende Anreize, zum Beispiel finanzieller Art. In Anbetracht des allgemein gestiegenen Drucks der Beschaffung von Drittmitteln erscheint dies aber eher unwahrscheinlich. Folglich ist es schwieriger für einige Forschungsgruppen der Hochschulen (Biologie, Chemie, Physik, Informatik, Medizin), ein passendes Unternehmen ausfindig zu machen als andersrum. Oder anders formuliert, die Wahrscheinlichkeit des Zustandekommens einer Kooperation zwischen Hochschule und Unternehmen ist grösser, wenn das Unternehmen auf die Hochschule zugeht und den Erstkontakt sucht. Für die eher untergeordnete Bedeutung der WTT-Stelle kommen verschiedene Gründe in Frage. Zum Beispiel kann man sich vorstellen, dass einige Forschungsgruppen nicht wissen, dass die WTT-Stelle diese Aufgabe der Herstellung eines Kontaktes wahrnimmt. Eine andere Erklärung wäre, dass die Angst vor Kontrolle und bürokratischem Aufwand von den Forschenden als zu gross eingeschätzt wird. Hier besteht Handlungsbedarf: Die WTT-Stelle sollte versuchen, eventuell bestehende Ängste oder Unsicherheiten abzubauen und die Forschungsgruppen stärker motivieren, sich bei der WTT-Stelle Hilfe zu holen, damit die Kontaktaufnahme mit den Unternehmen gelingt. **Forschungsbedarf.** Interessant wäre es, diese Vermutungen zu verifizieren, indem beispielsweise in einer nächsten Befragung von Forschungsgruppen nach den Gründen einer eher untergeordneten Bedeutung der WTT-Stelle in Bezug auf die Erstkontaktaufnahme gefragt würde.

Motive der Zusammenarbeit. Motive entsprechen den Absichten vor der eigentlichen Zusammenarbeit; die Frage hier ist also, was ist die eigentliche Absicht oder das gewünschte Ziel einer Zusammenarbeit, ungeachtet dessen, ob die Kooperation tatsächlich eintritt. **Ergebnisse.** Tabelle 7.9 gibt einen Überblick über die Motive einer Kooperation zwischen öffentlichen Forschungseinrichtungen und deren Wichtigkeit für die einzelnen Fachbereiche. Insgesamt wird der Austausch von Informationen, Ideen und Technologien zur Generierung neuen Wissens in der Zusammenarbeit als sehr wichtig eingestuft (Note 6). Lediglich die Fachbereiche Nanowissenschaften und Bauwissenschaften bewerten das Motiv als weniger, aber immer noch sehr wichtig (Note 5). Etwas weniger relevant, aber dennoch überdurchschnittlich wichtig sind finanzielle Motive, wie das gemeinsame Einwerben von Forschungs- und Projektmitteln. Dies gilt nicht für den Fachbereich Biologie (Note 2.5). Im Allgemeinen sind finanzielle Motive für synthetische Fachbereiche (Durchschnitt: Note 5) wichtiger als für analytische (Durchschnitt: Note 4). Die Bewertung der persönlichen, wissenschaftlichen Profilierung, zum Beispiel durch Publikationen in angesehenen Fachzeitschriften, weist grosse Unterschiede auf zwischen den einzelnen Fachbereichen. Nahezu bedeutungslos scheint die Profilierung für die Fachbereiche Wirtschaft und Informatik (Note 1) und wenig wichtig für den Fachbereich Nanowissenschaften (Note 2.5) zu sein. Grosse Bedeutung wird der Profilierung hingegen in den Fachbereichen Physik (Note 6), Chemie, Biologie und Bauwissenschaften (jeweils Note 5) beigemessen. Das Motiv des Zugangs zu Infrastrukturen wird von den Fachbereichen Biologie, Chemie und Informatik (jeweils Note 5) als wichtig eingestuft. Weniger wichtig scheint dieser in den Bauwissenschaften (Note 2.5), der Physik und der Medizin (jeweils Note 3). Das Motiv der Interessenvertretung in Politik und Verbänden ist für die Fachbereiche Medizin (Note 4) und Wirtschaft (Note 3) von Relevanz, alle anderen Fachbereiche legen nahezu keinen Wert darauf. In Tabelle 7.10 ist die Bewertung der Motive für eine Zusammenarbeit der einzelnen Fachbereiche mit privatwirtschaftlichen Unternehmen dargestellt. Im Durchschnitt wird der Austausch von Informationen, Ideen oder Technologien hier eine Note tiefer bewertet (Note 5) als in der Kooperation mit anderen öffentlichen Forschungseinrichtungen. Dennoch ist der fachliche Austausch auch in Zusammenarbeit mit Unternehmen das insgesamt wichtigste aller Motive. Finanzielle Motive haben vor allem für die Fachbereiche Medizin,

Tab. 7.9 Motive der Zusammenarbeit mit anderen Forschungsgruppen öffentlicher Forschungseinrichtungen

Analytische Fachbereiche	Gesamt analytische Fachbereiche	Biologie (n = 6)	Chemie (n = 5)	Nanowissenschaften (n = 2)	Physik (n = 3)	Wirtschaft (n = 15)
Austausch von Informationen, Ideen oder Technologien	6 (n = 32)	6	6	5	6	6
Finanzielle Motive	4 (n = 32)	2.5	4	5	5	5
Zugang zu Infrastrukturen	4 (n = 31)	5	5	3.5	3	4
Persönliche Profilierung	3 (n = 31)	5	5	2.5	6	1
Interessenvertretung	2 (n = 31)	2	2	2	1	3
Synthetische Fachbereiche	Gesamt synthetische Fachbereiche	Bauwissenschaften (n = 2)	Informatik (n = 7)	Medizin (n = 4)	Technik (n = 9)	
Austausch von Informationen, Ideen oder Technologien	6 (n = 26)	5	6	6	6	
Finanzielle Motive	5 (n = 26)	4	6	5	5	
Persönliche Profilierung	4 (n = 25)	5	1	4	4.5	
Zugang zu Infrastrukturen	4 (n = 24)	2.5	5	3	4	
Interessenvertretung	2 (n = 23)	2.5	2	4	2	

n = Anzahl der Forschungsgruppen; 6 = sehr wichtig, 1 = unwichtig; Median; Quelle: eigene Darstellung

Technik (jeweils Note 6) und Chemie (Note 5.5) eine sehr hohe Bedeutung. Nach dem fachlichen Austausch sind finanzielle Motive für die Forschungsgruppen am wichtigsten (Note 5 für analytische und synthetische Fachbereiche), gefolgt vom Zugang zu Infrastrukturen (Note 4 für analytische und Note 3 für synthetische Fachbereiche). Eine untergeordnete Rolle spielt in der Zusammenarbeit mit Unternehmen die persönliche Profilierung (Note 2 für analytische und synthetische Fachbereiche), wobei die Fachbereiche Biologie, Bauwissenschaften (jeweils Note 5) und Chemie (Note 4.5) eine Ausnahme bilden. Ebenso wie in der Zusammenarbeit mit anderen öffentlichen Forschungseinrichtungen ist das Motiv der Interessenvertretung in Politik und Verbänden hier nahezu bedeutungslos (Note 2 für analytische und synthetische Fachbereiche). **Erkenntnisgewinn.** Die Ergebnisse zeigen, dass der gegenseitige Austausch, zumindest innerhalb der öffentlichen Forschung, den grössten Anreiz einer Zusammenar-

Tab. 7.10 Motive der Zusammenarbeit mit Unternehmen

Analytische Fachbereiche	Gesamt analytische Fachbereiche	Biologie (n = 5)	Pharmazie (n = 2)	Physik (n = 2)	Wirtschaft (n = 13)	Chemie (n = 4)
Austausch von Informationen, Ideen oder Technologien	5 (n = 28)	5	5.5	6	5	6
Finanzielle Motive	5 (n = 28)	3	5	4.5	5	5.5
Persönliche Profilierung	2 (n = 27)	5	2.5	3.5	1	4.5
Zugang zu Infrastrukturen	4 (n = 28)	4	4	5	4	4.5
Interessenvertretung	2 (n = 31)	1	1.5	4.5	2	2.5
Synthetische Fachbereiche	Gesamt synthetische Fachbereiche	Technik (n = 11)	Medizin (n = 5)	Informatik (n = 7)	Bauwissenschaften (n = 3)	
Austausch von Informationen, Ideen oder Technologien	5 (n = 32)	6	5	5	5	
Finanzielle Motive	5 (n = 31)	6	6	5	4	
Persönliche Profilierung	2 (n = 30)	2	3	1	5	
Zugang zu Infrastrukturen	3 (n = 30)	3	2	3	2	
Interessenvertretung	2 (n = 30)	2	1	1	2	

n = Anzahl der Forschungsgruppen; 6 = sehr wichtig, 1 = unwichtig; Median; Quelle: eigene Darstellung

beit darstellt. Der zweitgrösste Anreiz, zusammen zu arbeiten, ist Drittmittel zu erwerben, vor allem aus der Privatwirtschaft. Die relativ grosse Bedeutung der Einwerbung von Drittmitteln macht deutlich, dass die Forschenden im Zuge der Verknappung öffentlicher Finanzmittel heute mehr denn je auf externe Finanzierungsquellen angewiesen sind. Weiterhin kann die Annahme bestätigt werden, dass die Einwerbung finanzieller Mitteln für synthetische Fachbe-reiche etwas wichtiger ist als für analytische. **Implikationen und Forschungsbedarf.** Für die Akteure aus Wirtschaft und Politik bedeutet das zweierlei. Zum einen ist ein intensiver fachlicher Austausch von nahezu allen Fachbereichen erwünscht. Es gilt, diesen mittels Veranstaltungen und der Schaffung von Plattformen so gut wie möglich zu unterstützen. Zum anderen sollte vor allem die Zusammenarbeit mit Unternehmen zusätzlich in Bezug auf die finanzielle Unterstützung der Forschung gefördert und unterstützt werden.

Formen der Zusammenarbeit. Es wird davon ausgegangen, dass die Formen der Zusammenarbeit von den ursprünglichen Motiven abweichen können. Man kann dabei die Motive einer Zusammenarbeit als Soll-Zustand und die Formen der Zusammenarbeit als Ist-Zustand betrachten. Bei den Formen der Zusammenarbeit wird angenommen, dass für analytische Fachbereiche die Zusammenarbeit mit öffentlichen Forschungseinrichtungen grundsätzlich wichtiger ist als die Zusammenarbeit mit Unternehmen. Genau das Gegenteil träfe dann für synthetische Fachbereiche zu, die grösseren Wert legen auf die Zusammenarbeit mit Unternehmen. Weiterhin dürfte die Kommerzialisierung von Forschungsergebnissen für synthetische Fachbereiche eine grössere Rolle spielen als für analytische.

Ergebnisse. In der Kooperation mit anderen öffentlichen Forschungseinrichtungen (Tabelle 7.11) werden gemeinsame Anträge für Forschungs- und Projektmittel von allen Fachbereichen als wichtig eingestuft (etwas weniger wichtig ist dies für den Fachbereich Biologie). Gemeinsame Publikationen sind in allen Fachbereichen wichtig und zusammen mit den gemeinsamen Anträgen für Forschungs- und Projektmittel sowie dem informellen fachlichen Kontakt die wichtigste Form der Zusammenarbeit. Nur teilweise wichtig sind hingegen die Kommerzialisierung von Forschungsergebnissen, die gemeinsame Nutzung von Infrastrukturen und der gegenseitige Gastaufenthalt von Mitarbeitern. Hier gibt es allerdings grosse Unterschiede zwischen den Fachbereichen. Zum Beispiel ist der gegenseitige Gastaufenthalt für den Fachbereich Physik sehr wichtig und für die Geisteswissenschaften unwichtig. Im Gegensatz dazu ist die Kommerzialisierung von Forschungsergebnissen und die gemeinsame Nutzung von Infrastrukturen für die Physik unwichtig.

In der Kooperation mit Unternehmen (Tabelle 7.12) sind im Gegensatz zur Kooperation mit anderen öffentlichen Forschungseinrichtungen gemeinsame Anträge für Forschungs- und Projektmittel nur für manche Fachbereiche wichtig. Während diese Form von den Fachbereichen Physik, Wirtschaft, Technik, Informatik und Bauwissenschaften als wichtig bewertet wird, ist sie für die Chemie und die Medizin nur teilweise wichtig und für die Biologie und die Pharmazie nahezu unwichtig. Gemeinsame Publikationen sind in der Zusammenarbeit mit Unternehmen lediglich in der Physik und der Chemie wichtig, in allen anderen Fachbereichen nur teilweise. Die Kommerzialisierung von Forschungsergebnissen in der Zusammenarbeit mit Unternehmen ist nur im Fachbereich Wirtschaft wichtig. Nicht wichtig ist diese hingegen in den Fachbereichen Biologie und Medizin. Für die Fachbereiche Biologie und Chemie spielt die gemeinsame Nutzung von Infrastrukturen in der Zusammenarbeit mit Unternehmen eine entscheidende Rolle, keine Bedeutung hat diese hingegen für die Fachbereiche Wirtschaft, Medizin und Informatik und nur teilweise für die Pharmazie und die Physik. Der gegenseitige Austausch von Personal wird insgesamt als unwichtig bewertet, lediglich in der Physik scheint dieser wiederholt eine gewisse Rolle zu spielen. Ebenso wie in der Zusammenarbeit mit anderen öffentlichen Forschungseinrichtungen wird der informelle fachliche Kontakt nahezu durchgehend als wichtig eingestuft (ausser in den Fachbereichen Pharmazie und Informatik).

Tab. 7.11 Formen der Zusammenarbeit mit anderen Forschungsgruppen öffentlicher Forschungseinrichtungen

Analytische Fachbereiche	Gesamt analytische Fachbereiche	Biologie (n = 7)	Physik (n = 4)	Wirtschaft (n = 15)	Nanowissenschaften (n = 2)	Chemie (n = 5)
Gemeinsame Anträge für Forschungs- und Projektmittel	1 (n = 33)	2	1	1	1	1
Gemeinsame Publikationen	1(n = 33)	1	1	1	1	1
Kommerzialisierung von Forschungsergebnissen	2 (n = 33)	2	3	2	2	2
Gemeinsame Nutzung von Infrastrukturen	2 (n = 33)	1	3	3	1.5	1
Gegenseitige Gastaufenthalte der Mitarbeiter	2 (n = 33)	2	1	2	2	2
Informeller fachlicher Kontakt	1 (n = 33)	1	1	1	2	1
Synthetische Fachbereiche	Gesamt synthetische Fachbereiche	Technik (n = 10)	Medizin (n = 6)	Informatik (n = 6)	Geisteswissenschaften (n = 2)	
Gemeinsame Anträge für Forschungs- und Projekt-mittel	1 (n = 28)	1	1	1	1	
Gemeinsame Publikationen	1 (n = 28)	1.5	1	1	1.5	
Kommerzialisierung von Forschungsergebnissen	2 (n = 23)	2	2	2	2.5	
Gemeinsame Nutzung von Infrastrukturen	2 (n = 28)	2	1.5	3	2.5	
Gegenseitige Gastaufenthalte der Mitarbeiter	2 (n = 28)	2	2	2	3	
Informeller fachlicher Kontakt	1 (n = 28)	1	1	1	1.5	

n = Anzahl der Forschungsgruppen; 1 = wichtig, 2 = teils/teils, 3 = unwichtig; Quelle: eigene Darstellung

Erkenntnisgewinn. Insgesamt sind gemeinsame Anträge für Forschungs- und Projektmittel, gemeinsame Publikationen und der informelle fachliche Kontakt für alle Fachbereiche am wichtigsten. Weniger wichtig, oder nur teilweise relevant, sind die Kommerzialisierung von Forschungsergebnissen, die gemeinsame Nutzung von Infrastrukturen sowie der Austausch von Mitarbeitern im Sinne gegenseitiger Gastaufenthalte. In der Bewertung der Formen der Zusammenar-

Tab. 7.12 Formen der Zusammenarbeit mit Unternehmen

Analytische Fachbereiche	Gesamt analytische Fachbereiche	Biologie (n = 6)	Pharmazie (n = 2)	Physik (n = 2)	Wirtschaft (n = 12)	Chemie (n = 4)
Gemeinsame Anträge für Forschungs- und Projektmittel	2 (n = 29)	3	2.5	1	1	1.5
Gemeinsame Publikationen	2 (n = 29)	2	2	1	2	1
Kommerzialisierung von Forschungsergebnissen	2 (n = 29)	3	2	2	1.5	2
Gemeinsame Nutzung von Infrastrukturen	2 (n = 29)	1	2.5	2.5	3	1.5
Gegenseitige Gastaufenthalte der Mitarbeiter	3 (n = 29)	3	2.5	1.5	3	2
Informeller fachlicher Kontakt	1 (n = 29)	1	2	1	1	1
Synthetische Fachbereiche	Gesamt synthetische Fachbereiche	Technik (n = 12)	Medizin (n = 7)	Informatik (n = 7)	Bauwissenschaften (n = 3)	
Gemeinsame Anträge für Forschungs- und Projektmittel	1 (n = 33)	1	2	1	1	
Gemeinsame Publikationen	2 (n = 32)	2	2	2	2	
Kommerzialisierung von Forschungsergebnissen	2 (n = 32)	2	3	2	2	
Gemeinsame Nutzung von Infrastrukturen	2.5 (n = 32)	2	3	3	2	
Gegenseitige Gastaufenthalte der Mitarbeiter	3 (n = 32)	2	3	3	3	
Informeller fachlicher Kontakt	1 (n = 32)	1	1	2	1	

n = Anzahl der Forschungsgruppen; 1 = wichtig, 2 = teils/teils, 3 = unwichtig; Quelle: eigene Darstellung

beit der Hochschulen mit Unternehmen erkennt man deutliche Unterschiede zur Zusammenarbeit mit anderen öffentlichen Forschungseinrichtungen: Lediglich der informelle fachliche Kontakt wird als genauso wichtig eingestuft wie in der Zusammenarbeit mit öffentlichen Forschungseinrichtungen. Die Bewertung der

Formen getrennt nach Wissensbasen unterscheidet sich hier nur geringfügig und vor allem in der Zusammenarbeit mit Unternehmen: Gemeinsame Anträge für Forschungs- und Projektmittel sowie die Kommerzialisierung von Forschungsergebnissen sind in der Zusammenarbeit mit Unternehmen für synthetische Fachbereiche durchschnittlich wichtiger als für analytische.

Implikationen und Forschungsbedarf. Diese Erkenntnis zeigt die relative Bedeutung der finanziellen Anbindung an die Privatwirtschaft der synthetischen Fachbereiche. Vor allem Letztere sollten von den Einrichtungen an den Hochschulen, wie der WTT-Stelle, aber auch von anderen öffentlichen Stellen dahingehend unterstützt werden. Dabei ist die genaue Vorgehensweise und Ausgestaltung der Unterstützung noch zu eruieren. Die Unterstützung sollte den einzelnen Fachbereichen und ihren individuellen Wünschen angepasst werden.

Probleme und Hindernisse in der Zusammenarbeit. Ergebnisse. Insgesamt wird der Organisationsaufwand, der im Rahmen von Kooperationsbeziehungen zwischen öffentlichen Forschungseinrichtungen entsteht, als problematisch empfunden. Dies vor allem von den beiden Fachbereichen Wirtschaft und Informatik (Tabelle 7.13). Das richtige Einschätzen der Kompetenzen des Partners wird von den Fachbereichen Biologie, Wirtschaft, Informatik und Technik als teilweise problematisch empfunden. Insgesamt weniger problematisch ist es hingegen, einen passenden Partner ausfindig zu machen, teilweise problematisch ist das für die Fachbereiche Wirtschaft und Informatik. Mit Ausnahme der Biologie und der Nanowissenschaften wird die Gefahr eines opportunistischen Verhaltens des Partners als unproblematisch bewertet. Ebenso ist die Gefahr der Abwanderung qualifizierter Mitarbeiter lediglich für die Nanowissenschaften ein Problem. Auch in der Zusammenarbeit mit Unternehmen (Tabelle 7.14) wird der Organisationsaufwand als problematisch empfunden, hauptsächlich von der Wirtschaft und der Chemie. Ebenso problematisch wird in der Zusammenarbeit mit Unternehmen empfunden, den passenden Partner zu finden. Die Forschungsgruppen der Informatik und der Chemie sehen hier das grösste Problem. Diese beiden Fachbereiche haben auch das grösste Problem von allen, die Kompetenzen des Partners richtig einzuschätzen. Im Gegensatz zur Kooperation zwischen öffentlichen Forschungseinrichtungen wird opportunistisches Verhalten, im Sinne einer eigennützigen Verwendung der Ergebnisse durch den Partner, in der Zusammenarbeit mit Unternehmen als insgesamt problematischer bewertet. Die nicht-wissenschaftliche Arbeitsweise in der Privatwirtschaft wird in erster Linie vom Fachbereich Biologie als teilweise problematisch bewertet. Auch die Fachbereiche Chemie, Physik und Wirtschaft sehen hier teilweise ein Problem. Als unproblematisch eingestuft wird die Gefahr der Abwanderung qualifizierter Mitarbeiter. **Erkenntnissgewinn.** Es wird deutlich, dass der Organisationsaufwand in der Zusammenarbeit mit anderen öffentlichen Forschungseinrichtungen, aber auch in der Zusammenarbeit mit Unternehmen als insgesamt grösstes Problem wahrgenommen wird und damit ein Hindernis für zukünftiges Zusammenarbeiten darstellt. Weiterhin scheint es trotz dem zunehmenden Einsatz neuer IuK-Technologien und einer zunehmenden Interaktion nach wie vor schwierig zu

Tab. 7.13 Probleme und Hindernisse in der Zusammenarbeit mit anderen öffentlichen Forschungseinrichtungen

Probleme und Hindernisse	**Analytische Fachbereiche**						**Synthetische Fachbereiche**				
	Biologie (n = 7)	Chemie (n = 5)	Nano-wissen-schaften (n = 2)	Physik (n = 3)	Wirtschaft (n = 14)	Median	Infor-matik (n = 6)	Medizin (n = 6)	Technik (n=8)	Median	Median gesamt
Organisationsauf-wand	2	3	2.5	2	1	2	1.5	2	2	2	2
Kompetenzen des Partners einschät-zen	2	3	2.5	3	2	2.5	2	3	2	2	2.3
Passenden Partner ausfindig machen	3	3	3	3	2	3	2	2.5	2	2	2.8
Gefahr, dass Part-ner Ergebnisse eigennützig ver-wendet	2	3	2.5	3	3	3	3	3	3	3	3
Gefahr der Ab-wanderung qualifi-zierter Mitarbeiter	3	3	2	3	3	3	3	3	3	3	3

n = Anzahl der Forschungsgruppen; 1 = problematisch, 2 = teils/teils, 3 = unproblematisch; Median; Quelle: eigene Darstellung

Tab. 7.14 Probleme und Hindernisse in der Zusammenarbeit mit Unternehmen

Probleme und Hindernisse	**Analytische Fachbereiche**					**Synthetische Fachbereiche**					
	Biologie (n = 5)	Chemie (n = 4)	Physik (n = 2)	Wirtschaft (n = 13)	Median	Bauwissenschaften (n = 3)	Informatik (n = 7)	Medizin (n = 7)	Technik (n = 12)	Median	Median gesamt
Organisationsaufwand	2	1.5	2	1	1.75	3	2	2	2	2	2
Passenden Partner ausfindig machen	2	1.5	2.5	2	2	2	1	2	2	2	2
Kompetenzen des Partners einschätzen	2	1.5	2.5	2	2	2	1	3	2	2	2
Gefahr, dass Partner Ergebnisse eigennützig verwendet	2	2	2.5	3	2.25	3	2	2	3	2.5	2.3
Nicht-wissenschaftliche Arbeitsweise in der Wirtschaft	2	2.5	2.5	2.5	2.5	3	3	3	3	3	2.8
Gefahr der Abwanderung qualifizierter Mitarbeiter	3	3	3	3	3	3	3	3	3	3	3

n = Anzahl der Forschungsgruppen; 1 = problematisch, 2 = teils/teils, 3 = unproblematisch; Median; Quelle: eigene Darstellung

sein, die Kompetenzen des Partners richtig einzuschätzen. Letzteres ist zudem problematischer in der Zusammenarbeit mit Unternehmen als in der Zusammenarbeit mit anderen öffentlichen Forschungseinrichtungen, was einen Hinweis auf die Bedeutung der organisatorischen Nähe liefert.

Auffallend ist, dass die nicht-wissenschaftliche Arbeitsweise in der Privatwirtschaft von analytischen Fachbereichen als deutlich problematischer wahrgenommen wird als von synthetischen. Synthetische Fachbereiche arbeiten sehr viel näher an der Wirtschaft, haben einen stärkeren Anwendungsbezug und dadurch auch eine weniger wissenschaftliche Arbeitsweise im Sinne des verstärkten Einsatzes induktiver Methoden. **Implikationen und Forschungsbedarf.** Alarmierend ist, dass der Organisationsaufwand die Zusammenarbeit in der Forschung behindert. Hier besteht ganz klar Handlungsbedarf, indem die Prozesse der Zusammenarbeit deutlich vereinfacht werden müssen. In erster Linie betrifft dies den bürokratischen Aufwand, der beinahe ebenso viel Zeit in Anspruch nimmt wie die eigentliche Forschungsarbeit. Hier müsste durch standardisierte Prozesse und evtl. externe Hilfe mehr Zeit für die eigentliche Forschung geschaffen werden. Eine Hilfestellung wäre auch nötig, um die Kompetenzen des Partners besser einschätzen zu können. Eine Lösung wäre zum Beispiel sogenannte „Business Angels" einzusetzen, die langjährige Erfahrung in einem Fachgebiet haben und die vermittelnd tätig werden können zwischen den Forschungsgruppen der Hochschulen und Unternehmen.

Faktoren einer erfolgreichen Zusammenarbeit. Ergebnisse. Als am wichtigsten in einer Zusammenarbeit zwischen öffentlichen Forschungseinrichtungen, ebenso wie in der Zusammenarbeit mit Unternehmen, wird von den Forschungsgruppen der beiden Hochschulen das gegenseitige Vertrauen bewertet (Note 6) (Tabellen 7.15 und 7.16). Beinahe genauso bedeutend sind ein gutes persönliches Verständnis oder für die Forschungsgruppen die gleiche Wellenlänge sowie die gleichen Ziele, die man durch die Kooperation erreichen will (Note 5). Häufige persönliche Treffen sind in der Zusammenarbeit mit Unternehmen etwas wichtiger (Note 5) als in der Zusammenarbeit mit Partnern aus öffentlichen Forschungseinrichtungen (Note 4.5). Relativ weniger bedeutend für eine erfolgreiche Zusammenarbeit ist hingegen ein gleicher fachlicher Arbeitsschwerpunkt sowie die räumliche Nähe der Kooperationspartner. Während die vertragliche Absicherung in der Zusammenarbeit mit Unternehmen noch als relativ wichtig bewertet wird (Note 4), scheint diese in der Kooperation zwischen öffentlichen Forschungseinrichtungen eine untergeordnete Rolle zu spielen (Note 2.5). **Erkenntnisgewinn.** Das gegenseitige Vertrauen wird für eine erfolgreiche Zusammenarbeit von allen Forschungsgruppen als sehr wichtig beurteilt. Möglichkeiten, dieses Vertrauen herzustellen, sind sich Verstehen im Sinne einer gleichen Wellenlänge, häufige face-to-face-Kontakte oder die vertragliche Absicherung.

Während die beiden ersten Faktoren ebenfalls durchgängig als überdurchschnittlich wichtig bewertet werden, ist die vertragliche Absicherung, vor allem in der

Tab. 7.15 Faktoren einer erfolgreichen Zusammenarbeit mit anderen öffentlichen Forschungseinrichtungen

Faktoren einer erfolgreichen Zusammenarbeit	**Analytische Fachbereiche**						**Synthetische Fachbereiche**				
	Biologie (n = 6)	Chemie (n = 5)	Nanowissenschaften (n = 2)	Physik (n = 3)	Wirtschaft (n = 14)	Median	Informatik (n = 6)	Medizin (n = 6)	Technik (n = 8)	Median	Median gesamt
Vertrauen	6	6	5	5	6	6	6	6	6	6	6
Gutes, persönliches Verständnis, gleiche Wellenlänge	5	5	4.5	6	5	5	6	5	5	5	5
Gleiche Ziele	4.5	5	5	6	6	5	4.5	4.5	5.5	4.5	5
Häufige face-to-face-Kontakte	5	4	2.5	5	4.5	4.5	5	4.5	4.5	4.5	4.5
Gleicher Arbeitsschwerpunkt	4	4	5	4	5	4	4.5	3	4.5	4.5	4.3
Räumliche Nähe	3.5	3	4	1	2	3	2.5	3.5	3.5	3.5	3.3
Vertragliche Absicherung	2.5	3	2.5	2	3	2.5	1	2	3.5	2	2.5

n = Anzahl der Forschungsgruppen; 1 = unwichtig, 6 sehr wichtig; Median; Quelle: eigene Darstellung

Tab. 7.16 Faktoren einer erfolgreichen Zusammenarbeit mit Unternehmen

Faktoren einer erfolgreichen Zusammenarbeit	**Analytische Fachbereiche**						**Synthetische Fachbereiche**					
	Biologie (n = 5)	Chemie (n = 4)	Pharmazie (n = 2)	Physik (n = 2)	Wirtschaft (n = 13)	Median	Bauwissenschaften (n = 3)	Informatik (n = 7)	Medizin (n = 12)	Technik (n = 7)	Median	Median gesamt
Vertrauen	6	6	5	5	5	5	6	6	6	6	6	6
Gutes, persönliches Verständnis, gleiche Wellenlänge	5	5	5.5	5.5	5	5	6	5	5	5	5	5
Gleiche Ziele	5	5	5	5.5	5	5	6	4	5	5	5	5
Häufige face-to-face-Kontakte	5	5	3	5	5	5	5	5	5	5	5	5
Gleicher Arbeitsschwerpunkt	4	3.5	4.5	4	4	4	4	4	4	4	4	4
Vertragliche Absicherung	3	4.5	5	4.5	4	4.5	2	4	4	3	3.5	4
Räumliche Nähe	3	3.5	2	2.5	3	3	2	3	3	3.5	3	3

n = Anzahl der Forschungsgruppen; 1 = unwichtig, 6 = sehr wichtig; Median; Quelle: eigene Darstellung

Zusammenarbeit mit Unternehmen, für die Forschungsgruppen wichtig. Dies deutet darauf hin, dass in der Zusammenarbeit mit Unternehmen deutlich grössere Unsicherheiten bestehen als in der Zusammenarbeit mit anderen öffentlichen Einrichtungen. Durch die vertragliche Absicherung wird hier die grösstmögliche Absicherung erzielt. Die räumliche Nähe wird durchgängig als weniger wichtig eingestuft. Dennoch erleichtert sie häufige face-to-face-Kontakte und das dadurch erzielbare bessere persönliche Verständnis. Markante Unterschiede zwischen synthetischen und analytischen Fachbereichen sind hier nicht zu erkennen.

Implikationen und Forschungsbedarf. Entscheidend für eine langjährige Zusammenarbeit ist es, Vertrauen herzustellen. Mehrere Wege führen zu diesem Ziel. Einerseits ist es wichtig, sich kennen zu lernen, um überhaupt ein gutes persönliches Verständnis aufbauen zu können. Zu vermuten ist, dass es einfacher ist, Vertrauen für den jeweiligen Forschungspartner aufzubringen, wenn man sich persönlich kennen lernt und den Kontakt durch häufige face-to-face-Kontakte aufrechterhält. Eine Möglichkeit wäre, von Anfang an regelmässige Treffen zu vereinbaren, um allfällige Unsicherheiten oder Unzufriedenheiten zu beseitigen. Weiterhin bilden regelmässige Foren, Fachtagungen oder Kongresse die Möglichkeit, sich auch unverbindlich zum informellen Zwischengespräch zu treffen. Hier wäre der Frage nachzugehen, welche Fachbereiche welche Art von Lösung als geeignet oder wünschenswert ansehen.

Vorteile einer langjährigen Zusammenarbeit. Ergebnisse. Von insgesamt 70 befragten Forschungsgruppen gaben 55 (79%) an, Erfahrungen einer langjährigen Zusammenarbeit mit anderen öffentlichen Forschungseinrichtungen oder Unternehmen gemacht zu haben. Zu den Vorteilen einer langjährigen Zusammenarbeit zählen dabei in erster Linie eine effizientere Kommunikation: Man kann die Kompetenzen und Interessen des Partners besser einschätzen sowie persönliches Vertrauen aufbauen (Tabelle 7.17). Weiterhin steigt die Sicherheit bezüglich der Loyalität des Partners bei einer langjährigen Kooperation. Im Rahmen einer längeren Zusammenarbeit scheinen sich, entgegen den Erwartungen, sowohl die technische Ausrüstung der Kooperationspartner als auch der organisatorische Aufwand nur teilweise zu verbessern. In Bezug auf den organisatorischen Aufwand bildet nur der Fachbereich Physik eine Ausnahme. Nahezu keine Vorteile bringt eine langjährige Zusammenarbeit hinsichtlich des verstärkten Einsatzes oder der verstärkten Nutzung virtueller Medien mit sich, die möglicherweise face-to-face-Kontakte ersetzen könnten. Eine Ausnahme bildet hier der Fachbereich Informatik.

Erkenntnisgewinn. Effizienz wird im Rahmen einer langjährigen Zusammenarbeit, vor allem durch eine verbesserte Kommunikation, durch die bessere Kenntnis der Kompetenzen des anderen und durch die Beseitigung von Unsicherheiten gewonnen.

Implikationen und Forschungsbedarf. Dies spricht, wie auch schon bei den Faktoren einer erfolgreichen Zusammenarbeit, für die Notwendigkeit und die

Tab. 7.17 Vorteile einer langjährigen Zusammenarbeit

Vorteile einer langjährigen Zusammenarbeit	**Analytische Fachbereiche**					**Synthetische Fachbereiche**					
	Biologie (n = 5)	Chemie (n = 4)	Physik (n = 3)	Wirtschaft (n = 10)	Median	Bauwissenschaften (n = 3)	Informatik (n = 5)	Medizin (n = 6)	Technik (n = 11)	Median	Median gesamt
Effizientere Kommunikation	1	1	1	1	1	2	1	1	1	1	1
Kompetenzen und Interessen des Partners besser einschätzen	2	1	1	1	1	1	1	1.5	1	1	1
Persönliches Vertrauen zwischen den Mitarbeitern aufgebaut	1	1	1	1	1	1	1	1	1	1	1
Sicherheit der Loyalität des Partners	2	1	2	2	2	1	1	2	1	1	1.5
Technische Ausstattung ist besser aufeinander abgestimmt	2	2	2	3	2	2	3	2.5	2	2.25	2
Organisatorische Abläufe aufeinander abgestimmt	2	2	1	2.5	2	2	2	2.5	2	2	2
Verstärkter Einsatz virtueller Medien	3	2.5	2	2.5	2.5	3	1	3	2	2.5	2.5

n = Anzahl der Forschungsgruppen; 1 = trifft zu, 2 = teils/teils, 3 = trifft nicht zu; Median; Quelle: eigene Darstellung

grosse Bedeutung des gegenseitigen Kennenlernens. Für die Wichtigkeit persönlicher Treffen spricht weiterhin, dass virtuelle Medien nicht häufiger eingesetzt werden und persönliche Kontakte nicht ersetzen können. Handlungsbedarf besteht vor allem auch in der Optimierung der organisatorischen Arbeit, die die Forschung nicht behindern darf.

7.3 Zusammenfassung der Ergebnisse der Leistungsabgabe

Im Folgenden werden die Ergebnisse der Analyse der Leistungsabgabe der Hochschulen zusammengefasst dargestellt. In Kapitel 7.3.1 werden die Ergebnisse des Absolventenverbleibs in der Hochschulregion, als wichtigste Form des personengebundenen Wissenstransfers, dargestellt. Kapitel 7.3.2 fasst die Ergebnisse aus der Analyse der Forschungskooperationen, als wichtige Form der Wissensentstehung, zusammen.

7.3.1 Absolventenverbleib

Die **Absolventen** des Jahrgangs 1998 der **Universität Basel** arbeiteten vier Jahre nach Studienabschluss überwiegend im Kanton Basel-Stadt. Die Verbleibsquote betrugt 36%. Weniger als die Hälfte davon, 17%, fanden im Kanton Basel-Landschaft eine Arbeit. Überraschend ist der relativ grosse Anteil an Absolventen, welche im Kanton Zürich arbeiten (15%), was auf die Stärke und strukturelle Vielfalt dieses Wirtschaftsraumes zurückzuführen ist. Diese Anteile relativieren sich jedoch, wenn man zusätzlich die Grösse der regionalen Arbeitsmärkte betrachtet. Im Kanton Basel-Stadt arbeiteten im Jahr 2002 insgesamt 168'554 Tsd. Erwerbstätige, 1,3 mal mehr als im Kanton Basel-Landschaft (128'385 Tsd. Erwerbstätige). Der Anteil der Hochschulabsolventen, gemessen an allen Erwerbstätigen in den Kantonen der Hochschulregion, betrug somit für den Kanton Basel-Stadt 0,08 % und für den Kanton Basel-Landschaft 0,05 %t. In Relation zur Grösse des Arbeitsmarktes des Kanons Zürich (825'608 Tsd. Erwerbstätige) betrug der Anteil an Basler Hochschulabsolventen lediglich 0,01 %.

Deutlich höher als die Verbleibsquote der Studierenden der Universität Basel ist diejenige der Studierenden der ehemaligen **FHBB** in der Hochschulregion. Von der FHBB fanden 41% der Absolventen vier Jahre nach Studienabschluss eine Anstellung im Kanton Basel-Stadt und 28% im Kanton Basel-Landschaft. Wegen der geringen Stichprobe von lediglich 46 befragten Absolventen der FHBB und insgesamt 161 Absolventen der Fachhochschulen der Nordwestschweiz ist diese Analyse jedoch wenig repräsentativ. Deshalb wird in dieser Arbeit auf eine Interpretation der Ergebnisse verzichtet.

7.3.2 Forschungskooperationen

Die Ergebnisse der Analysen zur Herkunft der Mitarbeiter, zur Herkunft der Drittmittel, zur räumlichen Reichweite der Forschungskooperationen sowie verschiedener Merkmale zum Kooperationsverhalten zeigen auf, dass es zwischen den einzelnen Fachbereichen zum Teil grosse Unterschiede gibt.

Die **Herkunft der Mitarbeitenden** variiert stark zwischen den einzelnen Fachbereichen: Synthetische Fachbereiche rekrutieren ihre Mitarbeiter stärker regional als analytische. Den grössten Anteil an Mitarbeitenden, welche vor dem jetzigen Arbeitsort bereits in der Region Nordwestschweiz gearbeitet haben, weist der Fachbereich Technik auf (89 %), gefolgt von dem Fachbereich Kunst/Design (60%), Medizin (51%) Geoinformatik (50%), Chemie (50%) und Informatik (43%).

In Bezug auf die **Herkunft der Drittmittel** lässt sich im Gegensatz zur Herkunft der Mitarbeiter kein klarer Unterschied zwischen synthetischen und analytischen Fachbereichen erkennen. Die weitaus meisten regionalen Drittmittel weisen die Fachbereiche Medizin (45%), Chemie (35%) und Biologie (33%) auf, was auf die starke regionale Verankerung dieser Fachbereiche und einen starken Life-Sciences Standort Basel/Nordwestschweiz schliessen lässt.

Räumliche Reichweite. Die Forschungsgruppen der analytischen Fachbereiche kooperieren im Durchschnitt weniger häufig mit regionalen Partnern als synthetische Fachbereiche. Hier gibt es allerdings innerhalb der Wissensbasen deutliche Unterschiede. Von den analytischen Fachbereichen kooperieren die Forschenden aus der Wirtschaft zwar innerhalb des eigenen Fachbereichs überwiegend mit Partnern aus der übrigen Schweiz, fächerübergreifende Kooperationen finden jedoch hauptsächlich innerhalb der Region statt. Bei den synthetischen Fachbereichen ist es die Informatik, welche stark international (vor allem auf die EU) ausgerichtet ist und kaum innerhalb der Region verankert ist. Die Fachbereiche Chemie und Biologie arbeiten am häufigsten mit Unternehmen in der Region zusammen. Die Fachbereiche Technik und Medizin weisen hingegen eine starke wissenschaftliche Verflechtung mit Forschungsgruppen anderer öffentlicher Einrichtungen innerhalb der Region auf.

Der **Erstkontakt**, welcher eine spätere Forschungskooperation begründet, entsteht meist durch persönliche (man kennt sich), institutionelle/geographische (man arbeitet beispielsweise in derselben Hochschule) oder kontextuelle Nähe (Partner arbeitet im selben Fach), wobei sich die Näheformen nicht gegenseitig ausschliessen und sich überlagern.

Die wichtigsten **Motive einer Zusammenarbeit**, verstanden als Absichten vor der eigentlichen Kooperation, sind der fachliche Austausch (Austausch von Informationen, Ideen und Technologien) sowie finanzielle Motive. Letztere sind für synthetische Fachbereiche wichtiger als für analytische. Die Bedeutung der Motive entspricht der Wichtigkeit der späteren **Formen der Zusammenarbeit** nahezu eins zu eins. Der informelle fachliche Kontakt wird in Kooperationen mit anderen öffentlichen Forschungseinrichtungen als sehr wichtig bewertet, zusammen mit dem Einwerben von Drittmitteln und mit gemeinsamen Publikationen. Insgesamt besteht kein Unterschied zwischen synthetischen und analytischen Fachbereichen. In der Zusammenarbeit mit Unternehmen sind für synthetische Fachbereiche gemeinsame Publikationen etwas weniger wichtig als für analytische. Auch hier ist der informelle fachliche Kontakt insgesamt am wichtigsten.

In einer **Zusammenarbeit** wurden in erster Linie der mit einer Kooperation verbundene Organisationsaufwand, die Fähigkeit sowie die Kompetenzen des Partners richtig einzuschätzen **problematisch** bewertet. In der Zusammenarbeit mit Unternehmen ist es zudem teilweise schwierig, einen passenden Partner ausfindig zu machen und es besteht die Angst, dass der Partner die Forschungsergebnisse eigennützig verwendet.

Der wichtigste Faktor einer **erfolgreichen Zusammenarbeit** ist das gegenseitige Vertrauen, gefolgt von einem guten persönlichen gegenseitigen Verständnis und gleichen Zielen. Weniger wichtig sind hingegen die räumliche Nähe sowie ein gleicher Arbeitsschwerpunkt. Die vertragliche Absicherung ist nur in der Zusammenarbeit mit Unternehmen relevant.

Durch eine **langjährige Zusammenarbeit** wird vor allem die Kommunikation zwischen den Kooperationspartnern verbessert, und die Kompetenzen des anderen lassen sich besser einschätzen.

8 Synthese

Das Ziel dieser Arbeit bestand in der Ermittlung der Bedeutung der Universität Basel, der FHBB bzw. der FHNW für die Wirtschaft und Staatshaushalte in verschiedenen Untersuchungsregionen. Deshalb wurden die regionalwirtschaftlichen Effekte, die von der Universität Basel und der FHBB (Fachhochschule beider Basel) ausgehen, sowie der personengebundene und personenungebundene Wissenstransfer der Universität Basel und der FHNW (Fachhochschule Nordwestschweiz) untersucht.

Der regionalökonomische Nutzen der universitären Hochschulen für ihre Region umfasst zum einen die Einkommens-, Beschäftigungs- und Steuereffekte, welche von den Hochschulen ausgehen. Diese eher kurzfristigen Effekte werden unter dem Begriff der Leistungserstellung subsumiert und in Kapitel 8.1 abschliessend dargestellt. Zum anderen kommt dem Wissens- und Technologietransfer (WTT) eine wichtige Bedeutung für den gesamten regionalökonomische Nutzen der Hochschulen zu. Die daraus entstehenden langfristigen positiven Effekte (Effekte der Leistungsabgabe) werden in Kapitel 8.2 diskutiert.

8.1 Leistungserstellung

Die zu Anfang gestellte Frage „Was bringt eine universitäre Hochschule ihrer Region hinsichtlich Einkommen und Beschäftigung sowie Einnahmen der Staatshaushalte?" wurde im Rahmen einer regionalökonomischen Wirkungsanalyse beantwortet.

Zur Analyse der verschiedenen Effekte wurde zu Beginn eine künstliche Unterteilung der gesamten Ausgaben der Hochschulen in Sach-, Investitions- und Bauausgaben sowie in Ausgaben des Personals und der Studierenden vorgenommen (wobei die Bauausgaben für die FHBB nicht separat ausgewiesen wurden).

Einkommenseffekte. Von den gesamten Ausgaben der **Universität Basel** verblieben insgesamt 252 Mio. CHF (69%) innerhalb der Hochschulregion (Kanton Basel-Stadt und Basel-Landschaft) und erhöhten dort das regionale Einkommen. Prozentual flossen dabei mehr Ausgaben in den Kanton Basel-Stadt als in den Kanton Basel-Landschaft. Multipliziert man dieses Einkommen mit dem ermittelten Multiplikator von 1,27, ergibt sich eine zusätzliche Nachfrage von

68 Mio. CHF. Die universitären Ausgaben lösten damit im Jahr 2002 insgesamt eine induzierte Wertschöpfung in der Höhe von 320 Mio. aus und trugen damit 0.5 Prozent zur regionalen Wertschöpfung bei. Dies sind Berechnungen auf der Grundlage eines Jahres. Da sich diese Wirkungen in jedem Ausgabejahr errechnen lassen, stellt die Universität einen erheblichen wirtschaftlichen Stabilitätsfaktor für die Region dar.

Von den gesamten Ausgaben der **FHBB** im Jahr 2002 verblieben im Durchschnitt 46,9 Mio. CHF (61,4%) innerhalb der Hochschulregion. Im Gegensatz zu den Ausgaben der Universität Basel verblieben dabei prozentual leicht mehr Ausgaben der FHBB im Kanton Basel-Landschaft. Multipliziert man das durch die FHBB in der Hochschulregion generierte Einkommen mit dem berechneten Multiplikator von 1,27, ergibt sich in der Hochschulregion eine zusätzliche Nachfrage von 12,7 Mio. CHF. Insgesamt ergibt sich damit eine induzierte Wertschöpfung über unendlich viele Wirkungsrunden von circa 60 Mio. CHF. Der Beitrag, den die FHBB im Jahr 2002 zur regionalen Wertschöpfung beitrug, liegt bei ca. 0.1 Prozent und ist damit um 0.4 Prozent kleiner wie derjenige der Universität Basel.

Beschäftigungseffekte. Zu den 1'806 Beschäftigten in Vollzeitäquivalenten, welche im Jahr 2002 direkt an der **Universität Basel** beschäftigt waren, wurden über die verschiedenen Ausgabearten nochmals ca. 1'526 Arbeitsplätze (Voll- und Teilzeitarbeitsplätze) in der Hochschulregion geschaffen beziehungsweise erhalten, die meisten davon im Kanton Basel-Stadt. Insgesamt sorgte die Universität für eine Beschäftigung für 3'332 Personen, was 1.1 Prozent der regionalen Beschäftigung im Jahr 2002 entspricht.

Zu den 315 direkt an der **FHBB** in Vollzeitäquivalenten Beschäftigten, werden über die verschiedenen Ausgabearten nochmals 262 Arbeitsplätze (Voll- oder Teilzeitstellen) in der Hochschulregion geschaffen beziehungsweise erhalten. Insgesamt ergibt sich somit ein Beschäftigungseffekt von 577 Arbeitsplätzen. Gemessen an den gesamten Arbeitsplätzen in der Hochschulregion trug die FHBB im Jahr 2002 mit 0,2 Prozent zur regionalen Beschäftigung bei.

Steuereffekte. Die höchsten Einnahmen (ca. 21 Mio. CHF) an direkten und indirekten Steuern durch die **Universität Basel** kamen im Rechnungsjahr 2002 dem Kanton Basel-Stadt zugute (Tabelle 5.28). Der Kanton Basel-Landschaft nahm 5,1 Mio. CHF ein, der Bund ca. 10 Mio. CHF. Damit konnte der Kanton Basel-Stadt 20% seiner Kosten für die Universität Basel durch Steuereinnahmen decken, der Kanton Basel-Landschaft 6% und der Bund 33%.

Die höchsten Einnahmen an indirekten Steuern durch die Ausgaben der **FHBB** konnte im Rechnungsjahr 2002 mit 7,8 Mio. CHF der Bund verzeichnen vor dem Kanton Basel-Landschaft, dem 2,4 Mio. CHF über die direkten Steuern auf die Löhne der FHBB Beschäftigten zukamen. Dem Kanton Basel-Stadt flossen über direkte Steuereinnahmen 2,1 Mio. CHF zu. Der Bund bekommt damit mit 49%

seiner ursprünglichen Kosten für die FHBB von allen betrachteten Staatshaushalten am meisten zurück. An zweiter Stelle steht der Kanton Basel-Stadt, der 9,8% seiner Kosten über Steuereinnahmen decken kann, vor dem Kanton Basel-Landschaft, an den 9,6% seiner Kosten zurückfliessen.

Auf Basis der Analyse der Einkommens-, Beschäftigungs- und Steuereffekte kann festgehalten werden, dass die staatlichen Haushalte grosse Beträge in die Universität und die FHNW investieren, was nur zu einem geringen Teil durch Steuereinnahmen kompensiert werden kann.

Die Ergebnisse der vorliegenden Studie machen deutlich, dass durch die Existenz der Hochschulen erhebliche positive Effekte in der Hochschulregion in Form von Einkommens- und Beschäftigungseffekten ausgelöst werden und die Hochschulen dadurch in einem hohen Masse zur Wertschöpfung der Region sowie zur Sicherung der Beschäftigung beitragen.

8.2 Leistungsabgabe

Universitäre Hochschulen haben neben den Einkommens-, Beschäftigungs- und Steuereffekten ebenso einen entscheidenden Einfluss auf die Innovationstätigkeit der regional ansässigen Unternehmen. Über verschiedene Kanäle erreicht das universitäre Wissen aus den Hochschulen die regionale Wirtschaft. Der wohl bedeutendste Kanal des WTTs aus Hochschulen ist dabei der **personengebundene Transfer** durch die **Absolventen** der Region. Diese tragen durch ihr an der Hochschule gewonnenes Wissen erheblich zur wirtschaftlichen Leistungsfähigkeit der Region bei.

Absolventenverbleib. Ein Indikator für die Effektivität des personengebundenen Wissenstransfers einer Hochschule für ihre Region ist die regionale Verbleibsquote der Absolventen nach dem Studium. Effektivität wird dabei verstanden als der „Erfolg der Region", die Absolventen in der Region zu halten. Die Erfolgsmessung bezieht sich auf die Attraktivität des regionalen Arbeitsmarktes für hoch qualifizierte Arbeitskräfte sowie auf die Verzahnung (Grad der Übereinstimmung) zwischen dem universitären Ausbildungsangebot und der regionalen Wirtschaftsstruktur.

Dass 36% der Absolventen der Universität Basel vier Jahre nach dem Studium im Kanton Basel-Stadt arbeiten, spricht zunächst für eine relativ hohe Attraktivität des basel-städtischen Arbeitsmarkts, zumindest im Vergleich zu jenem des Kantons Basel-Landschaft, in welchem lediglich 17% der Absolventen arbeiten. Das Ergebnis relativiert sich allerdings etwas, wenn man die Zahl der Hochschulabsolventen mit den gesamten Erwerbstätigen in den beiden Kantonen ins Verhältnis setzt. Der Anteil der Hochschulabsolventen, gemessen an allen Erwerbstätigen im Kanton Basel-Stadt, betrug im Jahr 2002 0,08% und für den Kanton Basel-Landschaft 0,05%. In Relation zur Grösse des Arbeitsmarktes des Kantons Zürich (825'608 Tsd. Erwerbstätige) betrug der Anteil an Basler Hochschulabsolventen lediglich 0,01%.

Das Fächerangebot der ehemaligen FHBB ist im Vergleich zu jenem der Universität Basel etwas besser auf den basel-landschaftlichen Arbeitsmarkt angepasst, in welchem 28% der Absolventen vier Jahre nach dem Studium arbeiteten. Dennoch fanden auch hier deutlich mehr Absolventen (41%) eine Arbeitsstelle im Kanton Basel-Stadt. Wegen der geringen Stichprobe der FHBB Absolventen wird hier auf eine weitere Diskussion der Ergebnisse verzichtet.

Die Diskrepanz innerhalb der Hochschulregion zwischen den beiden Kantonen Basel-Stadt und Basel-Landschaft ist vor allem auf die starke Konzentration wirtschaftlicher Aktivitäten auf den Stadtkanton zurückzuführen, während im Kanton Basel-Landschaft eher die Wohnfunktion dominiert. Die These, dass die Absolventen der Hochschulen nach ihrem Studium zum Grossteil in der Hochschulregion verbleiben, kann jedoch bestätigt werden.

Der Anteil der Absolventen der beiden Basler Hochschulen (Universität Basel und FHBB), die vier Jahre nach Studienabschluss eine Arbeit im Kanton Zürich annahmen, ist relativ hoch. Dies spricht für eine im Vergleich zur Hochschulregion Basel hohe Attraktivität des Zürcher Arbeitsmarktes für hoch qualifizierte Hochschulabsolventen.

Eine Aussage über die Attraktivität des Basler Arbeitsmarktes und der Übereinstimmung von Studienangebot mit dem regionalen Arbeitsplatzangebot erfordert jedoch eine relationale Betrachtung der Verbleibsquoten der Absolventen anderer Hochschulen.

Für einen solchen Vergleich sei an dieser Stelle auf die Studie des Bundesamtes für Statistik (BfS) verwiesen, in welcher die Wohnkantone der Hochschulabsolventen 1998 vor dem Studienbeginn und ein Jahr nach Studienabschluss verglichen werden[11]. Da in der vorliegenden Studie die späteren Arbeitsorte ermittelt wurden, ist ein direkter Vergleich nicht möglich. Die Ergebnisse der Studie des BfS geben jedoch einen Hinweis auf die unterschiedlichen Attraktivität der regionalen Arbeitsmärkte für Hochschulabsolventen und die Übereinstimmung von Bildungsangebot mit der regionalen Wirtschaftsstruktur. Betrachtet man lediglich die Reihenfolge der Kantone, so steht der Kanton Basel-Stadt schweizweit auf dem achten Platz hinter den Kantonen Zürich, Bern, Freiburg, Tessin, Waadt, Neuenburg und Genf. Der Kanton Basel-Landschaft fällt sogar auf den 24., also den zweitletzten Platz zurück. Im Vergleich dazu steht der Kan-

[11] Regionale Abwanderung von jungen Hochqualifizierten in der Schweiz (BUNDESAMT FÜR STATISTIK 2007)

ton Zürich unangefochten auf dem ersten Platz, was einen deutlichen Hinweis auf grosse Attraktivitätsunterschiede liefert. Dennoch wäre hier ein Vergleich der späteren Arbeitsorte von Absolventen hilfreich, um gezieltere Aussagen treffen zu können.

Forschungskooperationen. Bei dem analysierten **personen-ungebundenen WTT** in Form von Forschungskooperationen handelt es sich nicht um einen einseitigen Prozess, sondern um eine interaktive Beziehung. Einerseits erhalten die regionalen Unternehmen von den Hochschulen Impulse, und andererseits erhalten die Forschungsgruppen der Hochschulen wichtigen Input von der Privatwirtschaft. Da Innovation zu technischem Fortschritt führt und technischer Fortschritt zu Wirtschaftswachstum, ist es von grosser Wichtigkeit, die Prozesse der Entstehung und des Austauschs von Wissen und Technologie zwischen den Hochschulen der Region Basel/Nordwestschweiz und der Wirtschaft besser zu verstehen. Nur wenn der vielschichtige Prozess richtig verstanden wird, können die Akteure aus Politik, Wirtschaft und Hochschulen entsprechende Massnahmen zu deren Verbesserung ergreifen.

Hier setzt die vorliegende Arbeit an, indem sie vor allem die Gestaltung der Forschungskooperationen zwischen Forschungsgruppen der Hochschulen, anderen Forschungsgruppen öffentlicher Institutionen und der Privatwirtschaft analysiert.

In Tabelle 8.1 werden die wichtigsten Ergebnisse und Erkenntnisse sowie die Implikationen aus der empirischen Analyse der Forschungskooperationen nochmals kurz zusammengefasst. Es zeigt sich, dass die einzelnen Fachbereiche sich zwar nicht immer streng getrennt nach Wissensbasen, aber dennoch sehr stark hinsichtlich ihrer Verankerung innerhalb der Region und der Ausgestaltung ihrer Forschungskooperationen unterscheiden.

Als Indikatoren der regionalen Verankerung der einzelnen Fachbereiche wurden die Herkunft der Mitarbeiter, die Herkunft der Drittmittel sowie die Regionalquote der Forschungskooperationen innerhalb der Nordwestschweiz verwendet.

Die in Kapitel 2.4.6 aufgeworfene These, dass synthetische Fachbereiche ihre **Mitarbeiter** regionaler **rekrutieren** als analytische, kann aufgrund der empirischen Analyse bestätigt werden. Dieses Ergebnis widerspiegelt die Bedeutung des regional spezialisierten Ausbildungshintergrundes der Mitarbeitenden und die starke Verankerung dieser Fachbereiche in der Region. Für Akteure an den Hochschulen sowie aus Wirtschaft und Politik heisst dies, die Ausbildungskapazität und -qualität vor allem der Fachbereiche Technik, Design/Kunst, Medizin, Geoinformatik und Chemie in der Region auszubauen und zu stärken.

Die höchsten Anteile an regionalen **Drittmitteln** weisen die Fachbereiche Medizin, Chemie und Biologie auf, was deutlich für die Existenz eines starken Life-Sciences Clusters Basel/Nordwestschweiz spricht. Die Spezialisierung der

Tab. 8.1 Ergebnisse und Erkenntnisse sowie Implikationen aus der Analyse der Forschungskooperationen

	Ergebnisse und Erkenntnisse: Was zeigt die Analyse?	Implikationen für Akteure an Hochschulen, aus Wirtschaft und Politik
Indikatoren der regionalen Verankerung der einzelnen Fachbereiche		
Herkunft der Mitarbeitenden	➢ Stark regional fokussierte Rekrutierung der Mitarbeiter synthetischer Fachbereiche ➔ Starke Verankerung der synthetischen Fachbereiche Technik, Design/Kunst, Medizin, Geoinformatik sowie der Chemie in der Region ➔ Soziokultureller Hintergrund spielt hier eine wichtige Rolle ➢ Fachbereich Chemie: starke regionale Verankerung ➔ Starker Life-Sciences Cluster Basel/Nordwestschweiz	➔ Ausbildunskapazität und Qualität vor allem der Fachbereiche Technik, Design/Kunst, Medizin, Geoinformatik und Chemie in der Region ausbauen und stärken
Herkunft der Drittmittel	➢ Hoher Anteil an regionalen Drittmitteln der Fachbereiche Medizin, Chemie und Biologie ➔ Starker Life-Sciences Cluster Basel / Nordwestschweiz ➔ Gefahr einer Beeinflussung der universitären Forschung durch regionalwirtschaftliche Interessen; Gefahr eines „Wissens-Lock-Ins".	➔ Balance zwischen finanzieller Abhängigkeit und Forschungsfreiheit bewahren
Räumliche Reichweite der Zusammenarbeit	➢ Die stärksten Verflechtung mit regionalen (Nordwestschweizer) Unternehmen haben die Fachbereiche Chemie (61%) und Biologie (50%) ➔ Starker Life-Sciences Cluster Basel/Nordwestschweiz ➢ Insgesamt die stärksten Verflechtungen mit Forschungsgruppen anderer öffentlicher Einrichtungen in der Region haben die Fachbereiche Technik und Medizin ➔ Starke regionale Forschungsschwerpunkte in Technik und Medizin ➢ Fachbereich Wirtschaft: starke fächerübergreifende Verflechtung in der Region	➔ Starke Verflechtungen der Chemie und Biologie mit der Privatwirtschaft erhalten und fördern
Ausgestaltung der Forschungskooperationen		
Erstkontaktaufnahme	➢ Der bestehende persönliche Kontakt ist die wichtigste Voraussetzung für das Zustandekommen einer Forschungskooperation vor der Zugehörigkeit zur selben Hochschule	➔ Interinstitutionelle und interdisziplinäre Treffen organisieren, damit man sich überhaupt persönlich kennen lernen kann
Motive einer Kooperation	➢ Der rein fachliche Austausch ist das wichtigste Motiv, gefolgt von finanziellen Motiven	➔ Fachlichen Austausch fördern durch Organisation von Fachtreffen ➔ Fördermöglichkeiten und Finanzierungsquellen gezielt aufzeigen
Formen der Zusammenarbeit	➢ Gemeinsame Anträge für Forschungs- und Projektmittel, gemeinsame Publikationen und informeller fachlicher Austausch am wichtigsten	➔ Gezielte, individuelle Unterstützung und Beratung einer gemeinsamen Finanzierung
Probleme in der Zusammenarbeit	➢ Organisationsaufwand als Hemmnis der Zusammenarbeit ➢ Einschätzen der Kompetenzen des Partners als Unsicherheit	➔ Minimierung des Aufwandes für Bürokratie und Organisation ➔ Einsatz von „Business Angels" als Vermittler zwischen verschiedenen Akteuren in der Forschung
Faktoren einer erfolgreichen Zusammenarbeit	➢ Gegenseitiges Vertrauen und „gleiche Wellenlänge" am wichtigsten	➔ Vertrauen aufbauen durch regelmässige face-to-face-Kontakte, Verträge
Vorteile einer langjährigen Zusammenarbeit	➢ Verbesserte Kommunikation ➢ Bessere Einschätzung der Kompetenzen des Partners	

➢ = Ergebnis der Analyse, ➔ = Erkenntnisse aus der Analyse; Quelle: eigene Darstellung

Regionalwirtschaft hat hier einen grossen Einfluss auf die regionale Struktur der Forschungsförderung und überlagert die zu Beginn geäusserte Annahme, dass synthetische Fachbereiche stärker regional gefördert werden als analytische. Es gilt, diesen regionalen Schwerpunkt aufrechtzuerhalten und zu verstärken. Gleichzeitig muss ein regionales Lock-In sowie eine Forschung, die allzu stark von den Interessen der Wirtschaft dominiert wird, vermieden werden.

Analog zu den Drittmitteln erkennt man auch in der räumlichen Reichweite der Forschungskooperationen einen starken Life-Sciences Cluster Basel/Nordwestschweiz. Hier sind es in erster Linie die Fachbereiche Chemie und Biologie, welche am häufigsten mit Unternehmen in der Region zusammenarbeiten. Andererseits weisen die Fachbereiche Technik und Medizin eine starke wissenschaftliche Verflechtung mit Forschungsgruppen anderer öffentlicher Einrichtungen auf.

Auch die Ausgestaltung der Forschungskooperationen gibt einen Hinweis auf die Bedeutung räumlicher Nähe und der Rolle der Region in verschiedenen Fachbereichen. Bei der **Erstkontaktaufnahme** ist der bestehende persönliche Kontakt die wichtigste Voraussetzung für das Zustandekommen einer Forschungskooperation. Die Region spielt hierbei insofern eine bedeutende Rolle, als die Wahrscheinlichkeit, sich persönlich kennenzulernen, viel grösser ist, wenn man sich auch räumlich nah ist. Da es innerhalb derselben Disziplin vermutlich einfacher ist sich kennenzulernen als disziplin- oder branchenübergreifend, ist vor allem die Organisation und Förderung von interinstitutionellen und interdisziplinären Treffen in der Region erstrebenswert. Wie eine solche Förderung aussehen könnte, kann man am aktuellen Beispiel von i-net Basel beobachten, der Innovationsförderung des Kantons Basel-Stadt. I-net Basel führt verschiedene Akteure wie Forschende, Anbieter und Nachfrager in vielversprechenden jungen Technologiefeldern zusammen, um Innovationen anzustossen und in nachhaltige Wertschöpfung zu transferieren. Technologiefelder, die derzeit in Basel eine solche Förderung erfahren, sind die Nanotechnologie, Greentech und die IuK-Technologie. Der Netzwerkgedanke steht dabei im Vordergrund und interinstitutionelle Treffen mit Akteuren aus verschiedenen Disziplinen ermöglichen das persönliche Kennenlernen als wichtigste Voraussetzung für eine Erstkontaktaufnahme.

Bei den **Motiven für eine Kooperation** wird der gegenseitige fachliche Austausch von allen befragten Forschungsgruppen am wichtigsten bewertet, noch vor den finanziellen Motiven. Wie zu Beginn vermutet, sind finanzielle Motive für synthetische Fachbereiche etwas wichtiger als für analytische. Auch hier gilt es für die Akteure aus den Hochschulen sowie aus Wirtschaft und Politik, den fachlichen Austausch zu fördern sowie Fördermöglichkeiten und Finanzierungsquellen aufzuzeigen.

Während der Zusammenarbeit ist es weiterhin wichtig, eine gezielte, individuelle Beratung und Unterstützung für gemeinsame Anträge für Forschungs- und

Projektmittel anzubieten. Letztere stellen neben gemeinsamen Publikationen die wichtigste **Form der Zusammenarbeit** dar. In Kapitel 2.4.6 wurde angenommen, dass analytische Fachbereiche stärker mit anderen öffentlichen Forschungseinrichtungen zusammenarbeiten als mit Unternehmen. Dies kann, zumindest für die gemeinsamen Anträge für Forschungs- und Projektmittel sowie gemeinsame Publikationen, bestätigt werden. Dennoch ist die Zusammenarbeit mit anderen Forschungsgruppen öffentlicher Einrichtungen für synthetische Fachbereiche ebenso wichtig wie für analytische.

Um einen reibungslosen Ablauf der Finanzierung der gemeinsamen Forschungsprojekte zu gewährleisten, besteht dringender Handlungsbedarf in der Unterstützung der Organisation. Das Ziel muss darin bestehen, den Aufwand an Bürokratie und Organisation für die Forscher auf ein Minimum zu reduzieren, damit keine unnötige Zeit für die eigentliche Forschungsarbeit verloren geht. Neben dem grossen Organisationsaufwand wird als weiteres **Problem** oder Hemmnis für eine Forschungszusammenarbeit die Schwierigkeit genannt, die Kompetenzen des Partners einzuschätzen. Eine Lösung des Problems könnte sein, Vermittler (sogenannte „Business Angels") mit einer grossen fachlichen Kompetenz einzusetzen, welche die Kompetenzen des jeweils anderen besser einschätzen können. Dieser Vermittler kann bereits am Anfang dafür sorgen, dass die Kompetenzen des anderen richtig eingeschätzt werden, was sonst nur durch eine **langjährige Zusammenarbeit** erreicht wird. Die Annahme, dass synthetische Fachbereiche grössere Angst vor opportunistischem Verhalten des Forschungspartners haben, muss verworfen werden.

Die wichtigsten **Faktoren einer erfolgreichen Zusammenarbeit** sind gegenseitiges Vertrauen und die gleiche Wellenlänge, was für synthetische Fachbereiche durchschnittlich wichtiger ist als für analytische. Damit kann die in Kapitel 2.4.6 getroffene Annahme bestätigt werden. Beide Faktoren werden durch räumliche Nähe begünstigt. Um Vertrauen aufzubauen, sind persönliche Kontakte unabdingbar; diese können einfacher und häufiger innerhalb einer Region stattfinden. Für die gleiche Wellenlänge sind neben anderen Faktoren auch gemeinsame Normen und Werte sowie eine gemeinsame kulturelle Prägung ausschlaggebend, die stark an den soziokulturellen Kontext einer Region gebunden sind.

Aufgrund dieser Ergebnisse macht die getrennte Betrachtung synthetischer und analytischer Fachbereiche jedoch wenig Sinn. Vielmehr sind es einzelne Fachbereiche, die sich in ihrem Kooperationsverhalten von den anderen unterscheiden.

Für **zukünftige Forschung** auf diesem Gebiet wäre es darüber hinaus interessant, einzelne Prozesse im Verlauf einer Kooperation zu analysieren und hinsichtlich eines synthetischen oder analytischen Charakters zu untersuchen. Zum Beispiel könnte man sich vorstellen, dass Testversuche in der Medizin eher in der Region durchgeführt werden und dass Partner für eine gemeinsame Publikation auch stark international gesucht werden.

Insgesamt kann festgehalten werden, dass Basel oder die Nordwestschweiz nur dann ein attraktiver Hochtechnologie- und Forschungsstandort für weltweit führende Unternehmen bleibt, wenn dieser eine attraktive Hochschullandschaft bietet. Dabei dürfen weniger die kurz- und mittelfristigen Einkommens-, Beschäftigungs- und Steuereffekte für die Regionalwirtschaft oder die Einnahmen der Staatshaushalte im Vordergrund stehen. Vielmehr gilt es, den langfristigen Nutzen der Hochschulen durch eine Verbesserung des WTTs zwischen Hochschulen und Privatwirtschaft zu optimieren und an die verschiedenen Bedürfnisse der Träger und Empfänger anzupassen.

Literaturverzeichnis

Acs, Z.J., Fitzroy, F. & I. Smith (1994): High Technology Employment and university R&D spillovers: Evidence from US Cities. Paper presented at the 41st North American Meeting of the Regional Science Association International, Niagara Falls.

Archibugi, D. & B. Lundvall (Hrsg.) (2001): The Globalizing Learning Economy. Oxford: Oxford University Press.

Asheim, B. & M. Dunford (1997): Regional futures. In: Regional Studies 31, 445: 11.

Asheim, B. & M.S. Gertler (2005): The Geography of Innovation: Regional Innovation Systems. In: Fagerberg, J., Mowery, D.C. & R.R. Nelson (Hrsg.): The Oxford Handbook of Innovation. Oxford: Oxford University Press: 291-317.

Asheim, B., Boschma, R. & P. Cooke (2011): Constructing regional advantage: Platform policies based on related variety and differentiated knowledge bases. In: Regional Studies 45, 7: 893-904.

Audretsch D.B. & P.E. Stephan (1996): Company-scientist locational links: the case of biotechnology. In: American Economic Review 86, 3: 641-652.

Baer, P. (1976): Die ökonomische Bedeutung der Universität Göttingen für Göttingen und Umgebung. In: Neues Archiv für Niedersachsen 25, 4: 305-314.

BAK Basel Ecomomics (2005): Kann die Schweiz ihren internationalen Spitzenplatz in der biomedizinischen Forschung behaupten? Vortrag von Prof. Dr. Paul Herrling am 8. Juni 2005.

Bania, N., Eberts, R. & M. Fogarty (1992): The effects of regional science and technology policy on the geographic distribution of industrial R&D laboratories. In: Journal of Regional Science 32, 2: 209-228.

Barro, R. & X. Sala-I-Martin (1995): Economic growth. New York, McGrawHill.

Barro, R. (1991): Economic growth in a cross section of countries. In: Quarterly Journal of Economics 106, 2: 407-443.

Bathelt, H. & E. Schamp (Hrsg.) (2002): Die Universität in der Region. Ökonomische Wirkungen der Johann Wolfgang Goethe Universität in der Rhein-Main Region. Frankfurt am Main: Institut für Wirtschafts- und Sozialgeographie.

Bathelt, H. (1999): Technological change and regional restructuring in Boston's Route 128 area. IWSG Working Paper 10-1999.

Bauer, E.-M. (1997): Die Hochschule als Wirtschaftsfaktor. Eine systemorientierte und empirische Analyse universitätsbedingter Beschäftigungs-, Einkommens- und Informationseffekte – dargestellt am Beispiel der Ludwig-Maximilians-Universität München. Münchner Studien zur Sozial- und Wirtschaftsgeographie 41, München.

Becker, G.S. (1964): Human capital. New York: Columbia University Press.

Becker, R. (1976): Die regionale Verteilung der Betriebsausgaben einer Uni-

versität. Zur Bedeutung einer Universität als regionaler Wirtschaftsfaktor. In: Becker, R. (Hrsg.): Zur Rolle einer Universität in Stadt und Region. München: Verlag Dokumentation.
Becker, W. & D. Rothenberger (1999): Regionalökonomische Bedeutung grösserer Behinderteneinrichtungen. Das Beispiel des Dominikus-Ringeisen-Werkes Ursberg. In: Raumforschung und Raumordnung 57, 2/3: 96-107.
Becker, W. (1990): Universität und Wirtschaftsstruktur: Zur kommunal- und regionalwirtschaftlichen Bedeutung der Universität Augsburg. Abschlussbericht zum Forschungsprojekt Typ B der Universität Augsburg, Augsburg.
Becker, W. (1992): Ökonomische Bedeutung der Universität Augsburg für Stadt und Region. In: Beiträge zur Hochschulforschung 3: 255-274.
Beise, M. & A. Spielkamp (1996): Technologietransfer aus Hochschulen: Ein Insider-Outsider-Effekt. In: Zentrum für Europäische Wirtschaftsforschung (Hrsg.): Discussion Paper 96-10. Mannheim.
Beissinger, T., Büsse, O. & Möller (2000): Die Wechselbeziehungen von Universität und Wirtschaft in einer dynamischen Region – eine Untersuchung am Beispiel der Universität Regensburg. In: Braun, G. & E. Voigt (Hrsg.): Regionale Innovationspotentiale von Universitäten. Rostocker Beiträge zur Regional- und Strukturforschung 15: 41-65.
Benson, L. (2000): Regionalwirtschaftliche Effekte von Hochschulen während ihrer Leistungsabgabe: Theoretische Analyse und methodische Überlegungen zur Empirie. TAURUS-Materialien 7, Trier: TAURUS.
Blume, L. & O. Fromm (2000): Wissenstransfer zwischen Universitäten und regionaler Wirtschaft: Eine empirische Untersuchung am Beispiel der Gesamthochschule Kassel. In: Vierteljahreshefte zur Wirtschaftsforschung 1: 109-123.
Bonner, E.R. (1968): The Economic Impact of a University on its local Community. In: Journal of the American Institute of Planners 34, 5: 339-43.
Boschma, R.A. (2005): Proximity and Innovation: A critical Assessment. In Regional Studies 39, 1: 61-74.
Bozeman, B. (2000): Technology transfer and public policy: a review of research and theory. In: Research policy 29, 4/5: 627-655.
Brooks, H. (1994): The relationship between science and technology. In: Research Policy 23, 5: 477-486.
Bueller, V. (2000): Mit Gott zu Geld und Geist. In: http://www.selezione.ch/universitaet.htm 27.01.2008.
Bundesamt für Statistik (1995 bis 2002): Entwicklung der Konsumentenpreise, nach Art und Herkunft der Güter 1995-2002. Neuchâtel.
Bundesamt für Statistik (Hrsg.) (2004): Einkommens- und Verbrauchserhebung 2002. Neuchâtel.
Bundesamt für Statistik (Hrsg.) (2005): Statistisches Jahrbuch der Schweiz 2005. Neuchâtel.
Bundesamt für Statistik (Hrsg.) (2006): Volkswirtschaftliche Gesamtrechnung der Schweiz 2005. Neuchâtel.
Bundesamt für Statistik (Hrsg.) (2007): Regionale Abwanderung von jungen Hochqualifizierten in der Schweiz. Empirische Analyse der Hochschulabsolventenjahrgänge 1998 bis 2004. Neuchâtel.

COOKE, P., MANNING, C. & R. HUGGINS (2000): Problems of systemic learning transfer and innovation: Industrial liaison and academic entrepreneurship in Wales. In: Zeitschrift für Wirtschaftsgeographie 44, 3/4: 246-260.

DELBRÜCK, C. & B. RAFFELHÜSCHEN (1993): Die Theorie der Migration. In: Jahrbücher für Nationalökonomie und Statistik 212, 3/4: 341-356.

DESCLOUX, C.-A. (2002): L'impact économique et spatial de l'Université de Fribourg. Lizentiatsarbeit, Wirtschafts- und Sozialwissenschaftliche Fakultät, Universität Fribourg.

DIEM, M. (Bearb.), BUNDESAMT FÜR STATISTIK (Hrsg.) (1997): Soziale Lage der Studierenden. Eine Repräsentativuntersuchung bei Studentinnen und Studenten der Schweizer Hochschulen 1995. Bern: Bundesamt für Statistik.

DOLOREUX, D. & S. PARTO (2007): Regional Innovation Systems: A critical review. http://www.urenio.org/metaforesight/library/17.pdf 5.5.2007.

DRUCKER, P.F. (1993): Post-capitalist Society. New York: Harper Business.

EISENRING, C., KRIPPENDORF, S., LEU, R., RISCH, L. & B. WEBER (1996): Universität Bern: Volkswirtschaftliche Bedeutung, regionale Ausstrahlung und Finanzierung. Bern: Verlag Paul Haupt.

ENGELBRECH, G., KÜPPERS, G. & J. SONNTAG (1978): Regionale Wirkung von Hochschulen. Schriftenreihe „Raumordnung" des Bundesministeriums für Raumordnung, Bauwesen und Städtebau, Nr. 06/025, Bonn.

EUROPÄISCHE KOMMISSION (2007): Improving knowledge transfer between research institutions and industry across Europe: embracing open innovation. Luxembourg: Office for Official Publications of the European Communities.

FACHHOCHSCHULE BEIDER BASEL - FHBB (2002): Jahresbericht der FHBB 2002.

FACHHOCHSCHULE BEIDER BASEL - FHBB (2003): Jahresbericht der FHBB 2003.

FISCHER, G. & M. NEF (1990): Die Auswirkungen der Hochschule auf Stadt und Kanton St. Gallen. Grüsch: Rüegger.

FISCHER, G. & B. WILHELM (2001): Die Universität St. Gallen als Wirtschafts- und Standortfaktor: Ergebnisse einer regionalen Inzidenzanalyse. Schriftenreihe des Instituts für öffentliche Dienstleistungen und Tourismus: Beiträge zur Regionalwirtschaft 3, Bern, Stuttgart, Wien: Haupt Verlag.

FLORAX, R. (1992): The University: A Regional Booster? Economic impacts of academic knowledge infrastructure. Hants, UK: Avebury.

FLORIDA, R. (2002): The Rise of the Creative Class: And How It's Transforming Work, Leisure, Community and Everyday Life. New York: Basic Books.

FORAY, D. (1997): Generation and Distribution of Technological Knowledge: Incentives, Norms and Institutions. In: EDQUIST, C. (Hrsg): Systems of Innovation: Technologies, Institutions and Organisations. London, Washington: Pinter: 64-85.

FREIBURGISCHE INDUSTRIE-, DIENSTLEISTUNGS- UND HANDELSKAMMER (1994): Freiburg und seine Universität. Finanzquellen und wirtschaftliche Auswirkungen. Freiburg.

FREY, R.L., unter Mitarbeit von M. KAUFMANN (1984): Die regionale Ausstrahlung der Universität Basel. Schriften der Regio 8, Basel: Regio Basiliensis.

FREY, R.L., FOLLONI, G. & M. STEINER (2004): Il bilancio economico e sociale dell'USI e della SUPSI. Rapporto per il Consiglio di Stato del Cantone Ticino.

FRITSCH, M. & C. SCHWIRTEN (2001): Öffentliche Forschungseinrichtungen im

regionalen Innovationssystem. In: Raumforschung und Raumordnung 56, 4: 253-263.
FROMHOLD-EISEBITH, M. & D. SCHARTINGER (2002): Universities as Agents in Regional Innovation Systems. Evaluating Patterns of Knowledge-Intensive Collaboration in Austria. In: ACS, Z.J., DE GROOT, H. & P. NIJKAMP (Hrsg.): The Emergence of the Knowledge Economy: A Regional Perspective. Heidelberg: Springer: 173-194.
FUJITA, M. & J.-F. THIESSE (1996): Economics of Agglomeration. Journal of the Japanese and International Economies 10, 4: 339-378.
FÜRST, D. (1984): Die Wirkungen von Hochschulen auf ihre Region. In: AKADEMIE FÜR RAUMFORSCHUNG UND LANDESPLANUNG (Hrsg.): Wirkungsanalysen und Erfolgskontrollen in der Raumordnung. Hannover: Vincentz.
GAILLARD, B. (1982): Coûts et avantages de l'Université pour la collectivité genévoise. Genève: Université de Genève.
GATZWEILER, H.P. (1975) Zur Selektivität interregionaler Wanderungen. Ein theoretisch-empirischer Beitrag zur Analyse und Prognose altersspezifischer interregionaler Wanderungen. Forschungen zur Raumentwicklung, Band 1, Bonn: Bundesforschungsanstalt für Landeskunde und Raumordnung.
GERTLER M. (2007): Buzz without being there? Communities of practice in context. Paper presented at the AAG 2007 Annual Meeting, April 17-21, San Francisco.
GERTLER, M. (1995): „Being There": Proximity, Organization, and Culture in the Development and Adoption of Advanced Manufacturing Technologies. In: Economic Geography 71, 1: 1-26.
GIESE, E. (Hrsg. 1987): Aktuelle Beiträge zur Hochschulforschung. Giessener Geographische Schriften 62, Giessen: Geographisches Institut der Justus Liebig-Universität Giessen.
GLAESER, E.L. & A. SAIZ (2003): The rise of the skilled city. Harvard Institute of Economic Research, Discussion Paper Nr. 2025, http://www.economics.harvard.edu/pub/hier/2003papers/HIER2025.pdf.
GRABHER, G. (1993): The weakness of strong ties; the lock-in of regional development in the Ruhr area. In: GRABHER, G. (Hrsg.): The Embedded Firm: On the Socioeconomics of Industrial Networks. London: Routledge: 255-277.
GRAF, C. & J. STÄUBLE (1985): Räumliche Auswirkungen der Universität Zürich. Bern: Programmleitung NFP "Regionalprobleme".
HAISCH, T. & R. SCHNEIDER-SLIWA (2007): Regionalwirtschaftliche und steuerliche Effekte der Universität Basel. Basler Stadt- und Regionalforschung 29, Basel: Geographisches Institut der Universität Basel.
HICKS, D. (2000): Using innovation indicators for assessing the efficiency of industry-science relationships. Paper presented at the Joint German OECD Conference "Benchmarking Industry-Science Relations", October 16-17, Berlin.
JACOBS, J. (1984): Cities and the wealth of nations. New York: Random House.
JAFFE, A.B. (1989): Real Effects of Academic Research. In: American Economic Review 79, 5: 957-970.
JAFFE, A.B., TRAJTENBERG, M. & R. HENDERSON (1993): Geographic Location of Knowledge Spillovers as Evidence by Patent Cotations. In: The Quarterly Journal of Economics 108, 3: 577-598.

JOHNSON, B., LOREN, E. & B. LUNDVALL (2002): Why all this fuss about codified and tacit knowledge? In: Industrial and Corporate Change 11, 2: 245-262.
KELLY, K., WEBER, J., FRIEND, J., ATCHINSON, S., DE GEORGE, G. & W. HOLSTEIN (1992): Hot spots: America's new growth regions are blossoming despite the slump. In: Business Week October 19: 80-88.
KRUGMAN, P. (1991): Increasing returns and economic geography. In: Journal of Political Economy 99, 3: 483-499.
LA FAUCI, M. (2006): Nutzen und Kosten einer Universität: Literaturanalyse und Anwendungsvorschläge für die Universität Freiburg. Unveröffentlichte Masterarbeit, Universität Freiburg/Schweiz, Departement für Volkswirtschaftslehre.
LO, V. (2003): Wissensbasierte Netzwerke im Finanzsektor. Das Beispiel des Mergers & Acquisition-Geschäfts. Wiesbaden: Deutscher Universitätsverlag.
LUCAS, R.E. (1988): On the mechanics of economic development. In: Journal of Monetary Economics 22, 1: 3-42.
LUHMANN, N. (1984): Soziale Systeme. Grundriss einer allgemeinen Theorie. Frankfurt am Main: Suhrkamp.
LUNDVALL, B.-Å & B. JOHNSON (1994): The learning economy. In: Journal of Industry Studies 1, 2: 23-42.
LUNDVALL, B.-Å. & S. BORRÁS (1998): The globalising learning economy: Implications for innovation policy. Luxembourg: Office for Official Publications of the European Communities.
MANKIEW, G., ROMER, D. & D. WEIL (1992): A contribution to the empirics of economic growth. In: Quarterly Journal of Economics 107, 2: 407-437.
MANSFIELD, E. & J.-Y. LEE (1996): The Modern University: Contributor to Industrial Innovation and Recipient of Industrial R&D Support. Research Policy 25, 7: 1047-1058.
MANSFIELD, E. (1995): Academic Research Underlying Industrial Innovation. In: The Review of Economics and Statistics 77, 1: 55-65.
MASKELL, P. & A. MALMBERG (1999): Localised learning and industrial competitiveness. In: Cambridge Journal of Economics 23, 1: 167-85.
MENNEL-HARTUNG, E. (1986): Die Inzidenzanalyse als Instrument der Regionalpolitik. Dargestellt am Beispiel der Hochschule St. Gallen. Dissertation, Wirtschafts- und Sozialwissenschaftliche Hochschule St. Gallen.
MILLER, J. & H. SCHÄFER (1998): Die regionalwirtschaftliche Bedeutung der Universität Bremen. Bremen: Institut für Konjunktur- und Strukturforschung, Universität Bremen.
MOWERY, D.C. & B.N. SAMPAT (2004): Universities in national innovation systems. In: FAGERBERG, J., MOWERY, D. & R.R. NELSON (Hrsg.): Oxford Handbook of Innovation. Oxford: Oxford University Press.
MURPHY, K.M., SHLEIFER, A. & R. VISHNY (1991): The allocation of talent: Implications for growth. In: Quarterly Journal of Economics 106, 2: 503-530.
NELSON, R.R. (2004): The market economy and the scientific commons. In: Research policy 33, 3: 455-471.
NIERMANN, U. (1996): Wirtschaftsfaktor Universität: eine input-output-orientierte Analyse am Beispiel der Universität Bielefeld. Münster: Lit Verlag.
NILLES, D. (1995): Université de Lausanne: Son impact économique. Cahiers de

Recherches Economiques du Département d'Econométrie et d'Economie politique (DEEP), No 9512, Lausanne.
NILLES, D. (2001): Université de Lausanne: Son impact financier au cours de la période 1992-2000. Institut Créa de macroéconomie appliquée, Université de Lausanne.
NONAKA, I. & H. TAKEUCHI (1995): The Knowledge-Creating Company – How Japanese Companies Create the Dynamics of Innovation. New York, Oxford: Oxford University Press.
PFÄHLER, W., CLERMONT, C., GABRIEL, C. & U. HOFMANN (1997): Bildung und Wissenschaft als Wirtschafts- und Standortfaktor. Die regionalwirtschaftliche Bedeutung der Hamburger Hochschulbildungs- und Wissenschaftseinrichtungen. Veröffentlichungen des HWWA-Instituts für Wirtschaftsforschung Hamburg, Baden-Baden: Nomos Verlagsgesellschaft.
POLANYI, M. (1966): The tacit dimension. London: Routledge & Kegan Paul.
RAVEGLIA, D. (2004): Gli impatti economici e sociali dell'Università della Svizzera italiana e della Scuola universitaria professionale della Svizzera italiana sull'economia del Cantone Ticino. Unveröffentlichte Diplomarbeit.
ROMER, P.M. (1986): Increasing Returns and Long-Run Growth. In: Journal of Political Economy 94, 5: 1002-1037.
ROMER, P.M. (1990): Endogenous Technological Change. In: Journal of Political Economy 98, 5: 71-102.
SAHAL, D. (1981): Patterns of Technological Innovation. Reading, MA: Addison-Wesley.
SAXENIAN, A.L. (2005): Brain circulation: How high-skill immigration makes everybody better off. In: The Brookings Review 20, 1: 28-31.
SAXENIAN, A.L. (1994): Regional Advantage: Culture and Competition in Silicon Valley and Route 128. Cambridge, MA: Harvard University Press.
SCHÄTZL, L. (1994): Wirtschaftsgeographie 2: Empirie. 2. Auflage, Paderborn: F. Schöningh.
SCHERF, H. (1989): John Maynard Keynes (1883-1946). In: STAR-BATTY, J. (Hrsg.): Klassiker des ökonomischen Denkens II: Von Karl Marx bis John Maynard Keynes. München: C.H. Beck.
SCHOENENBERGER, A. & C. ARNOLD (2002): Impact de l'Université de Neuchâtel sur l'économie cantonale 2000. Neuchâtel: Université de Neuchâtel, Faculté de droit et des sciences économiques, UER d'économie politique.
SCHOENENBERGER, A. & A. MACK (2009): Etude d'impact économique de l'Université de Neuchâtel. Genève: Eco'Diagnostic et Université de Neuchâtel, http://www2.unine.ch/files/content/sites/unine/files/Medias/pdf/UNINE_EtudeImpact_2009.pdf.
SCHULTZ, T. (1964): The economic value of education. Studies in the economics of education. New York and Columbia: Columbia University Press.
SCOTT A. (2007): Capitalism and urbanization in a new key? The cognitive-cultural dimension. In: Social Forces 85, 4: 1465-1482.
SCOTT, A. (1997): The cultural economy of cities. In: International Journal of Urban and Regional Research 21, 2: 323-339.
SEDWAY GROUP (2001): Building a Bay Area's Future: A Study of the Economic Impact of the University of California, Berkeley. Berkeley: University of California.

Simon, C. (1998): Human capital and metropolitan employment growth. In: Journal of Urban Economics 43, 2: 223-243.
Solow, R.M. (1956): A contribution to the theory of economic growth. In: Quarterly Journal of Economics 70, 1: 65-94.
Solow, R.M. (1957): Technical Change and the production function. In: Review of Economics and Statistics 39, 3: 312-320.
Sozialberatung der Universität Basel (2003): Studien- und Lebenskosten von Studierenden pro Monat. http://www.unibas.ch/doc_download.cfm?uuid=930B4217C09F28B634B6912358AB58C8&&IRACER_AUTOLINK&& 10.01.06.
Stephan, G., Müller-Fürstenberger, G. & D. Hässig (2002): Vom Kosten- zum Standort- zum Wirtschaftsfaktor. Tertiäre Bildung im Kanton Bern. Bericht an den Regierungsrat des Kantons Bern. Bern: Abteilung für Angewandte Mikroökonomie, Universität Bern.
Strauf, S. & H. Behrendt (2006): Regionalökonomische Effekte der Hochschulen im Kanton Luzern. Institut für öffentliche Dienstleistungen und Tourismus, Universität St. Gallen.
The Economist (2005): European migration. The brain-drain cycle. Ausgabe vom 8. Dezember, http://www.economist.com/node/5279609.
The Economist (2006a): The battle for brainpower. A survey of talent. Ausgabe vom 5. Oktober, http://www.economist.com/node/7961894.
The Economist (2006b): Brains and borders. America is damaging itself by making it too difficult for talented people to enter the country. Ausgabe vom 4. Mai, http://www.economist.com/node/6882647.
Tobler, W.R. (1970): A computer movie simulating urban growth in the Detroit region. In: Economic Geography 46: 234-40.
Universität Basel (2002): Jahresbericht der Universität Basel 2002.
Universität Basel (2003): Jahresbericht der Universität Basel 2003.
Von Krogh, G., Ichijo, K. & I. Nonaka (2000): Enabling Knowledge Creation. New York: Oxford University Press.
Webler, W.D. (1984): Hochschule und Region. Wechselwirkungen. Bielefelder Beiträge zur Ausbildungsforschung und Studienreform 1, Weinheim, Basel: Beltz.
Wittmann, W. (1972): L'importance financière et économique de l'Université pour le Canton de Fribourg. Service de presse et d'information de l'Université de Fribourg.
Zarin-Nejadan, M. & A. Schneiter (1994): Impact de l'Université de Neuchâtel sur l'économie cantonale. Université de Neuchâtel, Faculté de droit et des sciences économiques, Division économique et sociale.
Zellner, C. (2003): The economic effects of basic research: Evidence for embodied knowledge transfer via scientists' migration. In: Research Policy 32, 10: 1881-1895.
Zinkl, W. & R. Strittmatter (2003): Ein Innovationsmarkt für Wissen und Technologie. Diskussionsbeitrag zur Neuausrichtung der Innovationspolitik in der Schweiz. Zürich: Avenir Suisse.
Zucker, L.G., Darby, M.R. & J. Armstrong (2002): Commercializing Knowl-

edge: University Science, Knowledge Capture, and Firm Performance in Biotechnology. In: Management Science 48, 1: 138-153.
ZUCKER, L.G., DARBY, M.R. & M.B. BREWER (1998): Intellectual Human Capital and the Birth of U.S. Biotechnology Enterprises. In: American Economic Review 88, 1: 290-306.

Zur Berechnung der Steuern:

EIDGENÖSSISCHE STEUERVERWALTUNG (2002): Tarife der direkten Bundessteuer. Bern.
EIDGENÖSSISCHE STEUERVERWALTUNG (2005): Mehrwertsteuer. Aktuelle Steuersätze seit 1995. http://www.estv.admin.ch/data/print/print.php 01.09.2005.
GEMEINDE BETTINGEN (2002): Steuertarife 2002. http://www.bettingen.ch/html/Ressort%20Finanzen.htm#Finanzen/Steuern 30.08.05.
GEMEINDE RIEHEN (2002): Wegleitung zu den Riehener Steuern 2002. Riehen.
STEUERVERWALTUNG DES KANTONS AARGAU (2002): Tarife für die Einkommenssteuer ab 2002. http://193.47.122.27//steueramt/index.php?controller= Download&DokKey=DT702&Format=pdf 30.08.05.
STEUERVERWALTUNG DES KANTONS BASEL-LANDSCHAFT (2002): Beilage für die Wegleitung zur Steuererklärung 2002. Liestal.
STEUERVERWALTUNG DES KANTONS BASEL-STADT (2001): Steuertarife gültig für die Einkommens- und Vermögenssteuern von natürlichen Personen für die Steuerperioden 1999-2002. http://www.steuer.bs.ch/tar-np-tarifbuch-1999-2000-2001-2002.pdf 30.08.05.
STEUERVERWALTUNG DES KANTONS SOLOTHURN (2002): Steuerrechner des Kantons Solothurn. http://www.so.ch/extappl/steuerrechner/index.htm 30.08.05.

Anhang

Fragebogen für die Forschungsgruppen der Universität Basel und der FHNW

Vernetzung von Universitäten, Hochschulen und öffentlichen Forschungseinrichtungen in der Nordwestschweiz: Universität Basel

Bitte kurz durchlesen: Hinweise zum Ausfüllen und zum Aufbau des Fragebogens

- Alle Angaben werden streng vertraulich behandelt und anonymisiert ausgewertet.
- Die Teilnahme dauert 15 bis 20 Minuten.
- Wenn keine genauen Angaben gemacht werden können sind Schätzwerte ausreichend.
- alle Fragen beziehen sich auf die heutige, aktuelle Situation
- Der Fragebogen gliedert sich in vier Teile:
  A Angaben zu Ihrer Forschungsgruppe
  B Zusammenarbeit mit **Universitäten, Hochschulen und öffentlichen Forschungseinrichtungen**
  C Zusammenarbeit mit der **Industrie/privaten Unternehmen**
  D Abschliessende Fragen

2001

A Angaben zu Ihrer Forschungsgruppe

1. **Welchem Fachbereich und welcher Spezialisierung ist Ihre Forschungsgruppe zuzurechnen?**
(z.B. Marketing, Physik, Informatik etc.) ____________________

2. **Wie viele wissenschaftliche Mitarbeiter/innen beschäftigt Ihre Forschungsgruppe? (Anzahl der Personen)**
Inklusive: Professoren, Doktoranten, drittmittelfinanzierte Mitarbeiter; Exklusive: Verwaltungsangestellte, Laboranten & studentische Mitarbeiter etc.

Insgesamt ______ Mitarbeiter/innen.

Davon ______ Professoren/innen, ______ Postdocs & Habilitanden/innen und ______ Doktoranden/innen

3. **Wo haben die Mitarbeiter ihrer Forschungsgruppe zuletzt gearbeitet/studiert? (absolute Anzahl)**
Inklusive: Professoren, Doktoranten, drittmittelfinanzierte Mitarbeiter; Exklusive: Verwaltungsangestellte, Laboranten & studentische Mitarbeiter etc.

An Ihrer Universität/ Forschungseinrichtung	ca. ______
In der Nordwestschweiz* (ausserhalb Ihrer Universität/Forschungseinrichtung)	ca. ______
In der restlichen Schweiz	ca. ______
In der EU	ca. ______
In den USA	ca. ______
Sonstiges, wo?______________________	ca. ______

*Die Nordwestschweiz umfasst die Kantone Basel-Stadt, Basel-Landschaft, Aargau und Solothurn

B Zusammenarbeit mit Universitäten, Hochschulen und öffentlichen Forschungseinrichtungen

Die Fragen 4-13 in Teil B beziehen sich nur auf die Zusammenarbeit mit Partnern (Wissenschaftler, Arbeitsgruppen) an **Universitäten, Hochschulen** und **öffentlichen Forschungseinrichtungen** und **nicht** auf die Zusammenarbeit mit Unternehmen. Zusammenarbeit umfasst alle formellen und informellen Kontakte z.B. Forschungsprojekte oder Treffen mit Kollegen.

4. Haben Sie in den letzten 5 Jahren mit Partnern an Universitäten, Hochschulen und öffentlichen Forschungseinrichtungen zusammengearbeitet?

☐ Ja: **Weiter mit Frage 5**

☐ Nein: Wenn Sie **nicht** mit Universitäten, Hochschulen und öffentl. Forschungseinrichtungen zusammengearbeitet haben, **weiter mit Frage 14**

5. Ab welcher Phase der Forschung/des Projektes sind Ihre Partner an Universitäten, Hochschulen und öffentlichen Forschungseinrichtungen in der Regel beteiligt?

Bitte nur eine Antwort pro Zeile	in mehr als zwei Fällen	in einem oder zwei Fällen	in keinem Fall
Definition der Ziele/Planung des Projektes	☐	☐	☐
Einwerben der finanziellen Mittel	☐	☐	☐
Während des Projektes/der Forschung	☐	☐	☐
Bei der Verwertung/Nutzung der Ergebnisse	☐	☐	☐

6. Bitte benoten Sie die folgenden Motive für die Zusammenarbeit mit Universitäten, Hochschulen und öffentlichen Forschungseinrichtungen nach ihrer Wichtigkeit (6 für sehr wichtig und 1 für unwichtig).

___	Austausch von Informationen, Ideen oder Technologien um neues Wissen zu generieren
___	Finanzielle Motive (z.B. gemeinsames Einwerben von Forschungs-/Projektmitteln)
___	Zugang zu Infrastrukturen (z.B. Laborausstattung, Geräte)
___	Persönliche Profilierung (z.B. über Veröffentlichungen, Vergrösserung der Forschungsgruppe, Prestige)
___	Interessenvertretung (z.B. in Politik oder Verbänden)

7. Wie wichtig sind für Sie die nachfolgenden Formen der Zusammenarbeit mit Partnern an Universitäten, Hochschulen und öffentlichen Forschungseinrichtungen?

Bitte nur eine Antwort pro Zeile	wichtig	teils/teils	unwichtig
Gemeinsame Anträge für Forschungs-/Projektmittel	☐	☐	☐
Gemeinsame Publikationen	☐	☐	☐
Kommerzialisierung von Forschungsergebnissen (z.B. Outlicensing)	☐	☐	☐
Gemeinsame Nutzung von Geräten, Laboren etc.	☐	☐	☐
Gastaufenthalte bei Ihnen/Ihrer Mitarbeiter bei Anderen	☐	☐	☐
Informeller fachlicher Kontakt	☐	☐	☐

8. In welchen Disziplinen sind ihre Partner an Hochschulen, Universitäten und öffentlichen Forschungseinrichtungen überwiegend tätig?

____

9. Wo befinden sich Ihre Partner an Universitäten, Hochschulen und öffentlichen Forschungseinrichtungen?

Absolute Anzahl (der Partner):	an ihrer Uni/ Einrichtung	In der Nordwestschweiz* (ausser an ihrer Einrichtung)	in der übrigen Schweiz	in der EU	in den USA	an sonstgen Standorten	Wo hauptsächlich?
in **Ihrer Disziplin**** ca.	___	___	___	___	___	___	___
in **anderen** Disziplinen** ca.	___	___	___	___	___	___	___

* Die Nordwestschweiz umfasst die Kantone Basel-Stadt, Basel-Landschaft, Aargau und Solothurn

** Disziplin bezeichnet Kategorien wie zum Beispiel Biologie, Mode-Design, Elektrotechnik etc.

10. Die Partner an Universitäten, Hochschulen und öffentl. Forschungseinrichtungen, mit denen Sie in den folgenden Aktivitäten zusammenarbeiten, befinden sich überwiegend in:

Bitte nur eine Antwort pro Zeile	ihrer Uni/ Einrichtung	der Nordwestschweiz* (ausser ihrer Einrichtung)	der übrigen Schweiz	der EU	den USA	an sonstigen Standorten	keine Zusammenarbeit bei dieser Aktivität
Gemeinsame Anträge für Forschungs-/Projektmittel	☐	☐	☐	☐	☐	☐	☐
Gemeinsame Publikationen	☐	☐	☐	☐	☐	☐	☐
Gemeinsame Nutzung von Geräten, Laboren etc.	☐	☐	☐	☐	☐	☐	☐
Gastaufenthalte bei Ihnen/ Ihrer Mitarbeiter bei Anderen	☐	☐	☐	☐	☐	☐	☐
Informeller fachlicher Kontakt	☐	☐	☐	☐	☐	☐	☐

* Die Nordwestschweiz umfasst die Kantone Basel-Stadt, Basel-Landschaft, Aargau und Solothurn

11. Wie kam der Erstkontakt zu diesen Partnern zu Stande?

Bitte nur eine Antwort pro Zeile	in mehr als zwei Fällen	in einem oder zwei Fällen	in keinem Fall
Bestehender persönlicher Kontakt (z.B. durch Studium, frühere Tätigkeiten etc.)	☐	☐	☐
Partner gehört zur selben Universität oder Einrichtung	☐	☐	☐
Über die WTT- Stelle der Uni Basel/FHNW Nordwestschweiz	☐	☐	☐
Durch Verbands- oder Gremientätigkeit	☐	☐	☐
Wurde auf Kongressen, Messen oder Tagungen hergestellt	☐	☐	☐
Gemeinsame Teilnahme an Forschungsprogrammen/Wettbewerben etc.	☐	☐	☐
Empfehlung durch Kollegen oder Freunde	☐	☐	☐
Wurde ohne vorherigen Kontakt ausschliesslich aufgrund von Ergebnissen, z.B. Forschungsergebnissen/ Veröffentlichungen/Produkten hergestellt	☐	☐	☐

12. Wo liegen Probleme oder Hindernisse bei einer Zusammenarbeit mit öffentlichen Forschungseinrichtungen, Hochschulen und Universitäten?

Bitte nur eine Antwort pro Zeile	problematisch	teils/teils	nicht problematisch
Passenden Partner ausfindig machen	☐	☐	☐
Organisationsaufwand (Verträge erstellen etc.)	☐	☐	☐
Kompetenzen des Partners einschätzen	☐	☐	☐
Gefahr, dass Partner Ergebnisse eigennützig verwenden	☐	☐	☐
Gefahr der Abwanderung qualifizierter Mitarbeiter/innen	☐	☐	☐
Fehlende Kontroll-/Sanktionsmechanismen (bzgl. Leistungslieferung)	☐	☐	☐

13. Bitte benoten Sie die folgenden Faktoren nach ihrer Wichtigkeit für eine erfolgreiche Zusammenarbeit mit öffentl. Forschungseinrichtungen, Hochschulen und Universitäten (Note 6 für sehr wichtig und Note 1 für unwichtig).

_____ Häufige "face-to-face" Kontakte/ Meetings

_____ Vertrauen

_____ Gutes persönliches Verständnis/ gleiche „Wellenlänge"

_____ Vertragliche Absicherung

_____ Gleicher Arbeitsschwerpunkt (fachlich)

_____ Gleiche Ziele bzgl. der Zusammenarbeit

_____ Räumliche Nähe

C Zusammenarbeit mit der Industrie/privaten Unternehmen

14. Haben Sie in den letzten 5 Jahren mit privaten Unternehmen zusammengearbeitet?

- ☐ Ja: **Weiter mit Frage 15**
- ☐ Nein: **Warum nicht?** Mehrfachantworten möglich
  - ☐ Keine Zusammenarbeit notwendig
  - ☐ Es konnte kein passendes Unternehmen ausfindig gemacht werden
  - ☐ Nicht-wissenschaftliche Arbeitsweise in der Wirtschaft
  - ☐ Organisationsaufwand wäre zu gross
  - ☐ Problem, Kompetenzen potenzieller Partner einzuschätzen
  - ☐ Gefahr, dass Unternehmen Ergebnisse eigennützig verwenden
  - ☐ Gefahr der Abwanderung qualifizierter Mitarbeiter/innen

  Sonstiges, nämlich: ____________________

Wenn sie nicht mit Unternehmen zusammengearbeitet haben, **weiter mit Frage 24.**

15. Ab welcher Phase der Forschung/des Projektes sind Partnerunternehmen in der Regel beteiligt?

Bitte nur eine Antwort pro Zeile	in mehr als zwei Fällen	in einem oder zwei Fällen	in keinem Fall
Definition der Ziele/ Planung des Projektes	☐	☐	☐
Einwerben der finanziellen Mittel	☐	☐	☐
Während des Projektes/der Forschung	☐	☐	☐
Bei der Verwertung/ Nutzung der Ergebnisse	☐	☐	☐

16. Bitte benoten Sie die folgenden Motive für die Zusammenarbeit mit privaten Unternehmen nach ihrer Wichtigkeit (6 für sehr wichtig und 1 für unwichtig).

____ Austausch von Informationen, Ideen oder Technologien um neues Wissen zu generieren

____ Finanzielle Motive (z.B. gemeinsames Einwerben von Forschungs- /Projektmitteln)

____ Zugang zu Infrastrukturen (z.B. Laborausstattung, Geräte)

____ Persönliche Profilierung (z.B. über Veröffentlichungen, Vergrösserung der Forschungsgruppe, Prestige)

____ Interessenvertretung (z.B. in Politik oder Verbänden)

17. Wie wichtig sind für Sie die nachfolgenden Formen der Zusammenarbeit mit Unternehmen?

Bitte nur eine Antwort pro Zeile	wichtig	teils/teils	unwichtig
Gemeinsame Anträge für Forschungs-/ Projektmittel	☐	☐	☐
Gemeinsame Publikationen	☐	☐	☐
Kommerzialisierung von Forschungsergebnissen (z.B. Outlicensing)	☐	☐	☐
Gemeinsame Nutzung von Geräten, Laboren etc.	☐	☐	☐
Gastaufenthalte bei Ihnen/ Ihrer Mitarbeiter bei Anderen	☐	☐	☐
Informeller fachlicher Kontakt	☐	☐	☐

18. In welchen Branchen sind ihre Partnerunternehmen überwiegend tätig?

____

19. Wo befinden sich Ihre Partnerunternehmen

	in der Nordwestschweiz*	in der übrigen Schweiz	in der EU	in den USA	an sonstigen Standorten	Wo hauptsächlich?
Anzahl der Unternehmen	____	____	____	____	____	____

* Die Nordwestschweiz umfasst die Kantone Basel-Stadt, Basel-Landschaft, Aargau und Solothurn

20. Die Unternehmen, mit denen/für die Sie in den folgenden Aktivitäten zusammenarbeiten, befinden sich <u>überwiegend</u> in:

Bitte nur eine Antwort pro Zeile	der Nordwestschweiz*	der übrigen Schweiz	der EU	den USA	an sonstigen Standorten	keine Zusammenarbeit bei dieser Aktivität
Gemeinsame Anträge für Forschungs-/Projektmittel	☐	☐	☐	☐	☐	☐
Gemeinsame Publikationen	☐	☐	☐	☐	☐	☐
Gemeinsame Nutzung von Geräten, Laboren etc.	☐	☐	☐	☐	☐	☐
Gastaufenthalte bei Ihnen/ Ihrer Mitarbeiter bei Anderen	☐	☐	☐	☐	☐	☐
Informeller fachlicher Kontakt	☐	☐	☐	☐	☐	☐

*Die Nordwestschweiz umfasst die Kantone Basel-Stadt, Basel-Landschaft, Aargau und Solothurn

21. Wie kam der Erstkontakt zu den Unternehmen zu Stande?

Bitte nur eine Antwort pro Zeile	in <u>mehr als zwei</u> Fällen	in <u>einem</u> oder <u>zwei</u> Fällen	in <u>keinem</u> Fall
Bestehender persönlicher Kontakt (z.B. durch Studium, frühere Tätigkeiten etc.)	☐	☐	☐
Unternehmer hat bei uns gearbeitet (z.B. Spin-Off)	☐	☐	☐
Durch Verbands- oder Gremientätigkeit	☐	☐	☐
Über die WTT- Stelle der Uni Basel/FHNW Nordwestschweiz	☐	☐	☐
Wurde auf Kongressen, Messen oder Tagungen hergestellt	☐	☐	☐
Gemeinsame Teilnahme an Forschungsprogrammen/Wettbewerben etc.	☐	☐	☐
Empfehlung durch Kollegen oder Freunde	☐	☐	☐
Wir wurden dem Unternehmen empfohlen	☐	☐	☐
Unternehmen ist nur aufgrund unserer Forschung/ Projekte an uns herangetreten	☐	☐	☐
Wir sind nur aufgrund seiner Forschung/ Projekte an das Unternehmen herangetreten	☐	☐	☐

22. Wo liegen Probleme oder Hindernisse bei einer Zusammenarbeit mit Unternehmen?

Bitte nur eine Antwort pro Zeile	problematisch	teils/teils	nicht problematisch
Passenden Partner ausfindig machen	☐	☐	☐
Organisationsaufwand (Verträge erstellen etc.)	☐	☐	☐
Kompetenzen des Partners einschätzen	☐	☐	☐
Nicht-wissenschaftliche Arbeitsweise in der Wirtschaft	☐	☐	☐
Gefahr, dass Partner Ergebnisse eigennützig verwenden (z. B. über vertragliche Absprache hinaus)	☐	☐	☐
Gefahr der Abwanderung qualifizierter Mitarbeiter/innen	☐	☐	☐
Fehlende Kontroll-/Sanktionsmechanismen (bzgl. Leistungslieferung)	☐	☐	☐
Unternehmen von eigenen Leistungen/Kompetenzen überzeugen	☐	☐	☐

23. Bitte benoten Sie die folgenden Faktoren nach ihrer Wichtigkeit für eine erfolgreiche Zusammenarbeit mit Unternehmen (Note 6 für sehr wichtig und Note 1 für unwichtig).

_____ Häufige "face-to-face" Kontakte/ Meetings

_____ Vertrauen

_____ Gutes persönliches Verständnis/ gleiche „Wellenlänge"

_____ Vertragliche Absicherung

_____ Gleicher Arbeitsschwerpunkt (fachlich)

_____ Gleiche Ziele bzgl. der Zusammenarbeit

_____ Räumliche Nähe

D Abschliessende Fragen

24. Welche Vorteile hatte es für Sie, mehrfach oder über mehrere Jahre hinweg mit demselben Partner zusammenzuarbeiten (Universität, Hochschule, öffentliche Forschungseinrichtung oder Unternehmen)?

☐ Wir haben nie mehrfach oder über mehrere Jahre hinweg mit demselben Partner zusammengearbeitet

Bitte nur eine Antwort pro Zeile	trifft zu	teils/teils	trifft nicht zu
Effizientere Kommunikation zwischen Partnern	☐	☐	☐
Verstärkter Einsatz virtueller Medien (z.B. E-Mail, Videokonferenz) möglich	☐	☐	☐
Sicherheit, dass sich der Partner nicht opportunistisch verhält	☐	☐	☐
Möglichkeit, Kompetenzen & Interessen des Partners abzuschätzen	☐	☐	☐
Technische Ausstattung aufeinander abgestimmt	☐	☐	☐
Organisatorische Abläufe aufeinander abgestimmt	☐	☐	☐
Persönliches Vertrauen zwischen Mitarbeitern aufgebaut	☐	☐	☐

25. Die Herkunft der Drittmittel Ihrer Forschungsgruppe verteilt sich auf:

☐ Keine Drittmittel

Öffentliche Drittmittel und Stiftungsmittel aus der **Nordwestschweiz***	ca. ______ %
Öffentliche Drittmittel und Stiftungsmittel aus der übrigen **Schweiz** und vom Bund (z.B. SNF, KTI)	ca. ______ %
Öffentliche Drittmittel und Stiftungsmittel aus dem **Ausland** (z.B. EU)	ca. ______ %
Drittmittel von **Unternehmen** aus der **Nordwestschweiz***	ca. ______ %
Drittmittel von **Schweizer Unternehmen** (ausserhalb Ihrer Region)	ca. ______ %
Drittmittel von **ausländischen Unternehmen**	ca. ______ %
Sonstige Mittel, nämlich: ______________________	ca. ______ %

$\sum$ ca. 100% Ihrer Drittmittel

*Die Nordwestschweiz umfasst die Kantone Basel-Stadt, Basel-Landschaft, Aargau und Solothurn

26. Welchen Anteil haben Drittmittel am Gesamtbudget Ihrer Forschungsgruppe? ca. ______ %

27. In wie vielen Fällen hat Ihre Arbeit zur Anwendung in neuen Prozessen (z.B. medizinische Behandlungsmethode) oder neuen Produkten (z.B. neue Medikamente) geführt?
(Anzahl der neuen Prozesse und Produkte)

☐ kann ich noch nicht sagen, da wir noch keines der Projekte abgeschlossen haben

	Neue Prozesse	Neue Produkte oder Produktkomponenten
bei nicht-kommerziellen Akteure (z.B. Krankenhäuser)	______	______
bei privatwirtschaftlichen Unternehmen	______	______

Wenn Sie an einer Zusammenfassung der Ergebnisse interessiert sind, geben Sie bitte hier Ihre E-Mail-Adresse an: ______________________

Basler Beiträge zur Geographie (bisher erschienen)

Band		
1	René Seiffert, zur Geomorphologie des Calancatales, 1960	vergriffen
2	Hans-Ulrich Sulser, die Eisenbahnentwicklung im schweizerisch-französischen Jura unter Berücksichtigung der geographischen Grundlagen, 1962	CHF 15.-
3	Otto Wittmann, die Niederterrassenfelder im Umkreis von Basel und ihre kartographische Darstellung, 1961	vergriffen
4	Werner Arnold Gallusser, Studien zur Bevölkerungs- und Wirtschaftsgeographie des Laufener Juras, 1961	vergriffen
5	Heinrich Gutersohn und Carl Troll, Geographie und Entwicklungsplanung, 1963	CHF 7.50
6	Carl Frey, Morphometrische Untersuchung in den Vogesen, 1965	CHF 18.-
7	Hugo Werner Muggli, Greater London und seine New Towns: Studien zur kulturräumlichen Entwicklung und Planung einer grosstädtischen Region, 1968	CHF 18.-
8	Ulrich Eichenberger, die Agglomeration Basel in ihrer raumzeitlichen Struktur, 1968	vergriffen
9	Dietrich Barsch, Studien zur Geomorphogenese des zentralen Berner Juras, 1969	CHF 35.-
10	Johannes Friedrich Jenny, Beziehungen der Stadt Basel zu ihrem ausländischen Umland, 1969	CHF 15.-
11	Werner Arnold Gallusser, Struktur und Entwicklung ländlicher Räume der Nordwestschweiz. Aktualgeographische Analyse der Kulturlandschaft im Zeitraum 1955-1968, 1970	CHF 35.-
12	Rudolf Leo Marr, Geländeklimatische Untersuchungen im Raum südlich von Basel, 1970	CHF 18.-
13	Kaspar Rüdisühli, Studien zur Kulturgeographie des unteren Goms (Wallis): Bellwald, Fiesch, Fieschertal, 1970	CHF 18.-
14	Jürg Rohner, Studien zum Wandel von Bevölkerung und Landwirtschaft im Unterengadin, 1972	CHF 18.-
15	Walter Leimgruber, Studien zur Dynamik und zum Strukturwandel der Bevölkerung im südlichen Umland von Basel, 1972	CHF 18.-

16	Heinz Polivka, die chemische Industrie im Raume von Basel, 1974	CHF 18.-
17	Peter Flaad, Untersuchungen zur Kulturgeographie der Neuenburger Hochtäler von La Brévine und Les Ponts, 1974	CHF 18.-
18	Lorenz King, Studien zur postglazialen Gletscher- und Vegetationsgeschichte des Sustenpassgebietes, 1974	vergriffen
19	Kaspar Egli, die Landschaft Belfort im mittleren Albulatal (Kanton Graubünden). Das traditionelle Element in der Kulturlandschaft, 1978	vergriffen
20	Hugo Heim, Wandel der Kulturlandschaft im südlichen Markgräflerland, 1977	CHF 18.-
21	Dieter Opferkuch, der Einfluss einer Binnengrenze auf die Kulturlandschaft am Beispiel der ehemals vorderösterreichisch-eidgenössischen Grenze in der Nordwestschweiz, 1977	CHF 18.-
22/23	Werner Laschinger und Lienhard Lötscher, Basel als urbaner Lebensraum. Prozesse und Dynamik eines urbanen Systems aufgezeigt am Kleinbasler Viertel Matthäus und am suburbanen Profilband Birsfelden – Rheinfelden, 1978	CHF 24.-
24	Peter Gasche, Aktualgeographische Studien über die Auswirkungen des Nationalstrassenbaus im Bipperamt und Gäu, 1978	CHF 24.-
25	Walter Regehr, die lebensräumliche Situation der Indianer im paraguayischen Chaco. Humangeographisch-ethnologische Studie zu Subsistenzgrundlage und Siedlungsform akkulturierter Chacovölker, 1979	CHF 36.-
26	Raymonde Caralp und Ulrich Sulser, Etudes de géographie des transports – Transportation Studies. Colloque de Bâle – Basel Meeting, 1977	CHF 18.-
27	Rudolf Leo Marr, Tourismus in Malaysia und Singapore. Eine humangeographische Studie raumrelevanter Strukturen und Prozesse, 1982	CHF 39.-
28	Felix Falter, die Grünflächen der Stadt Basel. Humangeographische Studie zur Dynamik urbaner Grünräume im 19. und 20. Jahrhundert, mit besonderer Berücksichtigung der Kleingärten, 1984	CHF 24.-
29	Dušan Šimko, Strassenverkäufer und die Versorgung der Arbeiterfamilien von Kowloon (Hong Kong) im Umfeld der staatlichen Planungspolitik, 1983	CHF 24.-

30	Kurt Wasmer, Studien über die Agrarlandschaft beidseits der deutsch-französischen Sprachgrenze im Nordschweizer Jura, 1984	CHF 29.-
31	Alois Kempf, Waldveränderungen als Kulturlandschaftswandel: Walliser Rhonetal. Fallstudien zur Persistenz und Dynamik des Waldes zwischen Brig und Martigny seit 1873, 1985	CHF 36.-
32	Andreas Fischer, Waldveränderungen als Kulturlandschaftswandel: Kanton Luzern. Fallstudien zur Persistenz und Dynamik des Waldes in der Kulturlandschaft des Kantons Luzern seit dem Forstgesetz von 1875, 1985	CHF 36.-
33	Lienhard Lötscher, Lebensqualität kanadischer Städte. Ein Beitrag zur Diskussion von methodischer und empirischer Erfassung lebensräumlicher Qualität, 1985	vergriffen
34	Barbara Vettiger-Gallusser, Berggebietsförderung mit oder ohne Volk? Regionale Entwicklungskonzepte und ihre Implementation unter besonderer Berücksichtigung der Bevölkerungsbeteiligung. Eine empirische Untersuchung am Beispiel von vier Testregionen in peripheren Gebieten der Schweiz, 1986	CHF 39.-
35	Justin Winkler, Landwirtschaftsgüter der Christoph Merian Stiftung Basel. Darstellung des raumbezogenen Handelns und der regionalen Funktion einer gemeinnützigen städtischen Institution, 1986	CHF 35.-
36	Hansluzi Kessler, Berglandwirtschaft und Ferienhaustourismus. Wenn der Kuhstall zum Ferienhaus und das Mistseil zum Skilift wird. Fallstudien zum Kulturlandschaftswandel in Berggbieten mit landwirtschaftlich-touristischer Mischnutzung in den Kantonen Nidwalden, Glarus und Graubünden, 1990	CHF 45.-
37	Theophil Frey, Siedlungsflächenverbrauch im Blickwinkel der Zonenplanung. Eine Flächenanalyse in 12 solothurnischen Testgemeinden im Zeitraum 1960-1985, 1989	CHF 48.-
38	Martin Huber, Grundeigentum – Siedlung – Landwirtschaft. Kulturlandschaftswandel im ländlichen Raum am Beispiel der Gemeinden Blauen (BE) und Urmein (GR), 1989	CHF 35.-
39	Roland Widmer-Münch, der Tourismus in Fès und Marrakech. Strukturen und Prozesse in bipolaren Urbanräumen des islamischen Orients, 1990	CHF 54.-

40	Francis Rossé, Freiräume in der Stadt. Nutzung und Planungsperspektiven von Grünflächen, Plätzen und soziokulturellen Einrichtungen in Basel, 1991	CHF 30.-
41	Daniel von Arx, Seminartourismus. Synthese aus Weiterbildung und Kurzreise. Kontext, Konzepte, Perspektiven und räumliche Verteilungsmuster in der Schweiz, 1993	CHF 48.-
42	Martin Furter, die Gemeindegrenzen im Kanton Basel-Landschaft. Zur Entwicklung und Bedeutung von Grenzen in der Kulturlandschaft. Eine grenzgeographische Analyse, 1993	CHF 45.-
43	Christoph Merkli, Lebensraum im Wandel. Eine sozialgeographische Studie über Grundeigentum und Planung in Sempach (LU) und Beckenried (NW), 1993	CHF 29.-
44	Sebastian Lagger, Güterbedarf und Güterversorgung im Drittwelt-Tourismus. Wirtschaftliche und soziale Effekte des touristischen Güterkonsums in Drittwelt-Ländern anhand von Beispielen aus den Kleinen Antillen, 1995	CHF 40.-
45	Madeleine Imhof, Migration und Stadtentwicklung. Aktualgeographische Untersuchungen in den Basler Quartieren Iselin und Matthäus, 1998	vergriffen
46	Irène Kränzlin, Pond Management in Rural Bangladesh: System Changes, Problems and Prospects, and Implications for Sustainable Development, 2000	CHF 42.-
47	Renato Strassmann, Restrukturierung der Regionalökonomie der Nordwestschweiz vor dem Hintergrund der Globalisierung. Analysen, Strategien und Visionen für Regionalpolitik und Regionalentwicklung, 2002	CHF 29.80
48	Werner Breitung, Hongkong und der Integrationsprozess. Räumliche Strukturen und planerische Konzepte in Hongkong, 2001	CHF 29.80
49	Martin Sandtner, Städtische Agglomerationen als Erholungsraum – ein vernachlässigtes Potential. Fallbeispiel Trinationale Region Basel, 2004, mit CD-ROM	CHF 35.-
50	Susanne Eder Sandtner, Neuartige residentielle Stadtstrukturmuster vor dem Hintergrund postmoderner Gesellschaftsentwicklungen. Eine geographische Analyse städtischer Raummuster am Beispiel von Basel, 2005	CHF 29.80

51	Tina Haisch, Regionalwirtschaftliche Ausstrahlung von öffentlichen Forschungseinrichtungen in der Region Basel und der Nordwestschweiz. Eine Analyse der Einkommens-, Beschäftigungs- und Steuereffekte sowie des Wissenstransfers der Universität Basel und der Fachhochschule Nordwestschweiz, 2012	CHF 38.-